KB165540

소방설비기사 필기

소방기계시설의 구조 및 원리

SD에듀
(주)시대고시기획

Always with you

사람이 길에서 우연하게 만나거나 함께 살아가는 것만이 인연은 아니라고 생각합니다.
책을 펴내는 출판사와 그 책을 읽는 독자의 만남도 소중한 인연입니다.
(주)시대고시기획은 항상 독자의 마음을 헤아리기 위해 노력하고 있습니다.
늘 독자와 함께하겠습니다.

머리글

본 교재는 소방설비기사 자격증 취득을 위한 1차 필기시험 대비 수험서로서 기본이론과 중요이론 그리고 5년 동안에 출제된 기사 과년도 문제를 쉽고 빠르게 자격증 취득을 돕기 위해 모두 장별로 분류하고 수록하였으며 이에 해설과 풀이를 통해 본 교재를 가지고 공부하시는 분들이 다른 유형의 문제도 풀 수 있도록 하였습니다.

현재 기출문제는 예전과 달리 동일한 문제가 반복적으로 출제되는 게 아니라 조금씩 변화를 주며 출제되고 있는 상황이라 이에 맞게 내용에 충실하게 교재를 준비하였습니다.

본 교재는 중요부분의 이론은 내용설명을 충실히 하였고, 가끔 출제는 되나 그 내용이 중요하지 않은 부분은 간단하게 암기할 수 있도록 만들었습니다.

끝으로 본 교재로 필기시험을 준비하시는 수험생 여러분들에게 깊은 감사를 드리며 전원합격하시기를 기원하겠습니다.

오 · 탈자 및 오답이 발견될 경우 연락을 주시면 수정하여 보다 나은 수험서가 되도록 노력하겠습니다.

편저자 씀

소방설비기사

개 요

건물이 점차 대형화, 고층화, 밀집화 되어감에 따라 화재 발생 시 진화보다는 화재의 예방과 초기진압에 중점을 둠으로써 국민의 생명, 신체 및 재산을 보호하는 방법이 더 효과적인 방법이다. 이에 따라 소방설비에 대한 전문인력을 양성하기 위하여 자격제도를 제정하게 되었다.

진로 및 전망

산업구조의 대형화 및 다양화로 소방대상물(건축물·시설물)이 고층·심층화되고, 고압가스나 위험물을 이용한 에너지 소비량의 증가 등으로 재해 발생 위험요소가 많아지면서 소방과 관련한 인력수요가 늘고 있다. 소방설비 관련 주요 업무 중 하나인 화재관련 건수와 그로 인한 재산피해액도 당연히 증가할 수밖에 없어 소방관련 인력에 대한 수요는 증가할 것으로 전망된다. 소방공사, 대한주택공사, 전기공사 등 정부투자기관, 각종 건설회사, 소방전문업체 및 학계, 연구소 등으로 진출할 수 있다.

시험일정

구 분	필기원서접수 (인터넷)	필기시험	필기합격 (예정자)발표	실기원서접수	실기시험	최종 합격자 발표
제1회	1.24~1.27	3.5	3.23	4.4~4.7	5.7~5.20	6.17
제2회	3.28~3.31	4.24	5.18	6.20~6.23	7.24~8.5	9.2
제4회	8.16~8.19	9.14~10.3	10.13	10.25~10.28	11.19~12.2	12.30

※ 상기 시험일정은 시행처의 사정에 따라 변경될 수 있으니, www.q-net.or.kr에서 확인하시기 바랍니다.

시험요강

❶ 시행처 : 한국산업인력공단(www.q-net.or.kr)
❷ 관련 학과 : 대학 및 전문대학의 소방학, 건축설비공학, 기계설비학, 가스냉동학, 공조냉동학 관련 학과
❸ 시험과목
　㉠ 필기 : 소방원론, 소방유체역학, 소방관계법규, 소방기계시설의 구조 및 원리
　㉡ 실기 : 소방기계시설 설계 및 시공실무
❹ 검정방법
　㉠ 필기 : 객관식 4지 택일형 과목당 20문항(과목당 30분)
　㉡ 실기 : 필답형(3시간)
❺ 합격기준
　㉠ 필기 : 100점을 만점으로 하여 과목당 40점 이상, 전과목 평균 60점 이상
　㉡ 실기 : 100점을 만점으로 하여 60점 이상

출제기준

필기과목명	주요항목	세부항목	세세항목
소방 기계시설의 구조 및 원리	소방 기계시설 및 화재안전기준	옥내 · 외 소화전설비	• 옥내소화전설비의 화재안전기준 및 기타 관련 사항 • 옥외소화전설비의 화재안전기준 및 기타 관련 사항 • 설치대상과 기준, 종류, 특징, 동작원리 및 기타 관련 사항
		스프링클러설비	• 스프링클러설비의 화재안전기준 및 기타 관련 사항 • 간이스프링클러소화설비의 화재안전기준 및 기타 관련 사항 • 화재조기진압용 스프링클러설비의 화재안전기준 기타 관련 사항 • 설치대상과 기준, 종류, 특징, 동작원리 및 기타 관련 사항
		포소화설비	• 포소화설비의 화재안전기준 • 설치대상과 기준, 종류, 특징, 동작원리 및 기타 관련 사항
		이산화탄소와 할론, 할로겐화합물 및 불활성기체 소화설비	• 이산화탄소소화설비의 화재안전기준 및 기타 관련 사항 • 할론소화설비의 화재안전기준 기타 관련 사항 • 할로겐화합물 및 불활성기체소화설비 화재안전기준 기타 관련 사항 • 설치대상과 기준, 종류, 특징, 동작원리 및 기타 관련 사항
		분말소화설비	• 분말소화설비의 화재안전기준 • 설치대상과 기준, 종류, 특징, 동작원리 및 기타 관련 사항
		물분무 및 미분무소화설비	• 물분무 및 미분무소화설비의 화재안전기준 • 설치대상과 기준, 종류, 특징, 동작원리 및 기타 관련 사항
		소화기구	• 소화기구의 화재안전기준 • 설치대상과 기준, 종류, 특징, 동작원리 및 기타 관련 사항
		피난설비	• 피난기구의 화재안전기준 • 인명구조기구의 화재안전기준 및 기타 관련 사항
		소화용수설비	• 상수도소화용수설비 • 소화수조 및 저수조의 화재안전기준 및 기타 관련 사항
		소화활동설비	• 제연설비의 화재안전기준 및 기타 관련 사항 • 특별피난계단 및 비상용승강기 승강장제연설비 • 연결송수관설비의 화재안전기준 • 연결살수설비의 화재안전기준 및 기타 관련 사항 • 연소방지시설의 화재안전기준
		기타 소방기계설비	• 기타 소방기계설비의 화재안전기준

이 책의 구성과 특징

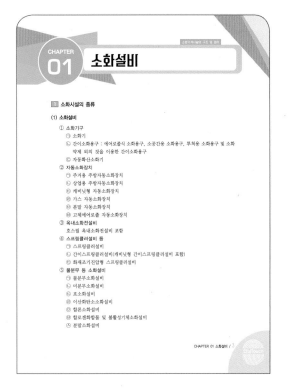

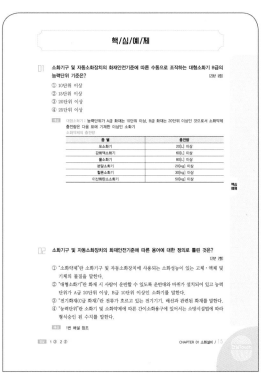

핵심이론

필수적으로 학습해야 하는 중요한 이론들을 각 과목별로 분류하여 수록하였습니다. 두꺼운 기본서의 복잡한 이론은 이제 그만! 시험에 꼭 나오는 이론을 중심으로 효과적으로 공부하십시오.

핵심예제

기출문제들의 키워드를 철저하게 분석하여 한눈에 출제이론을 파악할 수 있도록 하였고 자주 출제되는 문제를 추려낸 뒤 핵심예제로 수록하여 반복학습을 유도하였습니다.

최근 기출문제

최근에 출제된 기출문제를 수록하여 가장 최신의 출제경향을 파악하고 새롭게 출제된 문제의 유형을 파악하여 합격에 한 걸음 더 가까이 다가갈 수 있도록 구성하였습니다.

정답 및 해설

가장 최근에 시행된 기출문제의 명쾌하고 상세한 해설을 수록하여 놓친 부분을 다시 한 번 확인할 수 있도록 하였습니다.

목 차

Engineer Fire Protection System

소방설비기사(필기) 기본서 시리즈
(기계분야)

소방기계시설의
구조 및 원리

Engineer Fire Protection System

소방설비기사(필기) 기본서 시리즈

(기계분야)

소방기계시설의 구조 및 원리

합격의 공식
온라인 강의

잠깐!

혼자 공부하기 힘드시다면 방법이 있습니다.
시대에듀의 동영상강의를 이용하시면 됩니다.
www.sdedu.co.kr ➜ 회원가입(로그인) ➜ 강의 살펴보기

CHAPTER 01 소화설비

1 소화시설의 종류

(1) 소화설비

① 소화기구

    ㉠ 소화기

    ㉡ 간이소화용구 : 에어로졸식 소화용구, 소공간용 소화용구, 투척용 소화용구 및 소화약제 외의 것을 이용한 간이소화용구

    ㉢ 자동확산소화기

② 자동소화장치

    ㉠ 주거용 주방자동소화장치

    ㉡ 상업용 주방자동소화장치

    ㉢ 캐비닛형 자동소화장치

    ㉣ 가스 자동소화장치

    ㉤ 분말 자동소화장치

    ㉥ 고체에어로졸 자동소화장치

③ 옥내소화전설비

    호스릴 옥내소화전설비 포함

④ 스프링클러설비 등

    ㉠ 스프링클러설비

    ㉡ 간이스프링클러설비(캐비닛형 간이스프링클러설비 포함)

    ㉢ 화재조기진압형 스프링클러설비

⑤ 물분무 등 소화설비

    ㉠ 물분무소화설비

    ㉡ 미분무소화설비

    ㉢ 포소화설비

    ㉣ 이산화탄소소화설비

    ㉤ 할론소화설비

    ㉥ 할로겐화합물 및 불활성기체소화설비

    ㉦ 분말소화설비

　　　　◎ 강화액소화설비
　　　　ⓩ 고체에어로졸소화설비
　　⑥ 옥외소화전설비

(2) 경보설비

　① 단독경보형감지기
　② 비상경보설비(비상벨설비, 자동식 사이렌설비)
　③ 시각경보기
　④ 자동화재탐지설비
　⑤ 비상방송설비
　⑥ 자동화재속보설비
　⑦ 통합감시시설
　⑧ 누전경보기
　⑨ 가스누설경보기

(3) 피난구조설비

　① 피난기구(피난사다리, 구조대, 완강기, 그 밖에 화재안전기준으로 정하는 것)
　② 인명구조기구[방열복, 방화복(안전모, 보호장갑, 안전화 포함), 공기호흡기, 인공소생기]
　③ 유도등(피난유도선, 피난구유도등, 통로유도등, 객석유도등, 유도표지)
　④ 비상조명등 및 휴대용 비상조명등

(4) 소화용수설비

　① 상수도소화용수설비
　② 소화수조·저수조 그 밖의 소화용수설비

(5) 소화활동설비

　① 제연설비
　② 연결송수관설비
　③ 연결살수설비
　④ 비상콘센트설비
　⑤ 무선통신보조설비
　⑥ 연소방지설비

2 소화기

(1) 분 류

① 가압방식에 따른 분류

    ㉠ 축압식 : 항상 소화기의 용기 내부에 소화약제와 압축공기 또는 불연성 가스(질소, CO_2)를 축압시켜 그 압력에 의해 약제가 방출되며, CO_2소화기 외에는 모두 지시압력계가 부착되어 있으며 녹색의 지시가 정상 상태이다.

    ㉡ 가압식 : 소화약제의 방출원이 되는 가압가스를 소화기 본체용기와는 별도의 전용용기에 충전하여 장치하고 소화기 가압용 가스용기의 작동 봉판을 파괴하는 등의 조작에 의하여 방출되는 가스의 압력으로 소화약제를 방사하는 방식의 소화기

② 소화능력단위에 따른 분류

    ㉠ 소형소화기 : 능력단위 1단위 이상이면서 대형소화기의 능력단위 이하인 소화기

    ㉡ 대형소화기 : 능력단위가 A급 화재는 10단위 이상, B급 화재는 20단위 이상인 것으로서 소화약제 충전량은 다음 표에 기재한 이상인 소화기

[약제용량에 따른 대형소화기]

종 별	충전량
포소화기	20[L] 이상
강화액소화기	60[L] 이상
물소화기	80[L] 이상
분말소화기	20[kg] 이상
할론소화기	30[kg] 이상
이산화탄소소화기	50[kg] 이상

③ 소화약제에 따른 분류

    ㉠ 물소화기

    ㉡ 산·알칼리소화기

    ㉢ 강화액소화기

    ㉣ 할론소화기

    ㉤ 이산화탄소소화기

    ㉥ 분말소화기

안심Touch

(2) 종류(강화액, 분말 제외 기타 소화기 0[℃] 이상 40[℃] 이하)

① 물소화기

　㉠ 방 식
- 수동펌프식 : 수조에 공기실을 가진 수동펌프를 설치하여 물을 상하로 동작하여 방사하는 방식
- 축압식 : 수조에 압력공기와 함께 충전되어 물과 공기를 축압시킨 것을 방사하는 방식
- 가압식 : 본체용기와는 별도로 가압용 가스(탄산가스)를 이용하여 그 가스압력으로 물을 방출하는 방식(대형소화기)

　㉡ 소화원리

　　냉각작용에 의한 소화효과가 가장 크며 증발하여 수증기가 될 때 원래 물 용적의 약 1,700배의 불연성 기체가 되기 때문에 가연성 혼합기체의 희석작용도 하게 된다.

② 산·알칼리소화기

　㉠ 방 식
- 전도식 : 합성수지용기 내부 상부에 황산을 넣어놓고 용기 본체에는 탄산수소나트륨수용액을 넣어 사용할 때 황산 용기의 마개가 자동적으로 열려 혼합되면 화학반응을 일으켜서 방출구로 방사하는 방식
- 파병식 : 용기 본체의 중앙 상단에 황산이 든 앰플을 파열시켜 용기 본체 내부의 탄산수소나트륨 수용액과 화합 시 반응하여 생성되는 탄산가스의 압력으로 약제를 방출하는 방식

　㉡ 소화원리
- $H_2SO_4 + 2NaHCO_3 \rightarrow Na_2SO_4 + 2H_2O + 2CO_2 \uparrow$
- 산·알칼리소화기 무상일 때 : 전기화재 가능

③ 강화액소화기(소화기 사용 온도범위 −20[℃] 이상 40[℃] 이하)

　㉠ 방 식
- 축압식 : 강화액소화약제(탄산칼륨수용액)를 정량적으로 충전시킨 소화기로서 압력을 용이하게 확인할 수 있도록 압력지시계가 부착되어 있고 방출방식은 봉상 또는 무상인 소화기이다.
- 가스가압식 : 축압식과 유사하나 압력지시계가 없고 안전밸브와 액면표시가 있는 소화기이다.
- 반응식 : 용기의 재질과 구조는 산·알칼리소화기의 파병식과 동일하며 탄산칼륨수용액의 소화약제가 충전되어 있는 소화기이다.

ⓛ 소화원리

- $H_2SO_4 + K_2CO_3 + H_2O \rightarrow K_2SO_4 + 2H_2O + CO_2\uparrow$
- 강화액은 −20[℃]에서도 동결하지 않으므로 한랭지에서도 보온의 필요가 없을 뿐만 아니라 탈수, 탄화작용으로 목재, 종이 등을 불연화하고 재연방지 효과도 있다.
- 강화액소화기 무상일 때 : A, B, C급 화재

④ 이산화탄소소화기

ⓐ 소화약제(액화탄산가스)

- 탄산가스의 함량 : 99.5[%] 이상
- 수분 : 0.05[wt%] 이하
  수분 0.05[%] 이상 : 수분 결빙하여 노즐 폐쇄

ⓑ 소화원리

질식, 냉각, 피복 작용에 의해 소화된다. CO_2가스가 방출되어 드라이아이스 상태가 될 때 온도는 −78.5[℃]까지 급격히 냉각된다. CO_2소화기는 유류화재 및 전기절연성이 아주 좋기 때문에 전기화재에도 효과가 있다.

⑤ 할론소화기

ⓐ 방 식

- 수동펌프식
- 수동축압식
- 축압식

ⓑ 소화원리

- 질식소화 : 연소물의 주위에 체류하여 소화
- 억제작용(부촉매작용) : 활성 물질에 작용하여 그 활성을 빼앗아 연쇄반응을 차단하는 효과
- 냉각효과

⑥ 분말소화기(−20[℃] 이상 40[℃] 이하)

ⓐ 방 식

- 축압식 : 용기의 재질은 철제로서 본체 내부를 내식 가공 처리한 것으로 용기에 분말약제를 채우고 약제가 질소(N_2)가스로 충전되어 있으며 압력지시계가 부착된 소화기이다(지시압력계 정상범위 : 0.7~0.98[MPa]).
- 가스가압식 : 용기는 철제이고 용기 본체 내부 또는 외부에 설치된 봄베 속에 충전되어 있는 탄산(CO_2)가스를 압력원으로 사용하는 소화기이다.

ⓒ 소화약제

건조한 미분말을 방습제 및 분산제에 의해 처리하여서 방습과 유동성을 부여한 것이다.

종 류	주성분	열분해반응식	적응화재	착색(분말의 색)
제1종 분말	$NaHCO_3$ (탄산수소나트륨)	$2NaHCO_3 \rightarrow Na_2CO_3 + H_2O\uparrow + CO_2\uparrow$	B, C급	백 색
제2종 분말	$KHCO_3$ (탄산수소칼륨)	$2KHCO_3 \rightarrow K_2CO_3 + H_2O\uparrow + CO_2\uparrow$	B, C급	담회색
제3종 분말	$NH_4H_2PO_4$ (제일인산암모늄)	$NH_4H_2PO_4 \rightarrow HPO_3 + NH_3\uparrow + H_2O\uparrow$	A, B, C급	담홍색, 황색
제4종 분말	$KHCO_3 + (NH_2)_2CO$ (탄산수소칼륨 + 요소)	$2KHCO_3 + (NH_2)_2CO$ $\rightarrow K_2CO_3 + 2NH_3\uparrow + 2CO_2\uparrow$	B, C급	회 색

※ A급 : 일반화재, B급 유류화재, C급 : 전기화재

⑦ **포소화기**

ⓐ 방 식

- 보통 전도식
- 내통 밀폐식
- 내통 밀봉식

ⓑ 조 건

- 기름보다 가벼우며, 화재면과의 부착성이 좋아야 한다.
- 바람 등에 견디는 응집성과 안정성이 있어야 한다.
- 열에 대한 센 막을 가지며 유동성이 좋아야 한다.

ⓒ 소화원리

- 반응식

  $6NaHCO_3 + Al_2(SO_4)_3 \cdot 18H_2O \rightarrow 3Na_2SO_4 + 2Al(OH)_3 + 6CO_2 + 18H_2O$

- 소화효과 : 질식효과, 냉각효과

⑧ **간이소화제**

ⓐ 건조된 모래(만능 소화제) : 가연물이 함유되어 있지 않으며 삽과 양동이 비치

ⓑ 팽창질석, 팽창진주암 : 비중이 아주 낮으며 발화점이 낮은 알킬알루미늄 등의 화재에 사용되는 불연성 고체

ⓒ 간이소화용구(소화능력단위 1단위 이하의 소화용구로 1회용으로 사용) : 에어로졸, 투척용 등

(3) 설치기준

① 각 층 설치 시
   ㉠ 소형소화기 : 보행거리가 20[m] 이내
   ㉡ 대형소화기 : 보행거리가 30[m] 이내가 되도록 배치할 것

② 각 층 설치 시 하는 것 외
   바닥면적이 33[m²] 이상으로 구획된 각 거실(아파트의 경우 : 각 세대)에도 배치할 것

③ 소화기구(자동확산소화기 제외)
   거주자 등이 손쉽게 사용할 수 있는 장소에 바닥으로부터 높이 1.5[m] 이하의 곳에 비치하고, 소화기에 있어서는 "소화기", 투척용 소화용구에 있어서는 "투척용 소화용구", 마른모래에 있어서는 "소화용 모래", 팽창질석 및 팽창진주암에 있어서는 "소화질석"이라고 표시한 표지를 보기 쉬운 곳에 부착할 것

④ 캐비닛형 자동소화장치
   ㉠ 분사헤드의 설치 높이는 방호구역의 바닥으로부터 최소 0.2[m] 이상 최대 3.7[m] 이하로 하여야 한다. 다만, 별도의 높이로 형식승인 받은 경우에는 그 범위 내에서 설치할 수 있다.
   ㉡ 화재감지기는 방호구역 내의 천장 또는 옥내에 면하는 부분에 설치하되 자동화재탐지설비의 화재안전기준(NFSC 203) 제7조에 적합하도록 설치할 것
   ㉢ 방호구역 내의 화재감지기의 감지에 따라 작동되도록 할 것
   ㉣ 화재감지기의 회로는 교차회로방식으로 설치할 것. 다만, 화재감지기를 자동화재탐지설비의 화재안전기준(NFSC 203) 제7조 제1항 단서의 각 호의 감지기로 설치하는 경우에는 그러하지 아니하다.
   ㉤ 개구부 및 통기구(환기장치를 포함)를 설치한 것에 있어서는 약제가 방사되기 전에 해당 개구부 및 통기구를 자동으로 폐쇄할 수 있도록 할 것(다만, 가스압에 의하여 폐쇄되는 것은 소화약제방출과 동시에 폐쇄할 수 있다)
   ㉥ 작동에 지장이 없도록 견고하게 고정시킬 것
   ㉦ 구획된 장소의 방호체적 이상을 방호할 수 있는 소화성능이 있을 것
   ※ 열, 연기 또는 불꽃 등을 감지해 소화약제를 방사해 소화하는 캐비닛 형태의 소화장치

⑤ 이산화탄소, 할론 방사 소화기구 설치 금지(자동확산소화기 제외)
   ㉠ 지하층
   ㉡ 무창층
   ㉢ 밀폐된 거실로 바닥면적이 20[m²] 미만인 장소

> **자동확산소화기**
> 화재를 감지해 소화약제를 자동으로 방출, 확산시켜 국소적으로 소화하는 소화기

⑥ 주거용 주방자동소화장치(아파트 등 30층 이상 오피스텔의 모든 층)

   ㉠ 주거용 주방에 설치된 열발생 조리기구 사용으로 화재 발생 시 열원(전기 또는 가스)을 자동 차단하며 소화약제를 방출하는 소화장치

   ㉡ 설치기준

- 소화약제 방출구는 환기구(주방에서 발생하는 열기류 등을 밖으로 배출하는 장치)의 청소 부분과 분리되어 있어야 하며 형식승인을 받은 유효설치 높이 및 방호면적에 따라 설치할 것
- 감지부는 형식승인 받은 유효높이 및 위치에 설치할 것
- 가스차단장치는 상시 확인 및 점검이 가능하도록 설치할 것
- 가스용 주방자동소화장치를 사용 시 탐지부는 수신부와 분리해 설치하되 공기보다 가벼운 가스를 사용하는 경우에는 천장면 밑으로 30[cm] 이하의 위치에 설치하고 공기보다 무거운 가스는 바닥면 위로 30[cm] 이하의 위치에 설치할 것
- 수신부는 주변 열기류 또는 습기 등과 주변 온도의 영향을 받지 않으며 사용자가 상시 있는 장소에 설치할 것

⑦ 상업용 주방자동소화장치

   상업용 주방에 설치된 열발생 조리기구 사용으로 인한 화재 발생 시 열원(전기 또는 가스)을 자동으로 차단하며 소화약제를 방출하는 장치

⑧ 가스 자동소화장치

   열, 연기 또는 불꽃 등을 감지해 가스계 소화약제를 방사해 소화하는 장치

⑨ 분말 자동소화장치

   열, 연기 또는 불꽃 등을 감지해 분말소화약제를 방사해 소화하는 장치

⑩ 고체에어로졸 자동소화장치

   열, 연기 또는 불꽃 등을 감지해 에어로졸의 소화약제를 방사해 소화하는 장치

※ 자동소화장치

주거용 주방자동소화장치, 상업용 주방자동소화장치, 캐비닛형 자동소화장치, 가스 자동소화장치, 분말 자동소화장치, 고체에어로졸 자동소화장치

① 주요구성 및 기능

   ㉠ 감지부 : 화재 시 생성되는 열 또는 불꽃을 이용해 화재 발생을 자동적으로 감지하는 부분

- 1차 온도 감지부
  - 경보를 발한다.
  - 가스공급밸브를 차단한다.
  - 수신부에 신호를 전달한다.
- 2차 온도 감지부 : 소화약제를 방출한다.

ⓛ 탐지부 : 가스누설을 탐지해 음향으로 경보하며 수신부에 가스누설 신호를 발신한다.

ⓒ 가스차단장치 : 가스를 자동적으로 차단할 수 있는 부분

ⓔ 수신부 : 감지부 또는 탐지부에서 발하는 신호를 받아 음향장치로 경보를 발하고 가스차단장치 또는 작동장치에 신호를 발신한다.

ⓜ 작동장치 : 수신부 또는 감지부로부터 신호를 받아 소화약제 저장용기로부터 소화약제를 방출하는 장치

② 설치장소

ⓐ 주거용 주방자동소화장치를 설치해야 하는 것 : 아파트 등 및 30층 이상 오피스텔의 모든 층

ⓛ 캐비닛형 자동소화장치, 가스자동소화장치, 분말자동소화장치 또는 고체에어로졸 자동소화장치를 설치해야 하는 것 : 화재안전기준에서 정하는 장소

(4) 소화기의 형식승인 및 제품검사의 기술기준, 유지관리

① 자동차용 소화기

ⓐ 강화액소화기(안개모양으로 방사되는 것)

ⓛ 할론소화기

ⓒ 이산화탄소소화기

ⓔ 포소화기

ⓜ 분말소화기

② 호스를 부착하지 않아도 되는 소화기

소화기 분류	분말소화기	이산화탄소소화기	액체계 소화약제소화기	할론소화기
질량 또는 용량	2[kg] 미만	3[kg] 미만	3[L] 미만	4[L] 미만

③ 노즐의 기준

ⓐ 내면은 매끈하게 다듬어진 것일 것

ⓛ 개폐식 또는 전환식의 노즐에 있어서는 개폐나 전환의 조작이 원활하게 이루어져야 하고, 방사할 때 소화약제의 누설 그 밖의 장해가 생기지 아니할 것

ⓒ 개폐식의 노즐에 있어서는 0.3[MPa]의 압력을 5분간 가하는 시험을 하는 경우 물이 새지 아니할 것

④ 여과망을 설치하여야 하는 소화기

ⓐ 물소화기

ⓛ 산알칼리소화기

ⓒ 강화액소화기

ⓔ 포소화기

⑤ 방사성능

　　㉠ 방사조작완료 즉시 소화약제를 유효하게 방사할 수 있을 것

　　㉡ 방사시간은 (20±2)[℃] 온도에서 최소 8초 이상이어야 할 것

　　㉢ 사용 상한온도 (20±2)[℃]의 온도, 사용 하한온도에서 각각 설계값이 ±30[%] 이내일 것

　　㉣ 방사거리가 소화에 지장 없을 만큼 길어야 할 것

　　㉤ 충전된 소화약제의 용량 또는 중량의 90[%] 이상의 양이 방사되어야 할 것

⑥ 이산화탄소소화기 등의 내부용적

종 류	약제 중량 1[kg]에 대한 내부용적
할론(1211), FK-5-1-12 소화기	700[cm^3] 이상
할론(1301), HFC-236fa소화기	900[cm^3] 이상
HCFC-123 및 HCFC BLEND B소화기	900[cm^3] 이상
이산화탄소소화기	1,500[cm^3] 이상

⑦ 표시사항

　　㉠ 종별 및 형식

　　㉡ 형식승인번호

　　㉢ 제조연월 및 제조번호

　　㉣ 제조업체명 또는 상호, 수입업체명(수입품에 한함)

　　㉤ 사용온도범위

　　㉥ 소화능력단위

　　㉦ 충전된 소화약제의 주성분 및 중(용)량

　　㉧ 소화기 가압용 가스용기의 가스 종류 및 가스량(가압식 소화기에 한함)

　　㉨ 총중량

　　㉩ 취급상의 주의사항

　　㉪ 적응화재별 표시사항

　　㉫ 사용방법

　　㉬ 품질보증에 관한 사항(보증기간, 보증내용, A/S방법, 자체검사필 등)

　　㉭ 다음 각 호의 부품에 대한 원산지

　　　• 용 기

　　　• 밸 브

　　　• 호 스

　　　• 소화약제

⑧ 유지관리

　㉠ 바닥면으로부터 1.5[m] 이하가 되는 지점에 설치할 것

　㉡ 통행, 피난에 지장이 없고, 사용 시 쉽게 반출하기 쉬운 곳에 설치할 것

　㉢ 소화제의 동결, 변질 또는 분출할 우려가 없는 곳에 설치할 것

　㉣ 설치지점은 잘 보이도록 소화기 표시를 할 것

⑨ 사용법

　㉠ 적응화재에만 사용할 것

　㉡ 성능에 따라서 불 가까이 접근하여 사용할 것

　㉢ 바람을 등지고 풍상에서 풍하로 방사할 것

　㉣ 비로 쓸 듯이 양옆으로 골고루 사용할 것

⑩ 점 검

　㉠ 외관적 검사 : 본체용기, 각 부분의 변형, 파손 등의 손상 유무의 검사

　㉡ 작동기능점검 : 소방시설 등을 인위적으로 조작하여 정상적으로 작동하는지 점검하는 것

　㉢ 종합정밀점검 : 소방시설의 작동기능점검을 포함하여 소방시설 등의 설비별 중 구성부품의 구조기준이 화재안전기준 및 건축법령에 적합한지 여부를 점검하는 것

(5) 기 타

① 소화약제별 적응대상

소화약제 구분 / 적응대상	가 스			분 말		액 체				기 타			
	이산화탄소소화약제	할론소화약제	할로겐화합물 및 불활성기체소화약제	인산염류소화약제	탄산수소염류소화약제	산알칼리소화약제	강화액소화약제	포소화약제	물·침윤소화약제	고체에어로졸화합물	마른모래	팽창질석·팽창진주암	그 밖의 것
일반화재 (A급 화재)	–	○	○	○	–	○	○	○	○	○	○	○	–
유류화재 (B급 화재)	○	○	○	○	○	○	○	○	○	○	○	○	–
전기화재 (C급 화재)	○	○	○	○	○	*	*	*	*	○	–	–	–
주방화재 (K급 화재)	–	–	–	–	*	–	*	*	*	–	–	–	*

주) "*"의 소화약제별 적응성은 「화재예방, 소방시설 설치유지 및 안전관리에 관한 법률」 제36조에 의한 형식승인 및 제품검사의 기술기준에 따라 화재 종류별 적응성에 적합한 것으로 인정되는 경우에 한한다.

소화기명	소화약제	종 류	적응화재	소화효과
산·알칼리소화기	H_2SO_4, $NaHCO_3$	파병식, 전도식	A급(무상 : C급)	냉 각
강화액소화기	H_2SO_4, K_2CO_3	축압식, 화학반응식, 가스가압식	A급 (무상 : A, B, C급)	냉각(무상 : 질식)
이산화탄소소화기	CO_2	고압가스용기	B, C급	질식, 냉각, 피복
할론소화기	할론 1301, 할론 1211 할론 2402	축압식, 수동펌프식	B, C급	질식, 냉각, 부촉매(억제)
분말소화기	제1종, 제2종, 제3종, 제4종	축압식, 가스가압식	A, B, C급	질식, 냉각, 부촉매(억제)
포소화기	$Al_2(SO_4)_3 \cdot 18H_2O$ $NaHCO_3$	전도식, 내통밀폐식, 내통밀봉식	A, B급	질식, 냉각

② 능력단위

　㉠ 간이소화용구

간이소화용구		능력단위
마른모래	삽을 상비한 50[L] 이상의 것 1포	0.5단위
팽창질석 또는 팽창진주암	삽을 상비한 80[L] 이상의 것 1포	

　㉡ 소방대상물별 소화기구

특정소방대상물	소화기구의 능력단위
위락시설	해당 용도의 바닥면적 $30[m^2]$마다 능력단위 1단위 이상
공연장·집회장·관람장·문화재·장례식장 및 의료시설	해당 용도의 바닥면적 $50[m^2]$마다 능력단위 1단위 이상
근린생활시설·판매시설·운수시설·숙박시설·노유자시설·전시장·공동주택·업무시설·방송통신시설·공장·창고시설·항공기 및 자동차관련시설 및 관광휴게시설	해당 용도의 바닥면적 $100[m^2]$마다 능력단위 1단위 이상
그 밖의 것	해당 용도의 바닥면적 $200[m^2]$마다 능력단위 1단위 이상

비고 : 소화기구의 능력단위를 산출함에 있어서 건축물의 주요구조부가 내화구조이고, 벽 및 반자의 실내에 면하는 부분이 불연재료·준불연재료 또는 난연재료로 된 특정소방대상물에 있어서는 위 표의 기준면적의 2배를 해당 특정소방대상물의 기준면적으로 한다.

핵/심/예/제

01 소화기구 및 자동소화장치의 화재안전기준에 따른 수동으로 조작하는 대형소화기 B급의
능력단위 기준은? [20년 4회]

① 10단위 이상
② 15단위 이상
③ 20단위 이상
④ 25단위 이상

해설 대형소화기 : 능력단위가 A급 화재는 10단위 이상, B급 화재는 20단위 이상인 것으로서 소화약제
충전량은 다음 표에 기재한 이상인 소화기

소화약제의 충전량

종 별	충전량
포소화기	20[L] 이상
강화액소화기	60[L] 이상
물소화기	80[L] 이상
분말소화기	20[kg] 이상
할론소화기	30[kg] 이상
이산화탄소소화기	50[kg] 이상

02 소화기구 및 자동소화장치의 화재안전기준에 따른 용어에 대한 정의로 틀린 것은?

[21년 2회]

① "소화약제"란 소화기구 및 자동소화장치에 사용되는 소화성능이 있는 고체·액체 및
기체의 물질을 말한다.
② "대형소화기"란 화재 시 사람이 운반할 수 있도록 운반대와 바퀴가 설치되어 있고 능력
단위가 A급 20단위 이상, B급 10단위 이상인 소화기를 말한다.
③ "전기화재(C급 화재)"란 전류가 흐르고 있는 전기기기, 배선과 관련된 화재를 말한다.
④ "능력단위"란 소화기 및 소화약제에 따른 간이소화용구에 있어서는 소방시설법에 따라
형식승인 된 수치를 말한다.

해설 1번 해설 참조

정답 1 ③ 2 ②

03 대형소화기에 충전하는 최소 소화약제의 기준 중 다음 ( ) 안에 알맞은 것은? [18년 4회]

> • 분말소화기 : (㉠)[kg] 이상
> • 물소화기 : (㉡)[L] 이상
> • 이산화탄소소화기 : (㉢)[kg] 이상

① ㉠ 30, ㉡ 80, ㉢ 50
② ㉠ 30, ㉡ 50, ㉢ 60
③ ㉠ 20, ㉡ 80, ㉢ 50
④ ㉠ 20, ㉡ 50, ㉢ 60

해설 1번 해설 참조

04 대형소화기의 정의 중 다음 ( ) 안에 알맞은 것은? [17년 1회]

> 화재 시 사람이 운반할 수 있도록 운반대와 바퀴가 설치되어 있고 능력단위가 A급 (㉡)단위 이상, B급 (㉠) 단위 이상인 소화기를 말한다.

① ㉠ 20, ㉡ 10
② ㉠ 10, ㉡ 5
③ ㉠ 5, ㉡ 10
④ ㉠ 10, ㉡ 20

해설 1번 해설 참조

05 대형 이산화탄소소화기의 소화약제 충전량은 얼마인가? [19년 1회]

① 20[kg] 이상
② 30[kg] 이상
③ 50[kg] 이상
④ 70[kg] 이상

해설 1번 해설 참조

06 축압식 분말소화기 지시압력계의 정상 사용압력 범위 중 상한값은? [17년 2회]

① 0.68[MPa]

② 0.78[MPa]

③ 0.88[MPa]

④ 0.98[MPa]

해설 축압식 분말소화기 지시압력계의 정상 : 0.7~0.98[MPa]

07 난방설비가 없는 교육장소에 비치하는 소화기로 가장 적합한 것은?(단, 교육장소의 겨울 최저온도는 −15[℃]이다) [20년 1·2회]

① 화학포소화기

② 기계포소화기

③ 산알칼리소화기

④ ABC 분말소화기

해설 소화기의 사용온도범위
• 강화액소화기 : −20[℃] 이상 40[℃] 이하
• 분말소화기 : −20[℃] 이상 40[℃] 이하
• 그 밖의 소화기 : 0[℃] 이상 40[℃] 이하

핵심
예제

08 소화기구 및 자동소화장치의 화재안전기준상 일반화재, 유류화재, 전기화재 모두에 적응성이 있는 소화약제는? [21년 1회]

① 마른모래

② 인산염류소화약제

③ 탄산수소염류소화약제

④ 팽창질석·팽창진주암

해설 분말소화약제의 종류

종 류	주성분	열분해반응식	적응화재	착색(분말의 색)
제1종 분말	$NaHCO_3$ (탄산수소나트륨)	$2NaHCO_3 \rightarrow Na_2CO_3 + H_2O \uparrow + CO_2 \uparrow$	B, C급	백 색
제2종 분말	$KHCO_3$ (탄산수소칼륨)	$2KHCO_3 \rightarrow K_2CO_3 + H_2O \uparrow + CO_2 \uparrow$	B, C급	담회색
제3종 분말	$NH_4H_2PO_4$ (제일인산암모늄)	$NH_4H_2PO_4 \rightarrow HPO_3 + NH_3 \uparrow + H_2O \uparrow$	A, B, C급	담홍색, 황색
제4종 분말	$KHCO_3 + (NH_2)_2CO$ (탄산수소칼륨 + 요소)	$2KHCO_3 + (NH_2)_2CO \rightarrow K_2CO_3 + 2NH_3 \uparrow + 2CO_2 \uparrow$	B, C급	회 색

※ A급 : 일반화재, B급 : 유류화재, C급 : 전기화재

안심Touch

09 소화기구 및 자동소화장치의 화재안전기준에 따라 대형소화기를 설치할 때 특정소방대상물의 각 부분으로부터 1개의 소화기까지의 보행거리가 최대 몇 [m] 이내가 되도록 배치하여야 하는가?

[20년 4회]

① 20 　　　　　　　　　　　② 25

③ 30 　　　　　　　　　　　④ 40

해설　**소화기 배치거리**
각 층마다 설치하되
• 소형소화기 : 보행거리가 20[m] 이내
• 대형소화기 : 보행거리가 30[m] 이내가 되도록 배치할 것

핵심
예제

10 화재예방, 소방시설 설치·유지 및 안전관리에 관한 법률상 자동소화장치를 모두 고른 것은?

[20년 1·2회]

> ㉠ 분말 자동소화장치
> ㉡ 액체 자동소화장치
> ㉢ 고체에어로졸 자동소화장치
> ㉣ 공업용 자동소화장치
> ㉤ 캐비닛형 자동소화장치

① ㉠, ㉡

② ㉠, ㉢, ㉣

③ ㉠, ㉢, ㉤

④ ㉠, ㉡, ㉢, ㉣, ㉤

해설　**자동소화장치**
• 주거용 주방자동소화장치
• 상업용 주방자동소화장치
• 캐비닛형 자동소화장치
• 가스 자동소화장치
• 분말 자동소화장치
• 고체에어로졸 자동소화장치

11 소화기구 및 자동소화장치의 화재안전기준에 따른 캐비닛형 자동소화장치 분사헤드의 설치 높이 기준은 방호구역의 바닥으로부터 얼마이어야 하는가? [20년 1회]

① 최소 0.1[m] 이상 최대 2.7[m] 이하
② 최소 0.1[m] 이상 최대 3.7[m] 이하
③ 최소 0.2[m] 이상 최대 2.7[m] 이하
④ 최소 0.2[m] 이상 최대 3.7[m] 이하

해설 **캐비닛형 자동소화장치**
분사헤드의 설치 높이는 방호구역의 바닥으로부터 최소 0.2[m] 이상 최대 3.7[m] 이하로 하여야 한다. 다만, 별도의 높이로 형식승인 받은 경우에는 그 범위 내에서 설치할 수 있다.

핵심 예제

12 주거용 주방자동소화장치의 설치기준으로 틀린 것은? [19년 1회]

① 감지부는 형식승인 받은 유효한 높이 및 위치에 설치해야 한다.
② 소화약제 방출구는 환기구의 청소부분과 분리되어 있어야 한다.
③ 가스차단장치는 상시 확인 및 점검이 가능하도록 설치해야 한다.
④ 탐지부는 수신부와 분리하여 설치하되, 공기보다 무거운 가스를 사용하는 장소에는 바닥면으로부터 0.2[m] 이하의 위치에 설치해야 한다.

해설 **설치기준**
• 소화약제 방출구는 환기구(주방에서 발생하는 열기류 등을 밖으로 배출하는 장치)의 청소 부분과 분리되어 있어야 하며 형식승인을 받은 유효설치 높이 및 방호면적에 따라 설치할 것
• 감지부는 형식승인 받은 유효높이 및 위치에 설치할 것
• 가스차단장치는 상시 확인 및 점검이 가능하도록 설치할 것
• 가스용 주방자동소화장치를 사용 시 탐지부는 수신부와 분리해 설치하되 공기보다 가벼운 가스를 사용하는 경우에는 천장면 밑으로 30[cm] 이하의 위치에 설치하고 공기보다 무거운 가스는 바닥면 위로 30[cm] 이하의 위치에 설치할 것
• 수신부는 주변 열기류 또는 습기 등과 주변 온도의 영향을 받지 않으며 사용자가 상시 있는 장소에 설치할 것

13 일정 이상의 층수를 가진 오피스텔에서는 모든 층에 주거용 주방자동소화장치를 설치해야 하는데 몇 층 이상인 경우 이러한 조치를 취해야 하는가? [19년 1회]

① 15층 이상

② 20층 이상

③ 25층 이상

④ 30층 이상

> **해설** 주거용 주방자동소화장치 설치대상 : 아파트 등 및 30층 이상 오피스텔(업무시설)의 모든 층

핵심
예제

14 소화기에 호스를 부착하지 아니할 수 있는 기준 중 틀린 것은? [18년 1회]

① 소화약제의 중량이 2[kg] 미만인 분말소화기

② 소화약제의 중량이 3[kg] 미만인 이산화탄소소화기

③ 소화약제의 중량이 4[kg] 미만인 할론소화기

④ 소화약제의 중량이 5[kg] 미만인 산알칼리소화기

> **해설** 호스를 부착하지 않아도 되는 소화기
>
> | 소화기 분류 | 분말소화기 | 이산화탄소소화기 | 액체계 소화약제소화기 | 할론소화기 |
> |---|---|---|---|---|
> | 질량 또는 용량 | 2[kg] 미만 | 3[kg] 미만 | 3[L] 미만 | 4[L] 미만 |

15 소화기에 호스를 부착하지 아니할 수 있는 기준 중 옳은 것은? [17년 4회]

① 소화약제의 중량이 2[kg] 미만인 이산화탄소소화기

② 소화약제의 중량이 3[L] 미만의 액체계 소화약제소화기

③ 소화약제의 중량이 3[kg] 미만인 할론소화기

④ 소화약제의 중량이 4[kg] 미만의 분말소화기

> **해설** 14번 해설 참조

16 소화기구 및 자동소화장치의 화재안전기준에 따라 다음과 같이 간이소화용구를 비치하였을 경우 능력 단위의 합은? [21년 2회]

- 삽을 상비한 마른모래 50[L]포 2개
- 삽을 상비한 팽창질석 80[L]포 1개

① 1단위 ② 1.5단위
③ 2.5단위 ④ 3단위

해설 소화약제 외의 것을 이용한 간이소화용구의 능력단위

간이소화용구		능력단위
마른모래	삽을 상비한 50[L] 이상의 것 1포	0.5단위
팽창질석 또는 팽창진주암	삽을 상비한 80[L] 이상의 것 1포	

17 소화약제 외의 것을 이용한 간이소화용구의 능력단위 기준 중 다음 (   ) 안에 알맞은 것은? [18년 2회]

간이소화용구		능력단위
마른모래	삽을 상비한 50[L] 이상의 것 1포	( )단위

① 0.5 ② 1
③ 3 ④ 5

해설 16번 해설 참조

18 소화약제 외의 것을 이용한 간이소화용구의 능력단위 기준 중 다음 (   ) 안에 알맞은 것은? [17년 1회]

간이소화용구		능력단위
팽창질석 또는 팽창진주암	삽을 상비한 (㉠)[L] 이상의 것 1포	0.5단위
마른모래	삽을 상비한 (㉡)[L] 이상의 것 1포	

① ㉠ 80, ㉡ 50 ② ㉠ 50, ㉡ 160
③ ㉠ 100, ㉡ 80 ④ ㉠ 100, ㉡ 160

해설 16번 해설 참조

19 특정소방대상물별 소화기구의 능력단위기준 중 다음 (   ) 안에 알맞은 것은?(단, 건축물의 주요구조부는 내화구조가 아니고 벽 및 반자의 실내에 면하는 부분이 불연재료·준불연재료 또는 난연재료로 된 특정소방대상물이 아니다)   [17년 1회]

> 공연장은 해당 용도의 바닥면적 (   )[m²]마다 소화기구의 능력단위 1단위 이상

① 30   ② 50
③ 100   ④ 200

해설 소방대상물별 소화기구

특정소방대상물	소화기구의 능력단위
위락시설	해당 용도의 바닥면적 30[m²]마다 능력단위 1단위 이상
공연장·집회장·관람장·문화재·장례식장 및 의료시설	해당 용도의 바닥면적 50[m²]마다 능력단위 1단위 이상
근린생활시설·판매시설·운수시설·숙박시설·노유자시설·전시장·공동주택·업무시설·방송통신시설·공장·창고시설·항공기 및 자동차관련시설 및 관광휴게시설	해당 용도의 바닥면적 100[m²]마다 능력단위 1단위 이상
그 밖의 것	해당 용도의 바닥면적 200[m²]마다 능력단위 1단위 이상

비고 : 소화기구의 능력단위를 산출함에 있어서 건축물의 주요구조부가 내화구조이고, 벽 및 반자의 실내에 면하는 부분이 불연재료·준불연재료 또는 난연재료로 된 특정소방대상물에 있어서는 위 표의 기준면적의 2배를 해당 특정소방대상물의 기준면적으로 한다.

20 바닥면적이 1,300[m²]인 관람장에 소화기구를 설치할 경우 소화기구의 최소 능력단위는? (단, 주요구조부가 내화구조이고, 벽 및 반자의 실내와 면하는 부분이 불연재료로 된 특정소방대상물이다)   [18년 4회]

① 7단위
② 13단위
③ 22단위
④ 26단위

해설 19번 해설 참조

$$\therefore \text{능력단위} = \frac{1,300[\text{m}^2]}{50[\text{m}^2] \times 2} = 13\text{단위}$$

21 소화기구 및 자동소화장치의 화재안전기준상 노유자시설은 당해용도의 바닥면적 얼마마다 능력단위 1단위 이상의 소화기구를 비치해야 하는가? [20년 3회]

① 바닥면적 30[m²]마다
② 바닥면적 50[m²]마다
③ 바닥면적 100[m²]마다
④ 바닥면적 200[m²]마다

해설 19번 해설 참조

22 특정소방대상물별 소화기구의 능력단위 기준 중 다음 (   ) 안에 알맞은 것은? [19년 2회]

특정소방대상물	소화기구의 능력단위
장례식장 및 의료시설	해당 용도의 바닥면적 (㉠)[m²]마다 능력단위 1단위 이상
노유자시설	해당 용도의 바닥면적 (㉡)[m²]마다 능력단위 1단위 이상
위락시설	해당 용도의 바닥면적 (㉢)[m²]마다 능력단위 1단위 이상

① ㉠ 30, ㉡ 50, ㉢ 100
② ㉠ 30, ㉡ 100, ㉢ 50
③ ㉠ 50, ㉡ 100, ㉢ 30
④ ㉠ 50, ㉡ 30, ㉢ 100

해설 19번 해설 참조

23 소화기구 및 자동소화장치의 화재안전기준상 규정하는 화재의 종류가 아닌 것은? [21년 1회]

① A급 화재
② B급 화재
③ G급 화재
④ K급 화재

해설 화재의 종류

구 분	A급 화재	B급 화재	C급 화재	K급 화재
명 칭	일반화재	유류화재	전기화재	주방화재

24 다음 일반화재(A급 화재)에 적응성을 만족하지 못하는 소화약제는? [19년 2회]

① 포소화약제

② 강화액소화약제

③ 할론소화약제

④ 이산화탄소소화약제

해설 소화약제별 적응대상

소화약제 구분 / 적응대상	가스			분말		액체				기타			
	이산화탄소소화약제	할론소화약제	할로겐화합물 및 불활성기체 소화약제	인산염류소화약제	탄산수소염류소화약제	산알칼리소화약제	강화액소화약제	포소화약제	물·침윤소화약제	고체에어로졸화합물	마른모래	팽창질석·팽창진주암	그 밖의 것
일반화재 (A급 화재)	–	O	O	O	–	O	O	O	O	O	O	O	–
유류화재 (B급 화재)	O	O	O	O	O	O	O	O	O	O	O	O	–
전기화재 (C급 화재)	O	O	O	O	O	*	*	*	*	O	–	–	–
주방화재 (K급 화재)	–	–	–	–	*	–	*	*	*	–	–	–	*

주) "*"의 소화약제별 적응성은 「화재예방, 소방시설 설치유지 및 안전관리에 관한 법률」 제36조에 의한 형식승인 및 제품검사의 기술기준에 따라 화재 종류별 적응성에 적합한 것으로 인정되는 경우에 한한다.

25 소화기구의 소화약제별 적응성 중 C급 화재에 적응성이 없는 소화약제는? [18년 2회]

① 마른모래

② 할로겐화합물 및 불활성기체소화약제

③ 이산화탄소소화약제

④ 탄산수소염류분말소화약제

해설 24번 해설 참조

26 소화기구 및 자동소화장치의 화재안전기준상 바닥면적이 280[m²]인 발전실에 부속용도별로 추가하여야 할 적응성이 있는 소화기의 최소 수량은 몇 개인가? [18년 1회, 21년 1회]

① 2

② 4

③ 6

④ 12

해설 발전실, 변전실, 송전실, 변압기실, 배전반실, 통신기기실, 전산기기실에 추가로 설치하여야 하는 소화기는 해당 용도의 바닥면적 50[m²]마다 적응성이 있는 소화기 1개 이상 설치하여야 한다.

$$\therefore \ 소화기 \ 개수 = \frac{바닥면적}{기준면적} = \frac{280[m^2]}{50[m^2]} = 5.6 \Rightarrow 6개$$

27 소화기의 형식승인 및 제품검사의 기술기준상 A급 화재용 소화기의 능력단위 산정을 위한 소화능력시험의 내용으로 틀린 것은? [20년 3회]

① 모형 배열 시 모형 간의 간격은 3[m] 이상으로 한다.

② 소화는 최초의 모형에 불을 붙인 다음 1분 후에 시작한다.

③ 소화는 무풍상태(풍속 0.5[m/s] 이하)와 사용 상태에서 실시한다.

④ 소화약제의 방사가 완료된 때 잔염이 없어야 하며, 방사완료 후 2분 이내에 다시 불타지 아니한 경우 그 모형은 완전히 소화된 것으로 본다.

해설 A급 화재용 소화기의 소화능력시험(소화기의 형식승인 및 제품검사의 기술기준 별표 2)
소화는 최초의 모형에 불을 붙인 다음 3분 후에 시작하되 불을 붙인 순으로 한다.

3 옥내소화전설비

(1) 개 요

건축물 내 화재 발생 시 소방대상물의 관계인이 건축물 내의 초기 화재진압을 목적으로 하는 것으로 건축물 내에 설치하는 물계통 수동식 소화설비이다.

(2) 분 류

① 기동방식에 의한 분류
  ㉠ 수동기동방식(ON-OFF 방식)
    소화전함의 기동스위치를 누르고 방수구의 앵글밸브를 열면 가압송수장치의 펌프가 기동되어 방수가 되는 방식(ON-OFF 스위치)
  ㉡ 자동기동방식(기동용 수압개폐장치)
    옥내소화전함의 앵글밸브를 열면 배관 내의 압력감소로 압력감지장치에 의하여 펌프가 기동되어 방수가 되는 방식(기동용 수압개폐장치는 스프링클러설비, 포소화설비, 물분무소화설비에는 필수적인 기동방식)
② 가압송수방식에 의한 분류
  ㉠ 고가수조방식
    옥상 등 높은 곳에 물탱크를 설치하고 최상층 부분의 방수구에서 순수한 자연낙차 압력에 의해서 법정방수압력을 낼 수 있도록 낙차를 이용하는 가압송수방식
  ㉡ 압력수조방식
    압력탱크는 1/3은 에어컴프레서에 의해 압축공기를, 2/3는 물을 급수펌프로 공급하여 방수구의 법정 방수압력을 공급하는 가압방식(물을 사용하는 소화설비의 모든 설비에 사용될 수 있으며 초대형 건물에 주로 사용)
  ㉢ 펌프방식
    방수구에서 법정방수압력을 얻기 위해서 필수적으로 펌프를 설치해서 펌프의 가압에 의해서 방수압력을 얻는 방식(가장 많이 적용)
  ㉣ 가압수조방식
    가압원인 압축공기 또는 불연성 고압기체에 의해 소방용수를 가압시키는 수조

(3) 주요구성

① 계통도
② 수 원
③ 가압송수장치
④ 배 관

⑤ 동력장치

⑥ 비상전원

⑦ 제어반

⑧ 옥내소화전함

(4) 수원, 수조 및 펌프 토출량

① 펌프의 토출량

펌프의 토출량 $Q[\text{L/min}] = N \times 130[\text{L/min}]$(호스릴 옥내소화전설비 포함)

여기서, N : 가장 많이 설치된 층의 소화전 수(2개 이상은 2개)

② 수원의 용량(저수량)

층 수	수원의 용량
29층 이하	N(최대 2개) $\times$ 2.6[m^3](130[L/min] $\times$ 20[min] = 2,600[L] = 2.6[m^3])
30층 이상 49층 이하	N(최대 5개) $\times$ 5.2[m^3](130[L/min] $\times$ 40[min] = 5,200[L] = 5.2[m^3])
50층 이상	N(최대 5개) $\times$ 7.8[m^3](130[L/min] $\times$ 60[min] = 7,800[L] = 7.8[m^3])

③ 수원설치 시 유의사항

㉠ 옥내소화전설비 전체 수원 외에 1/3 이상을 따로 옥상에 설치해야 한다.

㉡ 예외 규정

- 지하층만 있는 건축물
- 고가수조를 가압송수장치로 설치한 옥내소화전설비
- 수원이 건축물의 최상층에 설치된 방수구보다 높은 위치에 설치된 경우
- 건축물의 높이가 지표면으로부터 10[m] 이하인 경우
- 주펌프와 동등 이상의 성능이 있는 별도의 펌프로서 내연기관의 기동과 연동하여 작동되거나 비상전원을 연결하여 설치한 경우
- 학교·공장·창고시설(옥상수조를 설치한 대상은 제외한다)로서 동결의 우려가 있는 장소에 있어서는 기동스위치에 보호판을 부착하여 옥내소화전함 내에 설치하는 경우(ON-OFF방식)
- 가압수조를 가압송수장치로 설치한 옥내소화전설비

④ 옥내소화전설비용 수로의 설치기준

㉠ 수조 외측에 수위계를 설치

㉡ 수조 상단이 바닥보다 높은 경우 수조의 외측에 고정식 사다리를 설치

㉢ 수조를 실내에 설치 시 그 실내에 조명설비를 설치

㉣ 수조 밑 부분에는 청소용 배수밸브 또는 배수관을 설치

㉤ 수조 외측에 보기 쉬운 곳에 "옥내소화전설비용 수조"라고 표시

⑤ 수원의 수조를 소방설비전용으로 하지 않아도 되는 경우
  ㉠ 옥내소화전펌프의 후드밸브 또는 흡수배관의 흡수구(수직회전축펌프의 흡수구를 포함한다)를 다른 설비(소방용설비 외의 것을 말한다)의 후드밸브 또는 흡수구보다 낮은 위치에 설치한 때
  ㉡ 고가수조로부터 옥내소화전설비의 수직배관에 물을 공급하는 급수구를 다른 설비의 급수구보다 낮은 위치에 설치한 때
⑥ 유효수량
  다른 설비와 겸용하여 옥내소화전설비용 수조를 설치하는 경우에는 옥내소화전설비의 후드밸브·흡수구 또는 수직배관의 급수구와 다른 설비의 후드밸브·흡수구 또는 수직배관의 급수구와의 사이의 수량을 그 유효수량으로 한다.
⑦ 수원 및 가압송수장치의 펌프 등의 겸용
  옥내소화전설비의 수원을 스프링클러설비·간이스프링클러설비·화재조기진압용스프링클러설비·물분무소화설비·포소화설비 및 옥외소화전설비의 수원과 겸용해 설치하는 경우, 저수량은 각 소화설비에 필요한 저수량을 합한 양 이상이 되도록 하여야 한다.

(5) 가압송수장치[펌프, 고가수조(낙차), 압력수조, 가압수조]

펌프 이용 가압송수장치

① 설치기준
  ㉠ 펌프는 전용으로 할 것
  ㉡ 펌프의 토출측에는 압력계를 체크밸브 이전에 펌프 토출측 플랜지에서 가까운 곳에 설치하고 흡입측에는 연성계 또는 진공계(수원이 펌프보다 낮은 경우 : 수직회전축 펌프 생략)를 설치할 것
  ㉢ 가압송수장치에는 정격부하 운전 시 펌프의 성능시험 배관을 설치할 것(충압 펌프인 경우 제외)
  ㉣ 가압송수장치에는 체절운전(펌프의 성능시험을 목적으로 펌프토출측의 개폐밸브를 닫은 상태에서 펌프를 운전하는 것) 시 수온의 상승을 방지하기 위한 순환배관을 설치할 것
  ㉤ 하나의 옥내소화전을 사용하는 노즐 끝부분에서의 방수압력이 0.7[MPa]을 초과할 경우에는 호스접결구의 인입측에 감압장치를 설치할 것
  ㉥ 기동장치로는 기동용 수압개폐장치 또는 이와 동등 이상의 성능이 있는 것을 설치할 것. 다만, 학교·공장·창고시설(옥상수조를 설치한 대상은 제외)로서 동결의 우려가 있는 장소에 있어서는 기동스위치에 보호판을 부착하여 옥내소화전함 내에 설치할 수 있다.

ⓢ 충압펌프의 설치기준

- 펌프의 정격토출압력은 그 설비의 최고위 호스접결구의 자연압보다 적어도 0.2[MPa] 이 더 크도록 하거나 가압송수장치의 정격토출압력과 같게 할 것
- 펌프의 정격토출량은 정상적인 누설량보다 적어서는 아니되며, 옥내소화전설비가 자동적으로 작동할 수 있도록 충분한 토출량을 유지할 것

※ 고층건축물의 옥내소화전설비의 전동기 또는 내연기관을 이용한 펌프방식의 가압송 수장치는 옥내소화전설비 전용으로 설치하여야 하며, 옥내소화전설비 주펌프 이외 에 동등 이상인 별도의 예비펌프를 설치하여야 한다.

※ 감압장치

- 설치이유 : 방수압력이 0.7[MPa] 이상이면 반동력으로 인하여 소화활동에 장애를 초래하므로 소화인력 1인당 반동력 20[kg]으로 제한하기 위하여
- 감압방법
  - 감압밸브 또는 오리피스를 설치하는 방식
  - 고가수조방식
  - 펌프를 구분하는 방식
  - 중계펌프 방식
  - 계통별 감압변을 설치하는 방식

※ 수동기동(ON-OFF)방식

- 작동방식 : ON-OFF버튼을 사용하여 펌프를 원격으로 기동하는 방식
- 설치장소 : 학교·공장·창고시설(옥상수조를 설치한 대상은 제외)로서 동결의 우 려가 있는 장소

② 펌프의 양정

$$H = h_1 + h_2 + h_3 + 17$$

여기서, H : 펌프의 전 양정[m]

h_1 : 호스의 마찰손실수두[m]

h_2 : 배관의 마찰손실수두[m]

h_3 : 낙차(펌프의 흡입높이 + 펌프에서 최고위의 소화전 방수구까지의 높이[m])

17 : 노즐 끝부분 방수압력 환산수두[m]

③ 물올림탱크

주기능	후드밸브에서 펌프 임펠러까지에 항상 물을 충전시켜서 언제든지 펌프에서 물을 흡입할 수 있도록 대비시켜 주는 부속설비
설치기준	수원의 수위가 펌프보다 아래에 있을 때
물올림탱크의 용량	100[L] 이상
물올림탱크의 급수배관	구경 15[mm] 이상
물올림배관	25[mm] 이상

④ 압력체임버(기동용수압개폐장치)

구 조	압력계, 주펌프 및 보조펌프의 압력스위치, 안전밸브, 배수밸브
기 능	• 충압펌프(Jocky Pump), 주펌프 자동기동 및 충압펌프 자동정지(주펌프는 수동 정지해야 한다) • 규격방수압력을 방출한다.
용 량	100[L] 이상(100[L], 200[L])
분기점	펌프토출측 개폐밸브 이후
압력스위치	• Range : 펌프의 작동 중단점 • Diff : Range에 설정된 압력에서 Diff에 설정된 압력만큼 떨어지면 펌프가 다시 작동되는 압력의 차이

⑤ 내연기관을 사용하는 경우

㉠ 내연기관의 기동은 기동장치를 설치하거나 또는 소화전함의 위치에서 원격조작이 가능하고 기 동을 명시하는 적색등을 설치할 것

㉡ 제어반에 따라 내연기관의 자동기동 및 수동기동이 가능하고 상시 충전되어 있는 축전지 설비를 갖출 것

㉢ 내연기관의 연료량

대상물의 구분	30층 미만	30층 이상 49층 이하	50층 이상
용량시간	20분 이상	40분 이상	60분 이상

⑥ 배 관

㉠ 순환배관

• 기능 : 펌프 내의 체절운전 시 공회전에 의한 수온상승 방지

• 분기점 : 펌프와 체크밸브 사이에서 분기

• 릴리프밸브의 작동압력 : 체절압력 미만에서 작동

• 구경 : 20[mm] 이상

㉡ 성능시험배관

• 기능 : 정격부하 운전 시 펌프의 성능을 시험

• 분기점 : 펌프의 토출측 개폐밸브 이전에서 분기

• 펌프의 성능 : 체절운전 시 정격토출압력의 140[%]를 초과하지 아니하고 정격토출량의 150[%]로 운전 시 정격토출압력의 65[%] 이상이 되어야 한다.

• 펌프의 성능시험

현장의 펌프 명판에 유량 500[L/min], 양정 100[m]인 경우

– 양정 100[m] = 1[MPa]이므로 1[MPa] × 1.4(140[%]) = 1.4[MPa] 이하에서 릴리프밸브가 개방되어 물이 방출되면 정상

– 주 펌프를 기동하여 정격토출량 500[L/min] × 1.5(150[%]) = 750[L/min]로 운전하여 정격토출압력 1[MPa] × 0.65(65[%]) = 0.65[MPa] 이상이 압력게이지로 나타나면 펌프의 성능은 정상

• 유량측정장치 : 성능시험배관의 직관부에 설치하며 펌프의 정격토출량의 175[%] 이상 측정할 수 있는 성능이 있을 것

- 공 식

  $1.5 \times Q = 0.6597 \times D^2 \times \sqrt{10P \times 0.65}$ (D : 성능시험배관의 관경)

  여기서, Q : 분당 토출량[L/min]

  $\quad\quad\quad\ D$: 관경[mm]

  $\quad\quad\quad\ P$: 방수압[MPa]

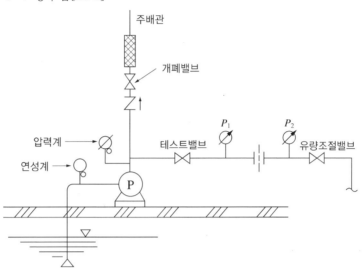

[펌프 성능시험배관]

  일반적으로 유량계 1차측은 정상류 흐름을 갖기 위해 구경의 8배, 2차측은 5배를 유지한다.

ⓒ 배관의 재질

배관 이음은 각 배관과 동등 이상의 성능에 적합한 배관이음쇠를 사용하고 배관용 스테인리스강관(KS D 3576)의 이음을 용접으로 할 경우에는 알곤용접방식에 따른다.

- 배관 내 사용압력이 1.2[MPa] 미만일 경우
  - 배관용 탄소강관(KS D 3507)
  - 이음매 없는 구리 및 구리합금관(KS D 5301). 다만, 습식의 배관에 한한다.
  - 배관용 스테인리스강관(KS D 3576) 또는 일반배관용 스테인리스강관(KS D 3595)
  - 덕타일 주철관(KS D 4311)

- 배관 내 사용압력이 1.2[MPa] 이상일 경우
  - 압력배관용 탄소강관(KS D 3562)
  - 배관용 아크용접 탄소강강관(KS D 3583)

ⓒ 펌프토출측 배관

주배관의 구경	옥내소화전 방수구와 연결되는 가지배관	주배관 중 수직배관
유속이 4[m/s] 이하	40[mm](호스릴 : 25[mm] 이상)	50[mm](호스릴 32[mm] 이상)

ⓜ 연결송수관설비의 배관과 겸용할 경우

주배관	구경 100[mm] 이상
방수구로 연결되는 배관	구경 65[mm] 이상

ⓗ 소방용 합성수지관 배관
  - 배관을 지하에 매설하는 경우
  - 다른 부분과 내화구조로 구획된 덕트 또는 피트의 내부에 설치하는 경우
  - 천장(상층이 있는 경우에는 상층바닥의 하단을 포함)과 반자를 불연재료 또는 준불연재료로 설치하고 그 내부에 배관을 습식으로 설치하는 경우

ⓢ 릴리프밸브 설치

목 적	설치 위치	작동압력	구 경
체절운전 시 수온상승 방지	체크밸브와 펌프 사이	체절압력 미만	20[mm] 이상

※ 고층건축물의 옥내소화전설비 화재안전기준
  - 급수배관은 전용으로 하여야 한다. 다만, 옥내소화전설비의 성능에 지장이 없는 경우에는 연결송수관설비의 배관과 겸용할 수 있다.
  - 50층 이상인 건축물의 옥내소화전 주배관 중 수직배관은 2개 이상(주배관 성능을 갖는 동일호칭배관)으로 설치하여야 하며, 하나의 수직배관의 파손 등 작동 불능 시에도 다른 수직배관으로부터 소화용수가 공급되도록 구성하여야 한다.

⑦ 가압송수장치방식
  ㉠ 고가수조(자연낙차)를 이용
    - 낙차(전양정)

    $H = h_1 + h_2 + 17$(호스릴 옥내소화전설비 포함)

    여기서, H : 필요한 낙차[m](낙차 : 수조의 하단으로부터 최고층에 설치된 소화전 호스접결구까지의 수직거리)

    h_1 : 소방용 호스의 마찰손실수두[m]

    h_2 : 배관의 마찰손실수두[m]

    17 : 노즐 끝부분의 방수압력 환산수두

    - 설치부속물
      - 수위계
      - 배수관
      - 급수관
      - 오버플로관
      - 맨홀을 설치

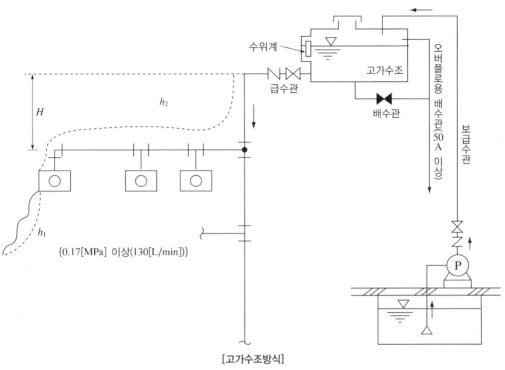

[고가수조방식]

ⓛ 압력수조를 이용
- 압력수조방식은 탱크에 2/3의 물을 넣고 1/3은 압축공기가 충만한 상태에서 압력에 의하여 송수하는 방식
- 압력수조의 압력산출식

  $P = P_1 + P_2 + P_3 + 0.17$(호스릴 옥내소화전설비를 포함)

  여기서, P : 필요한 압력[MPa]

  P_1 : 소방용 호스의 마찰손실수두압[MPa]

  P_2 : 배관의 마찰손실수두압[MPa]

  P_3 : 낙차의 환산수두압[MPa]

- 설치부속물

  수위계·급수관·배수관·급기관·맨홀·압력계·안전장치 및 압력저하 방지를 위한 자동식 공기압축기를 설치할 것

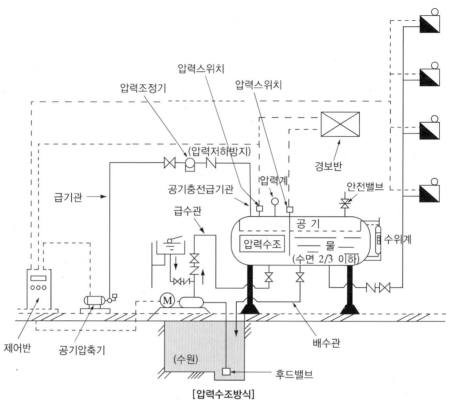

[압력수조방식]

ⓒ 가압수조를 이용

* 가압수조의 압력은 방수량(130[L/min]) 및 방수압(0.17[MPa])이 20분 이상 유지되도록 할 것

* 가압수조 및 가압원은 방화구획된 장소에 설치할 것

기본공식	$P[\text{kW}] = \dfrac{\gamma \times Q \times H}{102 \times \eta} \times K$
소방기계공식	$P[\text{kW}] = \dfrac{0.163 \times Q \times H}{\eta} \times K$
참 고	• 기본공식 γ : 물의 비중량(1,000[kg$_f$/m^3])　　Q : 방수량[m^3/s]　　H : 펌프의 양정[m] K : 전달계수(여유율)　　η : 펌프의 효율 • 소방기계공식 $0.163 = \dfrac{1,000}{102 \times 60}$ Q : 방수량[m^3/min]　　H : 펌프의 양정[m] K : 전달계수(여유율)　　η : 펌프의 효율 • 단 위 1[kW] = 102[kg$_f$ · m/s] 1[HP] = 76[kg$_f$ · m/s] 1[PS] = 75[kg$_f$ · m/s] 1[HP] = 0.745[kW]

ⓔ 비상전원
- 종 류
  - 자가발전설비
  - 축전지설비
  - 전기저장장치
- 설치대상
  - 7층 이상으로서 연면적이 2,000[m²] 이상인 것
  - 지하층의 바닥면적의 합계가 3,000[m²] 이상인 것
- 설치기준
  - 점검에 편리하고 화재 및 침수 등의 재해로 인한 피해를 받을 우려가 없는 곳에 설치할 것
  - 옥내소화전설비를 유효하게 20분 이상 작동할 수 있어야 할 것
  - 상용전원으로부터 전력의 공급이 중단된 때에는 자동으로 비상전원으로부터 전력을 공급받을 수 있도록 할 것
  - 비상전원(내연기관의 기동 및 제어용 축전기를 제외한다)의 설치장소는 다른 장소와 방화구획 할 것
  - 비상전원을 실내에 설치하는 때에는 그 실내에 비상조명등을 설치할 것

※ 고층건축물의 옥내소화전설비 화재안전기준
  비상전원은 자가발전설비 또는 축전지설비(내연기관에 따른 펌프를 사용하는 경우에는 내연기관의 기동 및 제어용 축전지를 말한다)로서 옥내소화전설비를 40분 이상 작동할 수 있을 것. 다만, 50층 이상인 건축물의 경우에는 60분 이상 작동할 수 있어야 한다.

⑧ 옥내소화전함 등
ⓐ 구 조
- 외함 및 재질
  - 1.5[mm] 이상 강판
  - 4[mm] 이상 합성수지재
- 문 크기
  - 0.5[m²] 이상(짧은 변의 길이 500[mm] 이상)
ⓑ 설 치
- 함 안 : 호스(구경 40[mm], 길이 15[m])와 앵글밸브(40[mm]를 연결 설치)(관창 15[mm])
- 소화전용배관이 통과하는 부분의 구경 : 50[mm] 이상

ⓒ 표시등
- 위치 : 함의 상부
- 색상 : 적색
- 시 험
  - 표시등은 주위의 밝기가 300[lx]인 장소에서 정격전압 및 정격전압±20[%]에서 측정하여 앞면으로부터 3[m] 떨어진 위치에서 켜진 등이 확실히 식별되어야 한다.
  - 표시등의 불빛은 부착면과 15° 이하의 각도로도 발산되어야 하며, 주위의 밝기가 0[lx]인 장소에서 측정하여 10[m] 떨어진 위치에서 켜진 등이 확실히 식별되어야 한다.
- 점 등
  - 위치표시등 상시 점등
  - 기동표시등 : 평상시 소등, 기동 시 점등
ⓓ 방수구(개폐밸브)
- 설치기준
  - 방수구(개폐밸브)는 층마다 설치할 것
  - 하나의 옥내소화전 방수구까지의 수평거리 : 25[m] 이하(호스릴 옥내소화전설비를 포함)
  - 설치위치 : 바닥으로부터 1.5[m] 이하
  - 호스의 구경 : 40[mm] 이상(호스릴 옥내소화전설비 : 25[mm] 이상)
- 설치제외
  - 냉장창고 중 온도가 영하인 냉장실 또는 냉동창고의 냉동실
  - 고온의 노가 설치된 장소 또는 물과 격렬하게 반응하는 물품의 저장 또는 취급 장소
  - 발전소·변전소 등으로서 전기시설이 설치된 장소
  - 식물원·수족관·목욕실·수영장(관람석 부분은 제외), 그 밖의 이와 비슷한 장소
  - 야외음악당·야외극장 또는 그 밖의 이와 비슷한 장소
ⓔ 호 스
- 소방호스 : 소방용 아마호스 및 소방용 고무내장호스
- 소방용 아마호스 : 아마사로 직조한 소방용 호스
- 결합금구 구경 : 옥내소화전 – 40[mm], 옥외소화전 – 65[mm]
ⓕ 노 즐
- 구성 : 토출관, 관체, 호스 접속구
- 재질 : 청동, 황동주물
- 구경 : 12.7[mm] 이상

ㅅ 소화전 방수구

· 내압력

- 2[MPa]의 수압력을 가하는 경우 물이 새거나 균열 또는 변형 등이 생기지 아니할 것

- 1.5[MPa]의 수압을 가하는 경우 시트로부터 물이 새거나 균열 또는 변형 등이 생기지 아니할 것

· 구조 및 치수

- 옥내소화전방수구의 본체에 보기 쉽도록 주물로 된 글씨로 "옥내소화전방수구"라고 표시할 것

- 밸브 본체 각부의 소화용수가 통과하는 유효 단면적은 밸브시트 지름의 원면적 이상이어야 할 것

- 본체와 덮개의 조립은 나사식이어야 한다.

- 디스크와 밸브대는 회전이 될 수 있는 구조로 되어 있어야 한다.

- 밸브시트의 형상은 고무패킹을 넣은 평면으로 하여야 한다.

- 옥내소화전방수구는 접합부의 치수에 따라 호칭25・호칭40・호칭50・호칭65・호칭75・호칭90 및 호칭100으로 구분한다.

⑨ 점검 및 작동시험

㉠ 방수압력 측정

· 방법 : 옥내소화전의 수가 2개 이상일 때는 2개를 동시에 개방하여 노즐 끝부분(노즐 내경 D)에서 $\dfrac{D}{2}$ 만큼 떨어진 지점에서 압력을 측정하고 최상층 부분의 소화전 설치개수를 동시 개방하여 방수압력을 측정하였을 때 소화전에서 0.17[MPa]의 압력으로 130[L/min]의 방수량 이상이어야 한다.

· 방수량

$Q = 0.6597CD^2\sqrt{10P}$

여기서, Q : 분당 토출량[L/min]

　　　　C : 유량계수

　　　　D : 관경(또는 노즐구경)[mm]

　　　　P : 방수압력

㉡ 펌프성능방법 및 성능곡선

· 성능시험 종류

- 무부하시험(체절운전시험) : 펌프토출측의 주밸브와 성능시험배관의 유량조절 밸브를 잠근 상태에서 운전할 경우에 양정이 정격양정의 140[%] 이하인지 확인하는 시험

- 정격부하시험 : 펌프를 기동한 상태에서 유량조절밸브를 개방하여 유량계의 유량이 정격유량상태(100[%])일 때 토출압력계와 흡입압력계의 차이가 정격압력 이상이 되는지 확인하는 시험
- 피크부하시험(최대운전시험) : 유량조절밸브를 개방하여 정격토출량의 150[%]로 운전 시 정격토출압력의 65[%] 이상이 되는지 확인하는 시험

• 성능시험방법
  - 동력제어반의 주펌프와 충압펌프를 정지시킨다.
  - 주배관의 개폐밸브를 잠근다.
  - 제어반에서 펌프를 수동으로 기동시킨다.
  - 성능시험배관의 개폐밸브를 개방하고 유량조절밸브를 서서히 개방하면서 조절하여 유량계와 압력계를 확인하면서 펌프의 성능을 측정한다.
  - 유량조절밸브와 개폐밸브를 잠그고 주밸브를 개방한다.
  - 동력제어반에서 주펌프와 충압펌프의 기동정지를 해제시킨다.

• 성능곡선

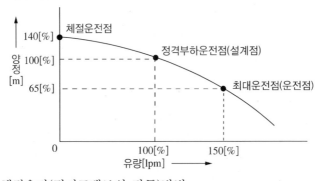

ⓒ 체절운전(릴리프밸브의 작동)방법
  • 주밸브와 성능시험배관의 개폐밸브를 잠그고(평상시 폐쇄상태임) 주펌프와 충압펌프를 정지시킨다.
  • 동력제어반에서 수동으로 주펌프를 기동시킨다.
  • 펌프가 기동되면 펌프 토출측의 압력이 계속 상승되며 체절압력이 순환배관상의 릴리프밸브가 압력수를 방출시킨다.
  • 이때 압력계상의 압력이 Setting된 체절압력이 된다.

⑩ 송수구
  ㉠ 설치기준
    • 송수구는 소방차가 쉽게 접근할 수 있는 잘 보이는 장소에 설치하되 화재층으로부터 지면으로 떨어지는 유리창 등이 송수 및 그 밖의 소화작업에 지장을 주지 아니하는 장소에 설치할 것

- 송수구로부터 주배관에 이르는 연결배관에는 개폐밸브를 설치하지 아니할 것. 다만, 스프링클러설비·물분무소화설비·포소화설비 또는 연결송수관설비의 배관과 겸용하는 경우에는 그러하지 아니하다.
- 지면으로부터 높이가 0.5[m] 이상 1[m] 이하의 위치에 설치할 것
- 구경 65[mm]의 쌍구형 또는 단구형으로 할 것
- 송수구의 가까운 부분에 자동배수밸브(또는 직경 5[mm])의 배수공) 및 체크밸브를 설치할 것. 이 경우 자동배수밸브는 배관 안의 물이 잘 빠질 수 있는 위치에 설치하되, 배수로 인하여 다른 물건 또는 장소에 피해를 주지 아니하여야 한다.
- 송수구에는 이물질을 막기 위한 마개를 씌울 것

ⓛ 송수구 내압
- 송수구는 2.0[MPa]의 수압을 가하는 경우 물이 새거나 균열 또는 변형 등이 생기지 아니할 것
- 송수구 1.5[MPa]의 수압을 가하는 경우 시트로부터 누설이 없을 것

ⓒ 구 조
- 송수구의 접합부는 암나사구조로서 원활하게 회전할 수 있는 조임링 구조일 것
- 송수구의 구조는 본체·체크밸브·조임링·명판 및 보호캡으로 구성되어야 한다.
- 송수구의 체크밸브는 50[kPa] 이하에서 개방되어야 한다.
- 송수구의 명판에는 보기 쉽도록 그 용도별 뜻을 표시하여야 한다.
- 체크밸브가 열린 때의 최소유수통과면적은 접합부 규격별 호칭직경면적 이상이어야 한다.

ⓒ 시 험
- 반복시험 : 체크밸브는 50,000회의 반복시험을 분당 6회 비율(닫힌 위치에서 최대 개방 위치까지 개방시킨 후 닫힌 위치로 복귀하는 것을 1회로 함)로 실시할 경우 기능에 이상이 없을 것
- 본체 강도시험
  - 송수구 본체는 5[MPa]의 수압력을 5분간 가하는 경우 균열·손상 또는 파괴 등의 이상이 생기지 아니할 것
  - 송수구 시트부는 2.4[MPa]의 수압력을 5분간 가하는 경우에 균열·손상 또는 파괴 등의 이상이 생기기 아니할 것

⑪ 기 타

㉠ 도로 터널의 옥내소화전설비
- 소화전함과 방수구는 주행차로 우측 측벽을 따라 50[m] 이내 간격으로 설치하되 편도 2차선 이상의 양방향 터널이나 4차로 이상의 일방향 터널의 경우에는 양쪽 측벽에 각각 50[m] 이내의 간격으로 엇갈리게 설치할 것

- 수원은 옥내소화전 2개(4차로 이상의 경우, 3개)를 동시에 40분 이상 사용 가능할 것
- 가압송수장치는 옥내소화전 2개(4차로 이상의 터널인 경우, 3개)를 동시에 사용할 경우, 각 옥내소화전의 노즐 끝부분에서의 방수압력은 0.35[MPa] 이상이고 방수량은 190[L/min] 이상이 되는 성능의 것으로 할 것. 다만, 하나의 옥내소화전을 사용하는 노즐 끝부분에서의 방수압력이 0.7[MPa]를 초과할 경우에는 호스접결구의 인입측에 감압장치를 설치하여야 한다.
- 압력수조나 고가수조가 아닌 전동기 및 내연기관에 의한 펌프를 이용하는 가압송수장치는 주펌프와 동등 이상인 별도 예비펌프를 설치할 것
- 방수구는 40[mm] 구경의 단구형을 바닥면으로부터 1.5[m] 이하의 높이에 설치할 것
- 소화전함에는 옥내소화전 방수구 1개, 15[m] 이상의 소방호스 3본 이상 및 방수노즐 비치
- 옥내소화전설비의 비상전원은 40분 이상 작동할 수 있을 것

ⓛ 명칭 및 기능

명 칭	기 능
후드밸브	여과 기능, 역류방지기능
개폐밸브	배관의 개·폐 기능
스트레이너	흡입측 배관 내의 이물질 제거(여과 기능)
진공계(연성계)	펌프의 흡입측 압력 표시
플렉시블조인트	충격을 흡수하여 흡입측 배관 보호
주펌프	소화수에 압력과 유속 부여
압력계	펌프의 토출측 압력 표시
순환배관	펌프의 체절운전 시 수온상승 방지
릴리프밸브	체절압력 미만에서 개방하여 압력수 방출
성능시험배관	가압송수장치의 성능시험
개폐밸브	펌프 성능시험배관의 개·폐 기능
유량계	펌프의 유량 측정
유량조절밸브	펌프 성능시험배관의 개·폐 기능
체크밸브	역류 방지, By-pass 기능, 수격작용방지
개폐표시형 밸브	배관 수리 시 또는 펌프성능시험 시 개·폐 기능
수격방지기	펌프의 기동 및 정지 시 수격흡수 기능
물올림장치	펌프의 흡입측 배관에 물을 충만하는 기능
기동용 수압개폐장치 (압력체임버)	주펌프의 자동기동, 충압펌프의 자동기동 및 자동정지 기능, 압력변화에 따른 완충 작용, 압력변동에 따른 설비보호

4 옥외소화전설비

개 요	옥외소화전은 건축물의 화재를 진압하는 외부에 설치된 고정된 설비로서 자체소화 또는 인접건물로의 연소방지를 목적으로 설치된다.	
종 류	설치 위치	지상식, 지하식
	방수구	쌍구형, 단구형
주요구성	• 수 원 • 가압송수장치 • 배 관 • 옥외소화전함 • 동력장치	

(1) 수 원

① 종 류

- 고가수조
- 압력수조
- 지하수조

② 용 량

수원의 양[L] = N(최대 2개) $\times$ 350[L/min] $\times$ 20[min] = $N \times 7[\text{m}^3]$

설치개수	1개	2개 이상
수원의 양	7[m³] 이상	14[m³] 이상

(2) 가압송수장치

① 전동기 또는 내연기관에 따른 펌프

㉠ 토출량[L/min] = $N \times$ 350[L/min](N : 설치개수 2 이상은 2)

㉡ 방수압력 : 0.25[MPa]

㉢ 방수량 : 350[L/min] 이상

② 펌프양정

지하수조	전양정(H) = $h_1 + h_2 + h_3 + 25$
고가수조	필요낙차(H) = $h_1 + h_2 + 25$
압력수조	필요한 압력(P) = $p_1 + p_2 + p_3 + 0.25[\text{MPa}]$
비 고	h_1 : 소방용 호스의 마찰손실수두[m] h_2 : 배관의 마찰손실수두[m] h_3 : 낙차[m] 25 : 노즐 끝부분 방수압력수두 p_1 : 소방용 호스의 마찰손실수두압[MPa] p_2 : 배관의 마찰손실수두압[MPa] p_3 : 낙차의 환산수두압[MPa] 0.25 : 노즐 끝부분의 방수압력[MPa]

③ 유량, 방수압력 계산식

방수량[L/min]	$Q = 2.065^2 \sqrt{P}$ [L/min]
방수압력[MPa]	$P = 0.2345 \dfrac{Q^2}{d^4}$ [kPa]
비 고	Q : 방수량[L/min], d : 노즐구경[mm], P : 방수압력[MPa]

④ 설치기준

㉠ 펌프는 전용으로 할 것. 다만, 다른 소화설비와 겸용하는 경우 각각의 소화설비의 성능에 지장이 없을 때에는 그러하지 아니하다.

㉡ 펌프의 토출측에는 압력계를 체크밸브 이전에 펌프 토출측 플랜지에서 가까운 곳에 설치하고 흡입측에는 연성계 또는 진공계를 설치할 것. 다만, 수원의 수위가 펌프의 위치보다 높거나 수직회전축 펌프의 경우에는 연성계 또는 진공계를 설치하지 아니할 수 있다.

㉢ 충압펌프의 설치기준

• 펌프의 정격 토출압력은 그 설비의 최고위 호스접결구의 자연압보다 적어도 0.2[MPa]이 더 크도록 하거나 가압송수장치의 정격토출압력과 같게 할 것

• 펌프의 정격토출량은 정상적인 누설량보다 적어서는 아니되며, 옥내소화전설비가 자동적으로 작동할 수 있도록 충분한 토출량을 유지할 것

㉣ 물올림장치(호수조, 물마중장치, Priming Tank)

• 주기능
후드밸브에서 펌프 임펠러까지에 항상 물을 충전시켜서 언제든지 펌프에서 물을 흡입할 수 있도록 대비시켜 주는 부수설비

• 설치기준 : 수원의 수위가 펌프보다 아래에 있을 때

• 물올림장치의 용량 : 100[L] 이상

• 물올림탱크의 급수배관 : 구경 15[mm] 이상

• 물올림배관 : 25[mm] 이상

㉤ 압력체임버(기동용 수압 개폐장치)

• 구조 : 압력계, 주펌프 및 보조펌프의 압력스위치, 안전밸브, 배수밸브

• 기 능

－ 충압펌프(Jocky Pump), 주펌프 자동기동 및 충압펌프 자동정지

－ 규격방수압력을 방출한다.

－ 압력체임버 용량 : 100[L] 이상(현장에서 100[L]용, 200[L]용)

(3) 배 관

① 설치기준

㉠ 호스구경 65[mm]의 것으로 호스접결구는 지면으로부터 높이가 0.5[m] 이상 1[m] 이하의 위치에 설치하고, 특정소방대상물의 각 부분으로부터 하나의 호스접결구까지의 수평거리가 40[m] 이하가 되도록 설치하여야 한다.

㉡ 가압송수장치의 체절운전 시 수온의 상승을 방지하기 위하여 체크밸브와 펌프 사이에서 분기한 구경 20[mm] 이상의 배관에 체절압력 미만에서 개방되는 릴리프밸브를 설치하여야 한다.

㉢ 급수배관에 설치되어 급수를 차단할 수 있는 개폐밸브(옥외소화전방수구를 제외한다)는 개폐표시형으로 하여야 한다. 이 경우 펌프의 흡입측배관에는 버터플라이밸브 외의 개폐표시형 밸브를 설치하여야 한다.

② 성 능

펌프의 성능은 체절운전 시 정격토출압력의 140[%]를 초과하지 아니하고, 정격토출량의 150[%]로 운전 시 정격토출압력의 65[%] 이상이 되어야 하며, 펌프의 성능시험배관은 다음의 기준에 적합하여야 한다.

㉠ 성능시험배관은 펌프의 토출측에 설치된 개폐밸브 이전에서 분기하여 설치하고, 유량측정장치를 기준으로 전단 직관부에 개폐밸브를 후단 직관부에는 유량조절밸브를 설치할 것

㉡ 유량측정장치는 성능시험배관의 직관부에 설치하되, 펌프의 정격토출량의 175[%] 이상 측정할 수 있는 성능이 있을 것

③ 사용배관

㉠ 배관은 배관용 탄소강관(KS D 3507)

㉡ 압력배관용 탄소강관(KS D 3562 : 배관 내 사용압력이 1.2[MPa] 이상인 경우)

㉢ 동 및 동합금(KS D 5301)의 배관용 동관

㉣ 소방용 합성수지 배관

• 지하에 배관을 매설하는 경우

• 다른 부분과 내화구조로 구획된 덕트 또는 피트의 내부에 설치하는 경우

• 천장과 반자를 불연재료 또는 준불연재료로 설치하고, 그 내부에 배관을 습식으로 설치하는 경우

　　– CPVC(Chlorinated Poly Vinyl Chloride) 배관 : 염소화 염화비닐 수지

　　– GRE(Glass Fiber Reinforced Epoxy Pipe) 배관 : 섬유질 보강 열경화성 수지

(4) 옥외소화전함 등

① 옥외소화전 설치

ㄱ 방수구의 설치 : 수평거리 40[m] 이하

ㄴ 소화전의 설치 : 출입구나 트인 부분

② 소화전함

ㄱ 설치기준

옥외소화전함마다 그로부터 5[m] 이내의 장소에 소화전함을 설치

소화전의 개수	설치기준
10개 이하	옥외소화전마다 5[m] 이내에 1개 이상
11개 이상 30개 이하	11개를 각각 분산
31개 이상	옥외소화전 3개마다 1개 이상

ㄴ 소화전함 표면에는 "옥외소화전"이라고 표시한 표지

ㄷ 가압송수장치의 조작부 또는 그 부근에는 가압송수장치의 기동을 명시하는 적색등을 설치할 것

③ 호 스

ㄱ 옥외소화전함 격납 : 65[mm]의 호스 적정수량, 19[mm]의 노즐 1본

ㄴ 호스의 종류 : 아마호스, 고무내장호스

ㄷ 구 경 : 65[mm]

④ 관 창

ㄱ 노즐 끝부분의 방사압력 : 0.25[MPa] 이상

ㄴ 노즐 구경 : 19[mm]

ㄷ 표시등

- 위치표시등은 함의 상부에 설치할 것
- 표시등은 주위의 밝기가 300[lx]인 장소에서 정격전압 및 정격전압±20[%]에서 측정하여 앞면으로부터 3[m] 떨어진 위치에서 켜진 등이 확실히 식별되어야 한다.
- 표시등의 불빛은 부착면과 15° 이하의 각도로도 발산되어야 하며 주위의 밝기가 0[lx]인 장소에서 측정하여 10[m] 떨어진 위치에서 켜진 등이 확실히 식별되어야 한다.
- 기동표시등은 함의 상부 또는 그 직근에 설치하되 적색등으로 할 것

(5) 동력장치, 비상전원, 제어반

옥내소화전설비와 동일하다.

(6) 형식승인 및 제품검사의 기술기준

① 옥내소화전의 내압력

    ㉠ 2[MPa]의 수압력을 가하는 경우 물이 새거나 균열 또는 변형 등이 생기지 아니할 것

    ㉡ 1.5[MPa]의 수압을 가하는 경우 시트로부터 물이 새거나 균열 또는 변형 등이 생기지 아니할 것

② 옥외소화전의 구조·모양·치수

    ㉠ 밸브의 개폐는 핸들을 좌회전할 때 열리고 우회전할 때 닫히는 구조이어야 한다.

    ㉡ 옥외소화전은 본체의 양면에 보기 쉽도록 주물 된 글씨로 "소화전"이라고 표시할 것

    ㉢ 지상용 및 지하용(승하강식에 한함) 소화전의 소화용수가 통과하는 유효 단면적은 밸브시트 단면적의 120[%] 이상이어야 한다.

    ㉣ 지상용 소화전은 지면으로부터 길이 600[mm] 이상 매몰될 수 있어야 하며, 지면으로부터 높이 0.5[m] 이상 1[m] 이하로 노출될 수 있는 구조이어야 할 것

    ㉤ 지상용 소화전의 토출구 방향은 수평 또는 수평에서 아랫방향으로 30° 이내 이어야 하며, 지하용 소화전의 토출구 방향은 수직이어야 한다. 다만, 몸체 일부가 지상으로 상승하는 방식인 지하용 소화전의 토출구 방향은 수평으로 할 수 있다.

01 옥내소화전이 하나의 층에는 6개, 또 다른 층에는 3개, 나머지 모든 층에는 4개씩 설치되어 있다. 수원의 최소 수량[m³] 기준은?　　　　　　　　　　　　　　　　　　　　　[19년 14회]

① 2.6

② 3.8

③ 5.2

④ 10.4

> **해설**　• 펌프의 토출량
> 　　펌프의 토출량 Q[L/min] = $N \times 130$[L/min](호스릴 옥내소화전설비 포함)
> 　　여기서, N : 가장 많이 설치된 층의 소화전 수(2개 이상은 2개)
> 　• 수원의 용량(저수량)
>
> | 층 수 | 수원의 용량 |
> |---|---|
> | 29층 이하 | N(최대 2개) $\times$ 2.6[m³](130[L/min] $\times$ 20[min] = 2,600[L] = 2.6[m³]) |
> | 30층 이상 49층 이하 | N(최대 5개) $\times$ 5.2[m³](130[L/min] $\times$ 40[min] = 5,200[L] = 5.2[m³]) |
> | 50층 이상 | N(최대 5개) $\times$ 7.8[m³](130[L/min] $\times$ 60[min] = 7,800[L] = 7.8[m³]) |
>
> 　∴ 옥내소화전설비의 수원 = 소화전수(최대 2개) $\times$ 2.6[m³]
> 　　　　　　　　　　　　　 = 2×2.6[m³]
> 　　　　　　　　　　　　　 = 5.2[m³]

02 옥내소화전설비 수원을 산출된 유효수량 외에 유효수량의 1/3 이상을 옥상에 설치해야 하는 기준으로 틀린 것은?　　　　　　　　　　　　　　　　　　　　　　　　　　[17년 16회]

① 지하층만 있는 건축물

② 건축물의 높이가 지표면으로부터 15[m] 이하인 경우

③ 수원이 건축물의 최상층에 설치된 방수구보다 높은 위치에 설치된 경우

④ 주펌프와 동등 이상의 성능이 있는 별도의 펌프로서 내연기관의 기동과 연동하여 작동되거나 비상전원을 연결하여 설치한 경우

> **해설**　수원설치 시 유의사항
> 　• 옥내소화전설비 전체 수원 외에 1/3 이상을 따로 옥상에 설치해야 한다.
> 　• 예외 규정
> 　　- 지하층만 있는 건축물
> 　　- 고가수조를 가압송수장치로 설치한 옥내소화전설비
> 　　- 수원이 건축물의 최상층에 설치된 방수구보다 높은 위치에 설치된 경우
> 　　- 건축물의 높이가 지표면으로부터 10[m] 이하인 경우
> 　　- 주펌프와 동등 이상의 성능이 있는 별도의 펌프로서 내연기관의 기동과 연동하여 작동되거나 비상전원을 연결하여 설치한 경우
> 　　- 학교·공장·창고시설(옥상수조를 설치한 대상은 제외한다)로서 동결의 우려가 있는 장소에 있어서는 기동스위치에 보호판을 부착하여 옥내소화전함 내에 설치하는 경우(ON-OFF방식)
> 　　- 가압수조를 가압송수장치로 설치한 옥내소화전설비

03 옥내소화전설비 수원의 산출된 유효수량 외에 유효수량의 $\frac{1}{3}$ 이상을 옥상에 설치하지 아니할 수 있는 경우의 기준 중 다음 (   ) 안에 알맞은 것은? [18년 4회]

> • 수원이 건축물의 최상층에 설치된 (㉠)보다 높은 위치에 설치된 경우
> • 건축물의 높이가 지표면으로부터 (㉡)[m] 이하인 경우

① ㉠ 송수구, ㉡ 7
② ㉠ 방수구, ㉡ 7
③ ㉠ 송수구, ㉡ 10
④ ㉠ 방수구, ㉡ 10

해설 2번 해설 참조

핵심
예제

04 학교, 공장, 창고시설에 설치하는 옥내소화전에서 가압송수장치 및 기동장치가 동결의 우려가 있는 경우 일부 사항을 제외하고는 주펌프와 동등 이상의 성능이 있는 별도의 펌프로서 내연기관의 기동과 연동하여 작동되거나 비상전원을 연결한 펌프를 추가 설치해야 한다. 다음 중 이러한 조치를 취해야 하는 경우는? [19년 2회]

① 지하층이 없이 지상층만 있는 건축물
② 고가수조를 가압송수장치로 설치한 경우
③ 수원이 건축물의 최상층에 설치된 방수구보다 높은 위치에 설치된 경우
④ 건축물의 높이가 지표면으로부터 10[m] 이하인 경우

해설 학교·공장·창고시설에서 ON-OFF방식일 경우 주펌프와 동등 이상의 성능이 있는 별도의 펌프로서 내연기관의 기동과 연동하여 작동되거나 비상전원을 연결한 펌프를 추가 설치할 것. 다만, 다음 각 목의 경우는 제외한다.
• 지하층만 있는 건축물
• 고가수조를 가압송수장치로 설치한 경우
• 수원이 건축물의 최상층에 설치된 방수구보다 높은 위치에 설치된 경우
• 건축물의 높이가 지표면으로부터 10[m] 이하인 경우
• 가압수조를 가압송수장치로 설치한 경우

05 옥내소화전설비의 화재안전기준상 가압송수장치를 기동용수압개폐장치로 사용할 경우 압력체임버의 용적 기준은?

[21년 1회]

① 50[L] 이상
② 100[L] 이상
③ 150[L] 이상
④ 200[L] 이상

해설 **압력체임버(기동용수압개폐장치)**

구 조	압력계, 주펌프 및 보조펌프의 압력스위치, 안전밸브, 배수밸브
기 능	• 충압펌프(Jocky Pump), 주펌프 자동기동 및 충압펌프 자동정지(주펌프는 수동 정지해야 한다) • 규격방수압력을 방출한다.
용 량	100[L] 이상(100[L], 200[L])
분기점	펌프토출측 개폐밸브 이후
압력스위치	• Range : 펌프의 작동 중단점 • Diff : Range에 설정된 압력에서 Diff에 설정된 압력만큼 떨어지면 펌프가 다시 작동되는 압력의 차이

핵심
예제

5 ② 정답

06 옥내소화전설비의 화재안전기준상 배관 등에 관한 설명으로 옳은 것은?　　　　[21년 2회]

① 펌프의 토출측 주배관의 구경은 유속이 5[m/s] 이하가 될 수 있는 크기 이상으로 하여야
　한다.

② 연결송수관설비의 배관과 겸용할 경우의 주배관은 구경 80[mm] 이상, 방수구로 연결
　되는 배관의 구경은 65[mm] 이상의 것으로 하여야 한다.

③ 성능시험배관은 펌프의 토출측에 설치된 개폐밸브 이전에서 분기하여 설치하고, 유량
　측정장치를 기준으로 전단 직관부에 개폐밸브를 후단 직관부에는 유량조절밸브를 설치
　하여야 한다.

④ 가압송수장치의 체절운전 시 수온의 상승을 방지하기 위하여 체크밸브와 펌프 사이에
　서 분기한 구경 20[mm] 이상의 배관에 체절압력 이상에서 개방되는 릴리프 밸브를
　설치하여야 한다.

해설　　**성능시험배관**
- 기능 : 정격부하 운전 시 펌프의 성능을 시험
- 분기점 : 펌프의 토출측 개폐밸브 이전에서 분기
- 펌프토출측 배관

주배관의 구경	옥내소화전 방수구와 연결되는 가지배관	주배관 중 수직배관
유속이 4[m/s] 이하	40[mm](호스릴 : 25[mm] 이상)	50[mm](호스릴 32[mm] 이상)

- 연결송수관설비의 배관과 겸용할 경우

주배관	구경 100[mm] 이상
방수구로 연결되는 배관	구경 65[mm] 이상

- 릴리프밸브 설치

목 적	설치 위치	작동압력	구 경
체절운전 시 수온상승 방지	체크밸브와 펌프 사이	체절압력 미만	20[mm] 이상

07 다음 중 옥내소화전의 배관 등에 대한 설치방법으로 옳지 않은 것은?　　　　[19년 1회]

① 펌프의 토출측 주배관의 구경은 평균 유속을 5[m/s]가 되도록 설치하였다.

② 배관 내 사용압력이 1.1[MPa]인 곳에 배관용 탄소강관을 사용하였다.

③ 옥내소화전 송수구를 단구형으로 설치하였다.

④ 송수구로부터 주배관에 이르는 연결배관에는 개폐밸브를 설치하지 않았다.

해설　　6번 해설 참조

08 옥내소화전설비 배관의 설치기준 중 다음 ( ) 안에 알맞은 것은? [17년 2회]

> 연결송수관설비의 배관과 겸용할 경우의 주배관은 구경 (㉠)[mm] 이상, 방수구로 연결되는 배관의 구경은 (㉡)[mm] 이상의 것으로 하여야 한다.

① ㉠ 80, ㉡ 65　　　　　　　　② ㉠ 80, ㉡ 50

③ ㉠ 100, ㉡ 65　　　　　　　④ ㉠ 125, ㉡ 80

해설　6번 해설 참조

핵심
예제

09 스프링클러설비의 배관 내 압력이 얼마 이상일 때 압력배관용 탄소강관을 사용해야 하는가? [19년 1회]

① 0.1[MPa]　　　　　　　　② 0.5[MPa]

③ 0.8[MPa]　　　　　　　　④ 1.2[MPa]

해설　• 배관 내 사용압력이 1.2[MPa] 미만일 경우
　　　 – 배관용 탄소강관(KS D 3507)
　　　 – 이음매 없는 구리 및 구리합금관(KS D 5301). 다만, 습식의 배관에 한한다.
　　　 – 배관용 스테인리스강관(KS D 3576) 또는 일반배관용 스테인리스강관(KS D 3595)
　　　 – 덕타일 주철관(KS D 4311)
　　　• 배관 내 사용압력이 1.2[MPa] 이상일 경우
　　　 – 압력배관용 탄소강관(KS D 3562)
　　　 – 배관용 아크용접 탄소강강관(KS D 3583)

10 옥내소화전설비의 배관과 배관이음쇠의 설치기준 중 배관 내 사용압력이 1.2[MPa] 미만일 경우에 사용하는 것이 아닌 것은? [17년 4회]

① 배관용 탄소강관(KS D 3507)

② 배관용 스테인리스강관(KS D 3576)

③ 덕타일 주철관(KS D 4311)

④ 배관용 아크용접 탄소강강관(KS D 3583)

해설　9번 해설 참조

11 옥내소화전설비의 화재안전기준에 따라 옥내소화전 방수구를 반드시 설치하여야 하는 곳은?

[20년 4회]

① 식물원

② 수족관

③ 수영장의 관람석

④ 냉장창고 중 온도가 영하인 냉장실

해설 설치제외
- 냉장창고 중 온도가 영하인 냉장실 또는 냉동창고의 냉동실
- 고온의 노가 설치된 장소 또는 물과 격렬하게 반응하는 물품의 저장 또는 취급 장소
- 발전소·변전소 등으로서 전기시설이 설치된 장소
- 식물원·수족관·목욕실·수영장(관람석 부분은 제외), 그 밖의 이와 비슷한 장소
- 야외음악당·야외극장 또는 그 밖의 이와 비슷한 장소

12 전동기 또는 내연기관에 따른 펌프를 이용하는 옥외소화전설비의 가압송수장치의 설치기준 중 다음 ( ) 안에 알맞은 것은?

[18년 2회]

해당 특정소방대상물에 설치된 옥외소화전(2개 이상 설치된 경우에는 2개의 옥외소화전)을 동시에 사용할 경우 각 옥외소화전의 노즐선단에서의 방수압력이 (㉠)[MPa] 이상이고, 방수량이 (㉡)[L/min] 이상이 되는 성능의 것으로 할 것

① ㉠ 0.17, ㉡ 350

② ㉠ 0.25, ㉡ 350

③ ㉠ 0.17, ㉡ 130

④ ㉠ 0.25, ㉡ 130

해설 전동기 또는 내연기관에 따른 펌프
- 토출량[L/min] = $N \times 350$[L/min](N : 설치개수 2 이상은 2)
- 방수압력 : 0.25[MPa]
- 방수량 : 350[L/min] 이상

13 옥외소화전설비 설치 시 고가수조의 자연낙차를 이용한 가압송수장치의 설치기준 중 고가
수조의 최소 자연낙차수두 산출 공식으로 옳은 것은?(단, H : 필요한 낙차[m], h_1 : 소방용
호스의 마찰손실 수두[m], h_2 : 배관의 마찰손실 수두[m]이다) [18년 1회]

① $H = h_1 + h_2 + 25$

② $H = h_1 + h_2 + 17$

③ $H = h_1 + h_2 + 12$

④ $H = h_1 + h_2 + 10$

해설

지하수조	전양정(H) = $h_1 + h_2 + h_3 + 25$
고가수조	필요낙차(H) = $h_1 + h_2 + 25$
압력수조	필요한 압력(P) = $p_1 + p_2 + p_3 + 0.25$[MPa]
비 고	h_1 : 소방용 호스의 마찰손실수두[m] h_2 : 배관의 마찰손실수두[m] h_3 : 낙차[m] 25 : 노즐 끝부분 방수압력수두 p_1 : 소방용 호스의 마찰손실수두압[MPa] p_2 : 배관의 마찰손실수두압[MPa] p_3 : 낙차의 환산수두압[MPa] 0.25 : 노즐 끝부분의 방수압력[MPa]

14 옥외소화전설비의 화재안전기준에 따라 옥외소화전 배관은 특정소방대상물의 각 부분으로
부터 하나의 호스접결구까지의 수평거리가 몇 [m] 이하가 되도록 설치하여야 하는가?

[20년 1·2회]

① 25　　② 35

③ 40　　④ 50

해설 설치기준

• 호스구경 65[mm]의 것으로 호스접결구는 지면으로부터 높이가 0.5[m] 이상 1[m] 이하의 위치에
설치하고, 특정소방대상물의 각 부분으로부터 하나의 호스접결구까지의 수평거리가 40[m] 이하가
되도록 설치하여야 한다.

• 가압송수장치의 체절운전 시 수온의 상승을 방지하기 위하여 체크밸브와 펌프 사이에서 분기한
구경 20[mm] 이상의 배관에 체절압력 미만에서 개방되는 릴리프밸브를 설치하여야 한다.

• 급수배관에 설치되어 급수를 차단할 수 있는 개폐밸브(옥외소화전방수구를 제외한다)는 개폐표시형
으로 하여야 한다. 이 경우 펌프의 흡입측배관에는 버터플라이밸브 외의 개폐표시형 밸브를 설치하여
야 한다.

15 옥내소화전설비의 화재안전기준상 옥내소화전펌프의 후드밸브를 소방용 설비 외의 다른 설비의 후드밸브보다 낮은 위치에 설치한 경우의 유효수량으로 옳은 것은?(단, 옥내소화전설비와 다른 설비 수원을 저수조로 겸용하여 사용한 경우이다) [21년 2회]

① 저수조의 바닥면과 상단 사이의 전체 수량

② 옥내소화전설비 후드밸브와 소방용 설비 외의 다른 설비의 후드밸브 사이의 수량

③ 옥내소화전설비의 후드밸브와 저수조 상단 사이의 수량

④ 저수조의 바닥면과 소방용 설비 외의 다른 설비의 후드밸브 사이의 수량

해설 유효수량

다른 설비와 겸용하여 옥내소화전설비용 수조를 설치하는 경우에는 옥내소화전설비의 후드밸브·흡수구 또는 수직배관의 급수구와 다른 설비의 후드밸브·흡수구 또는 수직배관의 급수구와의 사이의 수량을 그 유효수량으로 한다.

16 소화전함의 성능인증 및 제품검사의 기술기준상 옥내 소화전함의 재질을 합성수지 기술기준상 옥내 소화전함의 재질을 합성수지 재료로 할 경우 두께는 최소 몇 [mm] 이상이어야 하는가? [21년 2회]

① 1.5 ② 2.0
③ 3.0 ④ 4.0

해설 구 조
• 외함 및 재질
  – 1.5[mm] 이상 강판
  – 4[mm] 이상 합성수지재
• 문 크기
  – 0.5[m²] 이상(짧은 변의 길이 500[mm] 이상)

5 스프링클러설비

(1) 개 요

① 스프링클러설비는 일정한 기준에 따라 건축물의 상부(천장, 벽) 부분에 헤드에 의한 소화감지와 동시에 펌프의 기동과 경보를 발하게 되며 압력이 가해져 있는 물이 헤드로부터 방수, 초기에 소화하는 설비를 말한다.

② 특 징

장 점	• 초기화재에 절대적인 효과가 있다. • 소화약제가 물로서 가격이 싸며 소화 후 복구가 용이하다. • 감지부의 구조가 기계적이므로 오동작, 오보가 없다. • 조작이 쉽고 안전하다. • 완전자동이므로 사람이 없는 시간과 야간에도 자동적으로 화재를 감지하여 소화 및 경보를 해준다. • 적상주수(냉각효과)
단 점	• 초기 시공비가 많이 든다. • 시공이 타 소화설비보다 복잡하다. • 물로 인한 피해가 심하다. • 전기설비에 부적합하다.

③ 분 류

종 류	배 관				감지기	시험장치	설비의 내용
	사용밸브	사용헤드	1차측	2차측			
습식 (Wet Pipe Sprinkler System)	알람 체크 밸브	폐쇄형	가압수	가압수	×	○	• 가압송수장치에서 폐쇄형 스프링클러 헤드까지 전 배관계통 내에 가압수가 상시 충만되어 있다. • 건식과 비교하면 구조가 간단하기 때문에 설비비가 적게 든다. • 화재 시 헤드가 개방되어 즉시 소화가 가능하지만 동결 위험이 있는 장소에는 보온조치가 필요하다. • 열로 폐쇄형 스프링클러 헤드가 개방되면 배관 내에 유수가 발생하여 습식 유수검지장치가 작동하게 되는 스프링클러설비를 말한다.
건식(Dry)	건식 밸브	폐쇄형	가압수	압축 공기	×	○	• 건식밸브를 중심으로 수원측에서는 가압수, 2차측에는 가압 상태의 공기 또는 질소가 충전된 상태다(폐쇄형 헤드). • 동결 위험이 없고 오동작으로 인한 피해가 적지만 화재 시 소화활동 시간이 오래 걸리고 설비비가 많이 든다. • 스프링클러 헤드가 개방되어 배관 내의 압축공기 등이 방출되면 건식 유수검지장치 1차측의 수압에 의하여 건식 유수검지장치가 작동하게 되는 스프링클러설비를 말한다.

종 류	배 관				감지기	시험 장치	설비의 내용
	사용 밸브	사용 헤드	1차측	2차측			
준비작동식 (Preaction Sprinkler)	준비 작동식 밸브	폐쇄형	가압수	대기압, 저압 공기	교차 회로	×	• 가압송수장치에서 준비작동식 유수검지장치 1차측까지 배관 내에 항상 물이 가압되어 있고 2차측에서 폐쇄형 스프링클러 헤드까지 대기압 또는 저압으로 있다. • 화재 발생 시 감지기의 작동으로 준비작동식 유수검지장치가 작동하여 폐쇄형 스프링클러 헤드까지 소화용수가 송수되어 폐쇄형 스프링클러 헤드가 열에 따라 개방되는 방식의 스프링클러설비이다. • 화재 시 헤드가 작동하기 수분 전에 준비작동식 밸브가 작동해 밸브 하측의 가압수를 헤드까지 개방시켜 즉시 소화가 가능하다.
부압식	준비 작동식 밸브	폐쇄형	가압수	부압수	단일 회로	○	가압송수장치에서 준비작동식 유수검지장치의 1차측까지는 항상 정압의 물이 가압되고, 2차측 폐쇄형 스프링클러 헤드까지는 소화수가 부압으로 되어 있다가 화재 시 감지기의 작동에 의해 정압으로 변하여 유수가 발생하면 작동하는 스프링클러설비
일제개방식 (Deluge Sprinkler)	일제 개방 밸브	개방형	가압수	대기압 (개방)	교차 회로	×	• 항시 개방되어 있는 개방형 헤드를 사용하고 있어 각 경계지역마다 설치되어 있는 수 개의 감지기 중에서 어느 것이든 화재 발생을 감지하면 자동적으로 일제살수밸브(Deluge Valve)를 열어주어 그 밸브에 소속되어 있는 전 헤드로부터 일제히 살수하는 설비이다. • 작동원리는 감지기에 의해서 화재를 감지하면 유수검지장치인 델류즈밸브 또는 준비작동밸브, 일제개방밸브 등이 개방되어 헤드가 설치되어 있는 방호구역의 개방형 헤드에서 동시에 살수하게 된다.

(2) 스프링클러 헤드 소화설비의 수원 설계

① 펌프의 토출량

　㉠ $Q = N \times 80[\text{L/min}]$ (N : 헤드 수)

　㉡ 헤드의 토출압력 : $0.1 \sim 1.2[\text{MPa}]$

② 수원의 양

폐쇄형 헤드	• 29층 이하 　수원$[\text{m}^3] = N \times 80[\text{L/min}] \times 20[\text{min}] = N \times 1.6[\text{m}^3]$ 고층건축물일 경우 • 30층 이상 49층 이하 　수원$[\text{m}^3] = N \times 80[\text{L/min}] \times 40[\text{min}] = N \times 3.2[\text{m}^3]$ • 50층 이상 　수원$[\text{m}^3] = N \times 80[\text{L/min}] \times 60[\text{min}] = N \times 4.8[\text{m}^3]$

개방형 헤드	• 30개 이하일 때 수원[m³] $= N \times 1.6$[m³] 여기서, N : 헤드수 • 30개 이상일 때 수원[L] $= N \times Q(K\sqrt{10P}) \times 20$[min] 여기서, Q : 헤드의 방수량[L/min] $\quad\quad\quad P$: 방수압력[MPa] $\quad\quad\quad K$: 상수(15[mm] : 80, 20[mm] : 114) $\quad\quad\quad N$: 헤드수

③ 폐쇄형 스프링클러 헤드의 설치개수 및 수원의 양

<table>
<tr><th colspan="3">소방대상물</th><th>헤드의 기준개수</th><th>수원의 양</th></tr>
<tr><td rowspan="6">10층 이하
소방대상물
(지하층 제외)</td><td rowspan="2">공장, 창고
(랙식 창고 포함)</td><td>특수가연물 저장·취급</td><td>30</td><td>30×1.6[m³] $= 48$[m³]</td></tr>
<tr><td>그 밖의 것</td><td>20</td><td>20×1.6[m³] $= 32$[m³]</td></tr>
<tr><td rowspan="2">근린생활시설,
판매시설,
운수시설,
복합건축물</td><td>판매시설 또는 복합건축물(판매시설이 설치된 복합건축물을 말한다)</td><td>30</td><td>30×1.6[m³] $= 48$[m³]</td></tr>
<tr><td>그 밖의 것</td><td>20</td><td>20×1.6[m³] $= 32$[m³]</td></tr>
<tr><td rowspan="2">그 밖의 것</td><td>헤드의 부착높이 8[m] 이상</td><td>20</td><td>20×1.6[m³] $= 32$[m³]</td></tr>
<tr><td>헤드의 부착높이 8[m] 미만</td><td>10</td><td>10×1.6[m³] $= 16$[m³]</td></tr>
<tr><td colspan="3">아파트</td><td>10</td><td>10×1.6[m³] $= 16$[m³]</td></tr>
<tr><td colspan="3">지하층을 제외한 11층 이상인 소방대상물(아파트는 제외), 지하가,
지하역사</td><td>30</td><td>30×1.6[m³] $= 48$[m³]</td></tr>
</table>

비고 : 하나의 소방대상물이 2 이상의 "스프링클러 헤드의 기준개수" 란에 해당하는 때에는 기준개수가 많은 난을 기준으로 한다. 다만, 각 기준개수에 해당하는 수원을 별도로 설치하는 경우에는 그러하지 아니하다.

④ 수원 설치 시 유의사항

　㉠ 스프링클러설비의 수원은 산출된 유효수량 외에 유효수량의 1/3 이상을 옥상(스프링클러설비가 설치된 건축물의 주된 옥상을 말한다)에 설치하여야 한다.

　㉡ 제외 대상
　　• 지하층만 있는 건축물
　　• 고가수조를 가압송수장치로 설치한 스프링클러설비
　　• 수원이 건축물의 최상층에 설치된 헤드보다 높은 위치에 설치된 경우
　　• 건축물의 높이가 지표면으로부터 10[m] 이하인 경우
　　• 주펌프와 동등 이상의 성능이 있는 별도의 펌프로서 내연기관의 기동과 연동하여 작동되거나 비상전원을 연결하여 설치한 경우
　　• 가압수조를 가압송수장치로 설치한 스프링클러설비

(3) 가압송수장치

① 충압펌프 설치

　　기동용 수압개폐장치를 기동장치로 사용할 경우, 충압펌프를 설치

㉠ 펌프의 토출압력은 그 설비의 최고위 물분무 헤드의 자연압력보다 최소한 0.2[MPa] 이 더 크도록 하거나 가압송수장치의 정격토출압력과 같을 것

㉡ 펌프의 정격토출량은 정상적인 누설량보다 적으면 안 되고, 물분무소화설비가 자동적으로 작동할 수 있도록 충분한 토출량을 유지할 것

② 가압송수장치 종류

　㉠ 고가수조방식

　　• 낙 차

　　$H = h_1 + 10$

　　여기서, H : 필요한 낙차[m]

　　　　　h_1 : 배관의 마찰손실수두[m]

　　• 설치부속물 : 수위계, 배수관, 급수관, 오버플로관, 맨홀

　㉡ 압력수조방식

　　• 낙 차

　　$P = P_1 + P_2 + 0.1[MPa]$

　　여기서, P : 필요한 낙차[MPa]

　　　　　P_1 : 낙차의 환산수두압[MPa]

　　　　　P_2 : 배관의 마찰손실수두압[MPa]

　　• 설치부속물 : 수위계, 급수관, 배수관, 급기관, 맨홀, 압력계, 안전장치, 자동식 공기압축기

　㉢ 펌프방식

　　• 전양정

　　$H = h_1 + h_2 + 10$

　　여기서, H : 펌프의 전양정[m]

　　　　　h_1 : 낙차[m], h_2 : 배관의 마찰손실수두[m]

　㉣ 가압수조방식

　　• 가압수조의 압력은 규정에 따른 방수량 및 방수압이 20분 이상 유지되도록 할 것

　　• 가압수조에는 수위계・급수관・배수관・급기관・압력계・안전장치와 맨홀 등이 있는 구조일 것

　　• 저압수조 및 가압원은 방화구획된 장소에 설치할 것

　㉤ 내연기관을 사용하는 경우

　　• 내연기관의 자동기동 및 수동기동이 가능하고 상시 충전되어 있는 축전지설비를 갖출 것

• 내연기관의 연료량

30층 미만	30층 이상 49층 이하	50층 이상
20분 이상	40분 이상	60분 이상

※ 고층건축물의 스프링클러설비 화재안전기준

전동기 또는 내연기관을 이용한 펌프방식의 가압송수장치는 스프링클러설비 전용으로 설치하여야 하며, 스프링클러설비 주펌프 이외에 동등 이상인 별도의 예비펌프를 설치하여야 한다.

(4) 스프링클러 헤드

① 배치기준

스프링클러 헤드는 소방대상물의 천장·반자·천장과 반자 사이, 덕트·선반 기타 이와 유사한 부분(폭이 1.2[m]를 초과하는 것에 한한다)에 설치하여야 한다(단, 폭이 9[m] 이하인 실내 : 측벽에 설치).

② 설치기준

설치장소		설치기준
무대부, 특수가연물		수평거리 1.7[m] 이하
랙식 창고		수평거리 2.5[m] 이하 (특수가연물 저장·취급하는 창고 : 1.7[m] 이하)
공동주택(아파트) 세대 내의 거실		수평거리 3.2[m] 이하
그 외의 소방대상물	기타 구조	수평거리 2.1[m] 이하
	내화구조	수평거리 2.3[m] 이하
랙식 창고	특수가연물	랙 높이 4[m] 이하마다
	그 밖의 것	랙 높이 6[m] 이하마다

③ 배치방식

ㄱ. 정사각형

• 헤드 간격과 파이프라인 간격이 같은 경우

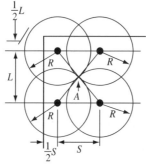

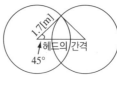

L : 배관 간격
S : 헤드 간격
R : 수평거리[m]
$S = L$
$S = 2R\cos 45°$

헤드의 간격
• 1.7[m]의 경우
$2 \times 1.7 \times \cos 45° = 2.4[m]$
• 2.1[m]의 경우
$2 \times 2.1 \times \cos 45° = 3[m]$
• 2.3[m]의 경우
$2 \times 2.3 \times \cos 45° = 3.3[m]$

ⓛ 직사각형

• 헤드 간격과 파이프라인 간격이 다른 경우

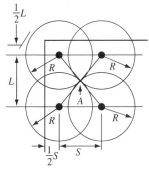 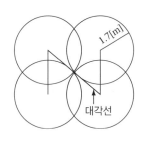

헤드 간 거리 $S = \sqrt{4R^2 - L^2}$
여기서 R : 수평거리
$L : 2R\cos\theta$

ⓒ 지그재그형

• 헤드 간격과 다른 라인 헤드가 서로 지그재그 형태인 경우

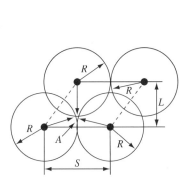 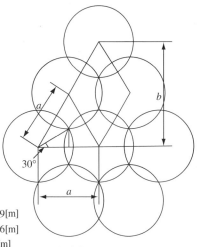

헤드의 간격(a)
• 1.7[m]의 경우($2R\cos\theta$) $2 \times 1.7 \times \cos 30° = 2.9$[m]
• 2.1[m]의 경우 $2 \times 2.1 \times \cos 30° = 3.6$[m]
• 2.3[m]의 경우 $2 \times 2.3 \times \cos 30° = 4$[m]

헤드의 간격(b)
• 1.7[m]의 경우($2a\cos\theta$) $2 \times 2.9 \times \cos 30° = 5$[m]
• 2.1[m]의 경우 $2 \times 3.6 \times \cos 30° = 6.2$[m]
• 2.3[m]의 경우 $2 \times 4 \times \cos 30° = 6.9$[m]

④ 헤드 감도에 의한 분류

㉠ 표준반응형(Standard Response Type)의 RTI 값 80 초과 350 이하

㉡ 특수반응형(Special Response Type)의 RTI 값 50 초과 80 이하

㉢ 조기반응형(Fast Response Type)의 RTI 값 50 이하

※ RTI(Response Time Index) : 화재 발생 시 발생하는 기류의 온도, 속도 및 스프링 클러 헤드의 반응조건을 반응시간지수로 구한 감열체의 감도 특성을 나타낸다.

RTI $= r\sqrt{u}$

여기서, r : 감열체의 시간수[s]

u : 기류의 속도[m/s]

※ 조기반응형 스프링클러 헤드 설치대상물
- 공동주택 · 노유자시설의 거실
- 오피스텔 · 숙박시설의 침실, 병원의 입원실

⑤ 헤드 설치기준
　㉠ 폐쇄형 스프링클러 헤드의 표시온도

설치장소의 최고주위온도	표시온도
39[℃] 미만	79[℃] 미만
39[℃] 이상 64[℃] 미만	79[℃] 이상 121[℃] 미만
64[℃] 이상 106[℃] 미만	121[℃] 이상 162[℃] 미만
106[℃] 이상	162[℃] 이상

※ 높이가 4[m] 이상인 공장 및 창고(랙식 창고 포함)에 설치하는 스프링클러 헤드는 그 설치 장소의 평상시 최고주변온도와 관계없이 표시온도가 121[℃] 이상의 것

　㉡ 스프링클러 헤드 설치

구 분	살수공간 확보	벽과 스프링클러 헤드 간 공간	스프링클러 헤드와 그 부착면
거 리	60[cm] 이상	10[cm] 이상	30[cm] 이하

- 배관 · 행거 및 조명기구 등 살수를 방해하는 것이 있는 경우, 그로부터 아래에 설치하여 살수에 장애가 없도록 할 것
- 스프링클러 헤드 반사판은 그 부착면과 평행하게 설치할 것. 다만, 측벽형 헤드 또는 연소 우려가 있는 개구부에 설치하는 스프링클러 헤드의 경우에는 그러하지 아니하다. 연소할 우려가 있는 개구부에는 그 상하좌우에 2.5[m] 간격으로(개구부의 폭이 2.5[m] 이하인 경우에는 그 중앙에) 스프링클러 헤드를 설치하되, 스프링클러 헤드와 개구부의 내측 면으로부터 직선거리는 15[cm] 이하가 되도록 할 것. 이 경우 사람이 상시 출입하는 개구부로서 통행에 지장이 있는 때에는 개구부의 상부 또는 측면(개구부의 폭이 9[m] 이하인 경우에 한한다)에 설치하되, 헤드 상호 간의 간격은 1.2[m] 이하로 설치하여야 한다.
- 천장의 기울기가 1/10을 초과하는 경우에는 가지관을 천장의 마루와 평행하게 설치
  - 천장의 최상부에 스프링클러 헤드를 설치하는 경우, 헤드의 반사판을 수평으로 설치할 것
  - 천장의 최상부를 중심으로 가지관을 서로 마주보게 설치하는 경우에는 최상부의 가지관 상호 간 거리가 가지관상의 스프링클러 헤드 상호 간 거리의 1/2 이하(최소 1[m] 이상)가 되게 스프링클러 헤드를 설치하고 가지관의 최상부에 설치하는 스프링클러 헤드는 천장의 최상부로부터 수직거리가 90[cm] 이하가 되도록 할 것. 톱날지붕, 둥근 지붕, 기타 이와 유사한 지붕의 경우에도 이에 준한다.

ⓒ 측벽형 스프링클러 헤드 설치
- 긴변의 한쪽 벽에 일렬로 설치
- 폭이 4.5[m] 이상 9[m] 이하인 실에서는 긴변의 양쪽에 각각 일렬로 설치하되 마주 보는 스프링클러 헤드가 나란하도록 설치하는 데 헤드 간 거리는 3.6[m] 이내마다 설치

ⓔ 보와 가까운 스프링클러 헤드

- 천장면에서 보의 하단까지의 길이가 55[cm]를 초과하고 보의 하단 측면 끝부분으로부터 스프링클러 헤드까지의 거리가 스프링클러 헤드 상호 간 거리의 1/2 이하가 되는 경우에는 스프링클러 헤드와 그 부착면의 거리를 55[cm] 이하로 할 수 있다.

ⓜ 유리구 벌브형, 퓨지블 링크형 스프링클러 헤드의 표시온도 색상(폐쇄형에 한한다)

유리구 벌브형		퓨지블 링크형	
표시온도[℃]	액체의 색상별	표시온도[℃]	프레임의 색상별
57[℃]	오렌지	77[℃] 미만	색상 표시 안함
68[℃]	빨 강	77~120[℃]	흰 색
79[℃]	노 랑	121~162[℃]	파 랑
93[℃]	초 록	163~203[℃]	빨 강
141[℃]	파 랑	204~259[℃]	초 록
182[℃]	연한 자주	260~319[℃]	오렌지
227[℃] 이상	검 정	320[℃] 이상	검 정

⑥ 헤드의 특징

ⓖ 개방형
- 감열이 없고 개방 상태의 헤드가 설비된 것으로 화재구역에 헤드가 일제히 살수하며 소화하는 형태의 헤드를 말한다.
- 설치 장소의 천장이 높은 장소로 폐쇄형 스프링클러 헤드로 화재 감지가 어려운 대상물에 설치한다.
- 감지기(자동화재탐지설비)가 부착된 것으로 자동 또는 수동방식으로 이용할 수 있다.
- 무대부 또는 급격한 연소확대가 우려되는 대상물에 설치한다.
- 연소 우려가 있는 개구부에 설치한다.

ⓒ 폐쇄형
- 자체가 정온식 감지기 기능으로 화재 발생 부근의 헤드만 개방되어 방수되는 형식이다.
- 신속한 화재진압에 유리하지만 유지·관리하기가 어렵다.

⑦ 하향식 스프링클러 헤드 설치(습식 및 부압식 제외)
ⓐ 드라이펜던트스프링클러 헤드를 사용하는 경우
ⓑ 스프링클러 헤드의 설치장소가 동파의 우려가 없는 곳인 경우
ⓒ 개방형 스프링클러 헤드를 사용하는 경우

⑧ 스프링클러 헤드 설치제외 대상물
ⓐ 계단실(특별피난계단의 부속실 포함)·경사로·승강기의 승강로·비상용 승강기의 승강장·파이프덕트 및 덕트피트·목욕실·수영장(관람석 부분 제외)·화장실·직접 외기에 개방되어 있는 복도·기타 이와 유사한 장소
ⓑ 통신기기실·전자기기실·기타 이와 유사한 장소
ⓒ 발전실·변전실·변압기·기타 이와 유사한 전기설비가 설치되어 있는 장소
ⓓ 병원의 수술실·응급처치실·기타 이와 유사한 장소
ⓔ 천장과 반자 양쪽이 불연재료로 되어 있는 경우로서 그 사이의 거리 및 구조가 다음에 해당하는 부분
- 천장과 반자 사이의 거리가 2[m] 미만인 부분
- 천장과 반자 사이의 벽이 불연재료이고 천장과 반자 사이의 거리가 2[m] 이상으로서 그 사이에 가연물이 존재하지 아니하는 부분
ⓕ 천장·반자 중 한쪽이 불연재료로 되어있고 천장과 반자 사이의 거리가 1[m] 미만인 부분
ⓖ 천장 및 반자가 불연재료 외의 것으로 되어 있고 천장과 반자 사이의 거리가 0.5[m] 미만인 부분
ⓗ 펌프실·물탱크실·엘리베이터 권상기실 그 밖의 이와 비슷한 장소
ⓘ 현관 또는 로비 등 바닥으로부터 높이가 20[m] 이상인 장소
ⓙ 영하의 냉장창고의 냉장실 또는 냉동창고의 냉동실
ⓚ 고온의 노가 설치된 장소 또는 물과 격렬하게 반응하는 물품의 저장 또는 취급장소
ⓛ 불연재료로 된 특정소방대상물 또는 그 부분으로서 다음에 해당하는 장소
- 정수장·오물처리장 그 밖의 이와 비슷한 장소
- 펄프공장의 작업장·음료수공장의 세정 또는 충전하는 작업장 그 밖의 이와 비슷한 장소
- 불연성의 금속·석재 등의 가공공장으로서 가연성 물질을 저장 또는 취급하지 아니하는 장소

ⓜ 실내에 설치된 테니스장·게이트볼장·정구장 또는 이와 비슷한 장소로서 실내 바닥·벽·천장이 불연재료 또는 준불연재료로 구성되어 있고 가연물이 존재하지 않는 장소로서 관람석이 없는 운동시설(지하층은 제외한다)

ⓗ 공동주택 중 아파트의 대피공간

⑨ 헤드 종류

ㄱ 감열부 유무

- 개방형 : 이용성 물질로 된 열감지장치가 없고 방수구가 개방되어 있다.
- 폐쇄형 : 이용성 물질로 된 열감지장치가 있고 분해 개방되는 기구이다.

ㄴ 설치 방향

- 상향형 : 배관상부에 다는 것으로 천장에 반자가 없는 곳에 설치하며 하방 살수를 목적으로 설치되어 있다.
- 하향형 : 파이프, 배관 아래에 부착하는 것으로 천장 반자가 있는 곳에 사용하며 분사패턴은 상향형보다 떨어지나 반자를 너무 적시지 않으며 반구형의 패턴으로 분사하는 장점이 있다. 상방살수를 목적으로 설치한다.
- 상하향형 : 천정면이나 바닥면에 설치하는 것으로 디플렉터가 적어서 하향형과 같이 쓰고 있으나 현재는 거의 사용하지 않고 있다.
- 측벽형 : 실내의 벽상부에 취부하여 사용한다.

01 스프링클러설비의 가압송수장치의 정격토출압력은 하나의 헤드 선단에 얼마의 방수압력이 될 수 있는 크기이어야 하는가? [19년 4회]

① 0.01[MPa] 이상 0.05[MPa] 이하

② 0.1[MPa] 이상 1.2[MPa] 이하

③ 1.5[MPa] 이상 2.0[MPa] 이하

④ 2.5[MPa] 이상 3.3[MPa] 이하

해설 소화설비의 비교

구 분 \ 항 목	방사압력	토출량	수 원
옥내소화전설비	0.17[MPa] 이상 7.0[MPa] 이하	$N \times 130[L/min]$	$N \times 2.6[m^3]$ $(130[L/min] \times 20[min])$
옥외소화전설비	0.25[MPa] 이상 7.0[MPa] 이하	$N \times 350[L/min]$	$N \times 7[m^3]$ $(350[L/min] \times 20[min])$
스프링클러설비	0.1[MPa] 이상 1.2[MPa] 이하	헤드수 $\times 80[L/min]$	헤드수 $\times 1.6[m^3]$ $(80[L/min] \times 20[min])$

02 층수가 10층인 일반창고에 습식 폐쇄형 스프링클러 헤드가 설치되어 있다면 이 설비에 필요한 수원의 양은 얼마 이상이어야 하는가?(단, 이 창고는 특수가연물을 저장·취급하지 않는 일반물품을 적용하고 헤드가 가장 많이 설치된 층은 8층으로서 40개가 설치되어 있고, 헤드의 부착높이는 10[m]이다)　　　　　　　　　　　　　　　[19년 1회]

① 16[m³]　　　　　　　　　　② 32[m³]

③ 48[m³]　　　　　　　　　　④ 64[m³]

해설　폐쇄형 스프링클러 헤드의 설치개수 및 수원의 양

소방대상물			헤드의 기준개수	수원의 양
10층 이하 소방대상물 (지하층 제외)	공장, 창고 (랙식 창고 포함)	특수가연물 저장·취급	30	30 × 1.6[m³] = 48[m³]
		그 밖의 것	20	20 × 1.6[m³] = 32[m³]
	근린생활시설, 판매시설, 운수시설, 복합건축물	판매시설 또는 복합건축물 (판매시설이 설치된 복합건축물을 말한다)	30	30 × 1.6[m³] = 48[m³]
		그 밖의 것	20	20 × 1.6[m³] = 32[m³]
	그 밖의 것	헤드의 부착높이 8[m] 이상	20	20 × 1.6[m³] = 32[m³]
		헤드의 부착높이 8[m] 미만	10	10 × 1.6[m³] = 16[m³]
아파트			10	10 × 1.6[m³] = 16[m³]
지하층을 제외한 11층 이상인 소방대상물(아파트는 제외), 지하가, 지하역사			30	30 × 1.6[m³] = 48[m³]

비고 : 하나의 소방대상물이 2 이상의 "스프링클러 헤드의 기준개수" 란에 해당하는 때에는 기준개수가 많은 난을 기준으로 한다. 다만, 각 기준개수에 해당하는 수원을 별도로 설치하는 경우에는 그러하지 아니하다.

03 스프링클러설비 가압송수장치의 설치기준 중 고가수조를 이용한 가압송수장치에 설치하지 않아도 되는 것은?　　　　　　　　　　　　　　　[18년 2회]

① 수위계

② 배수관

③ 오버플로관

④ 압력계

해설　고가수조방식
　• 낙 차
　　$H = h_1 + 10$
　　여기서, H : 필요한 낙차[m]
　　　　　　h_1 : 배관의 마찰손실수두[m]
　• 설치부속물 : 수위계, 배수관, 급수관, 오버플로관, 맨홀

핵심
예제

04 스프링클러설비의 화재안전기준상 스프링클러 헤드를 설치하는 천장·반자·천장과 반자 사이·덕트·선반 등의 각 부분으로부터 하나의 스프링클러 헤드까지의 수평거리 기준으로 틀린 것은?(단, 성능이 별도로 인정된 스프링클러 헤드를 수리계산에 따라 설치하는 경우는 제외한다) [20년 3회]

① 무대부에 있어서는 1.7[m] 이하

② 공동주택(아파트) 세대 내의 거실에 있어서는 3.2[m] 이하

③ 특수가연물을 저장 또는 취급하는 장소에 있어서는 2.1[m] 이하

④ 특수가연물을 저장 또는 취급하는 랙식 창고의 경우에는 1.7[m] 이하

해설 스프링클러 헤드 설치기준

설치장소		설치기준
무대부, 특수가연물		수평거리 1.7[m] 이하
랙식 창고		수평거리 2.5[m] 이하 (특수가연물 저장·취급하는 창고 : 1.7[m] 이하)
공동주택(아파트) 세대 내의 거실		수평거리 3.2[m] 이하
그 외의 소방대상물	기타 구조	수평거리 2.1[m] 이하
	내화구조	수평거리 2.3[m] 이하
랙식 창고	특수가연물	랙 높이 4[m] 이하마다
	그 밖의 것	랙 높이 6[m] 이하마다

05 스프링클러 헤드를 설치하는 천장·반자·천장과 반자 사이·덕트·선반 등의 각 부분으로부터 하나의 스프링클러 헤드까지의 수평거리 기준으로 틀린 것은? [17년 4회]

① 무대부에 있어서는 1.7[m] 이하

② 랙식 창고에 있어서는 2.5[m] 이하

③ 공동주택(아파트) 세대 내의 거실에 있어서는 3.2[m] 이하

④ 특수가연물을 저장 또는 취급하는 장소에 있어서는 2.1[m] 이하

해설 4번 해설 참조

06 아래 평면도와 같이 반자가 있는 어느 실내에 전등이나 공조용 디퓨저 등의 시설물을 무시하고 수평거리를 2.1[m]로 하여 스프링클러 헤드를 정방형으로 설치하고자 할 때 최소 몇 개의 헤드를 설치해야 하는가?(단, 반자 속에는 헤드를 설치하지 아니하는 것으로 한다)

[19년 2회]

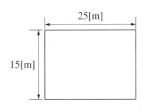

① 24개 ② 42개

③ 54개 ④ 72개

해설 **헤드의 수**
- 가로배열
  $s = 2r\cos45° = 2 \times 2.1 \times \cos45° = 2.97[m]$
  ∴ 헤드의 수 $= 25[m] \div 2.97[m] = 8.42 \Rightarrow$ 9개
- 세로배열
  $s = 2r\cos45° = 2 \times 2.1 \times \cos45° = 2.97[m]$
  ∴ 헤드의 수 $= 15[m] \div 2.97[m] = 5.05 \Rightarrow$ 6개
- ∴ 총 헤드 수 = 9개 × 6개 = 54개

07 스프링클러설비의 화재안전기준상 조기반응형 스프링클러 헤드를 설치해야 하는 장소가 아닌 것은?

[17년 1회, 21년 1회]

① 수련시설의 침실

② 공동주택의 거실

③ 오피스텔의 침실

④ 병원의 입원실

해설 **조기반응형 스프링클러 헤드 설치대상물**
- 공동주택·노유자시설의 거실
- 오피스텔·숙박시설의 침실, 병원의 입원실

08 폐쇄형 스프링클러 헤드를 최고 주위온도 40[℃]인 장소(공장 및 창고 제외)에 설치할 경우 표시온도는 몇 [℃]의 것을 설치하여야 하는가? [19년 2회]

① 79[℃] 미만

② 79[℃] 이상 121[℃] 미만

③ 121[℃] 이상 162[℃] 미만

④ 162[℃] 이상

해설 폐쇄형 스프링클러 헤드의 표시온도

설치장소의 최고주위온도	표시온도
39[℃] 미만	79[℃] 미만
39[℃] 이상 64[℃] 미만	79[℃] 이상 121[℃] 미만
64[℃] 이상 106[℃] 미만	121[℃] 이상 162[℃] 미만
106[℃] 이상	162[℃] 이상

※ 높이가 4[m] 이상인 공장 및 창고(랙식 창고 포함)에 설치하는 스프링클러 헤드는 그 설치 장소의 평상시 최고주변온도와 관계없이 표시온도가 121[℃] 이상의 것

09 스프링클러설비 헤드의 설치기준 중 다음 (   ) 안에 알맞은 것은? [18년 2회]

> 살수가 방해되지 아니하도록 스프링클러 헤드로부터 반경 (㉠)[cm] 이상의 공간을 보유할 것. 다만, 벽과 스프링클러 헤드 간의 공간은 (㉡)[cm] 이상으로 한다.

① ㉠ 10, ㉡ 60

② ㉠ 30, ㉡ 10

③ ㉠ 60, ㉡ 10

④ ㉠ 90, ㉡ 60

해설 스프링클러 헤드 설치

구 분	살수공간 확보	벽과 스프링클러 헤드 간 공간	스프링클러 헤드와 그 부착면
거 리	60[cm] 이상	10[cm] 이상	30[cm] 이하

10 천장의 기울기가 10분의 1을 초과할 경우에 가지관의 최상부에 설치되는 톱날지붕의 스프링클러 헤드는 천장의 최상부로부터의 수직거리가 몇 [cm] 이하가 되도록 설치하여야 하는가? [19년 4회]

① 50
② 70
③ 90
④ 120

해설 천장의 기울기가 1/10을 초과하는 경우에는 가지관을 천장의 마루와 평행하게 설치
• 천장의 최상부에 스프링클러 헤드를 설치하는 경우, 헤드의 반사판을 수평으로 설치할 것
• 천장의 최상부를 중심으로 가지관을 서로 마주보게 설치하는 경우에는 최상부의 가지관 상호 간 거리가 가지관상의 스프링클러 헤드 상호 간 거리의 1/2 이하(최소 1[m] 이상)가 되게 스프링클러 헤드를 설치하고 가지관의 최상부에 설치하는 스프링클러 헤드는 천장의 최상부로부터 수직거리가 90[cm] 이하가 되도록 할 것. 톱날지붕, 둥근 지붕, 기타 이와 유사한 지붕의 경우에도 이에 준한다.

11 스프링클러 헤드의 설치기준 중 다음 (   ) 안에 알맞은 것은? [17년 4회]

> 연소할 우려가 있는 개구부에는 그 상하좌우에 (㉠)[m] 간격으로 스프링클러 헤드를 설치하되 스프링클러 헤드와 개구부의 내측 면으로부터 직선거리는 (㉡)[cm] 이하가 되도록 할 것

① ㉠ 1.7, ㉡ 15
② ㉠ 2.5, ㉡ 15
③ ㉠ 1.7, ㉡ 25
④ ㉠ 2.5, ㉡ 25

해설 연소할 우려가 있는 개구부에는 그 상하좌우에 2.5[m] 간격으로(개구부의 폭이 2.5[m] 이하인 경우에는 그 중앙에) 스프링클러 헤드를 설치하되, 스프링클러 헤드와 개구부의 내측 면으로부터 직선거리는 15[cm] 이하가 되도록 할 것. 이 경우 사람이 상시 출입하는 개구부로서 통행에 지장이 있는 때에는 개구부의 상부 또는 측면(개구부의 폭이 9[m] 이하인 경우에 한한다)에 설치하되, 헤드 상호 간의 간격은 1.2[m] 이하로 설치하여야 한다.

12 스프링클러 헤드의 설치기준 중 옳은 것은? [18년 1회]

① 살수가 방해되지 아니하도록 스프링클러 헤드로부터 반경 30[cm] 이상의 공간을 보유할 것

② 스프링클러 헤드와 그 부착면과의 거리는 60[cm] 이하로 할 것

③ 측벽형 스프링클러 헤드를 설치하는 경우 긴 변의 한쪽 벽에 일렬로 설치하고 3.2[m] 이내마다 설치할 것

④ 연소할 우려가 있는 개구부에는 그 상하좌우에 2.5[m] 간격으로 스프링클러 헤드를 설치하되, 스프링클러 헤드와 개구부의 내측 면으로부터 직선거리는 15[cm] 이하가 되도록 할 것

해설 9, 11번 해설 참조

13 폐쇄형 스프링클러 헤드 퓨지블 링크형의 표시온도가 121~162[℃]인 경우 프레임의 색별로 옳은 것은?(단, 폐쇄형 헤드이다) [18년 1회]

① 파 랑   ② 빨 강

③ 초 록   ④ 흰 색

해설 유리구 벌브형, 퓨지블 링크형 스프링클러 헤드의 표시온도 색상(폐쇄형에 한한다)

유리구 벌브형		퓨지블 링크형	
표시온도[℃]	액체의 색상별	표시온도[℃]	프레임의 색상별
57[℃]	오렌지	77[℃] 미만	색상 표시 안함
68[℃]	빨 강	77~120[℃]	흰 색
79[℃]	노 랑	121~162[℃]	파 랑
93[℃]	초 록	163~203[℃]	빨 강
141[℃]	파 랑	204~259[℃]	초 록
182[℃]	연한 자주	260~319[℃]	오렌지
227[℃] 이상	검 정	320[℃] 이상	검 정

14 스프링클러설비를 설치하여야 할 특정소방대상물에 있어서 스프링클러 헤드를 설치하지 아니할 수 있는 기준 중 틀린 것은? [18년 1회]

① 천장과 반자 양쪽이 불연재료로 되어 있고 천장과 반자 사이의 거리가 2.5[m] 미만인 부분

② 천장 및 반자가 불연재료 외의 것으로 되어 있고 천장과 반자 사이의 거리가 0.5[m] 미만인 부분

③ 천장·반자 중 한쪽이 불연재료로 되어 있고 천장과 반자 사이의 거리가 1[m] 미만인 부분

④ 현관 또는 로비 등으로서 바닥으로부터 높이가 20[m] 이상인 장소

해설 스프링클러 헤드 설치제외 대상물
- 계단실(특별피난계단의 부속실 포함)·경사로·승강기의 승강로·비상용 승강기의 승강장·파이프덕트 및 덕트피트·목욕실·수영장(관람석 부분 제외)·화장실·직접 외기에 개방되어 있는 복도·기타 이와 유사한 장소
- 통신기기실·전자기기실·기타 이와 유사한 장소
- 발전실·변전실·변압기·기타 이와 유사한 전기설비가 설치되어 있는 장소
- 병원의 수술실·응급처치실·기타 이와 유사한 장소
- 천장과 반자 양쪽이 불연재료로 되어 있는 경우로서 그 사이의 거리 및 구조가 다음에 해당하는 부분
  - 천장과 반자 사이의 거리가 2[m] 미만인 부분
  - 천장과 반자 사이의 벽이 불연재료이고 천장과 반자 사이의 거리가 2[m] 이상으로서 그 사이에 가연물이 존재하지 아니하는 부분
- 천장·반자 중 한쪽이 불연재료로 되어있고 천장과 반자 사이의 거리가 1[m] 미만인 부분
- 천장 및 반자가 불연재료 외의 것으로 되어 있고 천장과 반자 사이의 거리가 0.5[m] 미만인 부분
- 펌프실·물탱크실·엘리베이터 권상기실 그 밖의 이와 비슷한 장소
- 현관 또는 로비 등 바닥으로부터 높이가 20[m] 이상인 장소
- 영하의 냉장창고의 냉장실 또는 냉동창고의 냉동실
- 고온의 노가 설치된 장소 또는 물과 격렬하게 반응하는 물품의 저장 또는 취급장소
- 불연재료로 된 특정소방대상물 또는 그 부분으로서 다음에 해당하는 장소
  - 정수장·오물처리장 그 밖의 이와 비슷한 장소
  - 펄프공장의 작업장·음료수공장의 세정 또는 충전하는 작업장 그 밖의 이와 비슷한 장소
  - 불연성의 금속·석재 등의 가공공장으로서 가연성 물질을 저장 또는 취급하지 아니하는 장소
- 실내에 설치된 테니스장·게이트볼장·정구장 또는 이와 비슷한 장소로서 실내 바닥·벽·천장이 불연재료 또는 준불연재료로 구성되어 있고 가연물이 존재하지 않는 장소로서 관람석이 없는 운동시설(지하층은 제외한다)
- 공동주택 중 아파트의 대피공간

핵심
예제

15 스프링클러 헤드를 설치하지 않을 수 있는 장소로만 나열된 것은? [19년 2회]

① 계단, 병실, 목욕실, 냉동창고의 냉동실, 아파트(대피공간 제외)
② 발전실, 수술실, 응급처치실, 통신기기실, 관람석이 없는 테니스장
③ 냉동창고의 냉동실, 변전실, 병실, 목욕실, 수영장 관람석
④ 수술실, 관람석이 없는 테니스장, 변전실, 발전실, 아파트(대피공간 제외)

해설 14번 해설 참조

핵심 예제

16 스프링클러설비의 화재안전기준상 스프링클러설비를 설치하여야 할 특정소방대상물에 있어서 스프링클러 헤드를 설치하지 아니할 수 있는 장소 기준으로 틀린 것은? [21년 1회]

① 천장과 반자 양쪽이 불연재료로 되어 있고 천장과 반자 사이의 거리가 2.5[m] 미만인 부분
② 천장 및 반자가 불연재료 외의 것으로 되어 있고 천장과 반자 사이의 거리가 0.5[m] 미만인 부분
③ 천장·반자 중 한쪽이 불연재료로 되어 있고 천장과 반자 사이의 거리가 1[m] 미만인 부분
④ 현관 또는 로비 등으로서 바닥으로부터 높이가 20[m] 이상인 장소

해설 14번 해설 참조

17 개방형 스프링클러 헤드 30개를 설치하는 경우 급수관의 구경은 몇 [mm]로 하여야 하는가?

[18년 4회]

① 65
② 80
③ 90
④ 100

해설 스프링클러 헤드 수별 급수관의 구경

급수관의 구경 \ 구 분	가	나	다
25	2	2	1
32	3	4	2
40	5	7	5
50	10	15	8
65	30	30	15
80	60	60	27
90	80	65	40
100	100	100	55
125	160	160	90
150	161 이상	161 이상	91 이상

※ 개방형 스프링클러 헤드를 설치하는 경우 하나의 방수구역이 담당하는 헤드의 개수가 30개 이하일 때는 "다"란의 헤드 수에 의하고, 30개를 초과할 때는 수리계산 방법에 따를 것

핵심
예제

안심Touch

(5) 스프링클러설비의 구성부분

① 습 식

㉠ 자동경보장치(유수검지장치)

- 해당 소방대상물에 설치되어 있는 헤드에서의 감지와 동시에 헤드가 개방되면서 유수에 의해 경보밸브가 작동, 벨이 울려 화재 발생을 알리는 장치로서 유수검지장치로는 자동경보밸브, 패들형 유수검지기, 유수작동밸브 등이 있으나 자동경보밸브가 가장 많이 사용된다.
- 자동경보밸브(Alarm Check Valve)
  유수검지장치는 하나의 방호구역마다 설치하며 1차측에는 가압송수장치가 연결되어 가압수를 계속 공급하는 상태로서 1차측과 2차측에는 압력계가 부착되어 있으며, 평상시 같은 압력을 유지하다가 헤드 개방 시 헤드측(2차측)의 압력이 감소, 알람 밸브가 개방되어 수신반에 화재표시등을 점등시킴과 동시에 경보를 발령하게 되는 기능이 있다.
  - 리타딩체임버(Retarding Chamber)
    누수로 인한 유수검지장치(자동경보장치)의 오동작을 방지하기 위한 안전장치 (2차 압력이 저하되어 발생하는 펌프의 기동 및 화재경보를 미연에 방지)
  - 압력스위치(Pressure Switch)
    리타딩체임버를 통한 압력이 압력스위치에 도달하면 일정 압력 내에서 회로를 연결시켜 수신부에 화재표시 및 경보를 발하는 스위치
  - 워터모터공(Water Motor Gong)
    리타딩체임버를 통과한 물이 노즐을 통해서 방수되어 방수압력에 의해서 펠턴수차로 유수에 의해 회전한다. 수차가 회전하면서 타종 링이 회전, 종을 울려 유수검지장치가 작동됨을 경보하게 된다.
- 패들형 유수검지장치
  배관 내의 패들(Paddle)을 부착시켜 유수가 발생 시 패들의 위치가 이동됨에 따라 접점 동작 회로가 연결되어 경보를 발하는 장치
- 유수작동밸브
  체크밸브의 구조로 유수 시 밸브의 작동으로 유수신호를 발하게 되며, 이 밸브에 마이크로 스위치가 설치되어 있어 밸브가 개방될 때 마이크로 스위치가 작동하여 화재수신반에 경보를 발하게 되는 밸브

㉡ 수격방지장치
WHC(Water Hammering Cushion)라 하며 입상관 최상부나 수평주행배관과 교차배관이 맞닿는 곳에 설치하며 신축성이 없는 배관 내에서 가압송수장치로 송수할 때 발생되는 Water Hammering에 의한 진동을 줄이는 쿠션 역할을 하게 된다. 이 장치는 모든 스프링클러소화설비에 적용된다.

② 건 식

　㉠ 건식 밸브(Dry Pipe Valve)

　　배관 내의 압축공기를 빼내 가압수(물)가 흐르게 해서 경보를 발하게 하는 밸브(습식
　　설비에서의 자동경보밸브와 같은 역할을 하는 것)

　㉡ 액셀레이터(Accelater)

　　건식설비는 분출되는 시간이 압축공기의 장애로 인해 습식설비보다 늦게 되므로 초
　　기 소화에 차질이 생기므로 습식설비와 같이 초기 소화를 할 수 있도록 배관 내의
　　공기를 빼내어 속도를 증가시켜 주기 위한 설비(보통 액셀레이터 및 익져스터를 사용)

　㉢ 익져스터(Exhauster)

　　드라이밸브(건식 밸브)에 설치하여 초기소화를 돕기 위하여 압축공기를 빼주는 속도
　　를 증가시키기 위하여 사용

　㉣ 자동식 공기압축기

　　밸브의 2차측(토출측)에 압축공기를 채우기 위해 공기압축기를 설치하며 전용으로
　　하나 일반 공기압축기를 사용하는 경우에는 건식 밸브와 주공기 공급관 사이에 반드
　　시 에어레귤레이터를 설치하여야 한다.

　㉤ 스프링클러 헤드

　　상향형 스프링클러설비는 습식 스프링클러설비와 같이 사용하고 하향형 헤드는 드라
　　이펜던트형 헤드를 설치하여야 한다.

③ 준비작동식

　㉠ 준비작동밸브

　　• 전기식 준비작동밸브

　　　1차측은 가압수, 2차측은 무압상태의 공기이며 화재 발생 시 감지기에 의해 전기적
　　　솔레노이드를 작동시켜 가압수의 압력에 의해 밀어내면서 배관의 말단까지 송수하
　　　게 된다.

　　• 기계식 준비작동밸브

　　　클래퍼를 중심으로 1차측은 가압수가 2차측은 무압상태의 공기이며 화재 발생 시
　　　감지용 헤드가 열에 의해 개방되면 압축공기가 배출되어 다이어프램 전실의 공기가
　　　감압됨에 따라 다이어프램이 밀려들어가면 클래퍼걸쇠를 해제시켜서 가압수의 압
　　　력에 의해서 클래퍼를 열고 말단배관까지 가압송수하게 된다.

　　• 뉴메틱 준비작동밸브

　　　감지기 및 해제박스에 가압공기를 넣어 두었다가 열에 의해 감지기가 팽창하면
　　　그 팽창이 구리튜브를 통한 가압공기를 팽창시키고 그것을 결국 다이어프램과 조작
　　　레버의 동작으로 웨이러취를 조작하고 클래퍼의 조임을 풀어주어 물이 클래퍼의
　　　상부로 밀려 올라오면서 경보가 되고 가압 송수되어 배관의 말단까지 채워진다.

      ⓛ 슈퍼비죠리판넬

이 판넬이 동작 시에만 준비작동밸브가 작동할 수 있다. 기능은 자체 고장 경보장치와 전원 이상 시 경보를 발함과 동시에 감지기, 원거리 작동장치, 슈퍼비죠리스위치에 의해서만 작동하는 감지기와 프리액션 밸브의 작동연결, 문, 창문, 팬, 각 댐퍼의 폐쇄작용을 한다.

      ⓒ 감지기

오동작 방지를 위한 교차회로방식으로 설치(교차회로 : 하나의 방호구역 내에 2 이상의 화재감지기 회로를 설치하고 인접한 2 이상의 화재감지기가 동시에 감지되는 때에는 소화설비가 작동되는 방식)

④ **개방식**

      ㉠ 일제개방밸브

2차측 배관에 개방형 헤드 사용(개방형 스프링클러 헤드, 물분무헤드, 포헤드, 드렌처헤드 등)

       • 가압개방식

밸브의 1차측에는 가압수로 충만되어 있고 배관상에 전자개방밸브 또는 수동개방밸브를 설치, 화재감지기가 감지 시 솔레노이드밸브 또는 수동개방밸브를 개방하여 압력수가 들어가 피스톤을 밀어 올려 일제개방밸브가 개방되어 가압수가 헤드로 방출되는 방식

       • 감압개방식

밸브 1차측에는 가압수가 충만되어 있고 바이패스 배관상에 설치된 전자개방밸브 또는 수동개방밸브가 개방되면 실린더가 열려서 일제개방밸브가 열려 가압수가 헤드로 방출되는 방식

      ⓒ 전자개방밸브(솔레노이드 밸브)

감지기가 작동 시 스프링에 의해 지지되던 밸브가 열려 송수되는 방식으로 일제개방밸브나 준비작동밸브에 설치

⑤ **부품 용어 정의**

      ㉠ 주밸브감시스위치

주관로상의 OS&Y밸브의 핸들에 부착시켜 밸브봉을 스위치와 접촉시켜놓고 밸브를 닫으면 스위치가 동작하여 수신반에 이상신호를 보내 관로상의 주밸브의 감시기능 스위치

      ⓛ 탬퍼스위치

관로의 주밸브인 게이트 밸브에 설치하여 밸브 개폐상태를 수신반에 전달하는 장치

      ⓒ 압력수조수위 감시스위치

멈춤판을 이용하여 급수펌프를 작동시키는 스위치

ⓔ 밸 브
- OS&Y밸브(Outside Screw & York Valve)
  - 주관로상에 설치
  - Surge에 대한 안정성이 높다.
  - 이물질이 Screw에 걸리면 완전한 수류가 공급되지 않는 단점이 있다.
- 앵글밸브(Angle Valve)
  옥외소화전설비의 방수구 및 옥내소화전에 사용(수류의 방향을 90° 방향으로 전환)
- 글로브밸브(Glove Valve)
  밸브 디스크가 파이프 접속구 방향에서 90° 각도의 위에서 오르내려서 유체를 조정하는 밸브이다.
- 콕밸브(Cock Valve)
  레버가 달린 소형 밸브(계기용으로 사용)
- 체크밸브(역지밸브, Check Valve)
  - 스모렌스키체크밸브(Smolensky Check Valve)
    평상시는 체크밸브기능을 하며 때로는 By Pass밸브를 열어서 반대로 물을 빼낼 수 있기 때문에 주배관상에 많이 사용한다.
  - 웨이퍼체크밸브(Wafer Check Valve)
    스모렌스체크밸브와 같이 펌프의 토출구로부터 10[m] 내의 강한 Surge 또는 역Surge가 심하게 걸리는 배관에 설치하는 밸브
  - 스윙체크밸브(Swing Check Valve)
    물올림장치(호수조)의 배관과 같이 적은 배관로에 주로 설치하는 밸브

(6) 기타 스프링클러설비

① 송수구

ⓐ 송수구는 소방차가 쉽게 접근할 수 있는 잘 보이는 장소에 설치하되 화재 층으로부터 지면으로 떨어지는 유리창 등이 송수 및 그 밖의 소화작업에 지장을 주지 아니하는 장소에 설치할 것

ⓑ 송수구로부터 스프링클러설비의 주배관에 이르는 연결배관에 개폐밸브를 설치한 때에는 그 개폐상태를 쉽게 확인 및 조작할 수 있는 옥외 또는 기계실 등의 장소에 설치할 것

ⓒ 구경은 65[mm]의 쌍구형으로 할 것

ⓓ 송수구에는 그 가까운 곳의 보기 쉬운 곳에 송수압력범위를 표시한 표지를 할 것

ⓔ 폐쇄형 헤드 사용하는 스프링클러설비의 송수구는 하나의 층의 바닥면적이 3,000[m²]를 넘을 때마다 1개 이상 설치할 것(단, 5개를 넘으면 5개로 한다)

ⓗ 지면으로부터 높이가 0.5[m] 이상 1[m] 이하의 위치에 설치할 것

쌍구형 연결송수관	준비작동식밸브	일제개방밸브	체크밸브	주밸브 (OS&Y)	습식밸브	건식밸브

※ 스프링클러설비의 설비형 송수관 연결

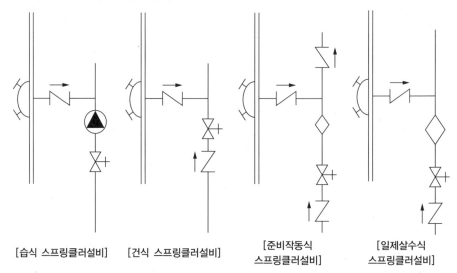

[습식 스프링클러설비]　　[건식 스프링클러설비]　　[준비작동식
스프링클러설비]　　[일제살수식
스프링클러설비]

② 유수검지장치 및 방수구역

   ㄱ 폐쇄형

     • 하나의 방호구역의 바닥면적은 3,000[m²]를 초과하지 아니할 것

     • 하나의 방호구역은 2개 층에 미치지 아니하도록 하되, 1개층에 설치되는 스프링클러 헤드의 수가 10개 이하인 경우와 복층형 구조의 공동주택에는 3개층 이내로 할 수 있다.

     • 유수검지장치 등은 바닥으로부터 0.8[m] 이상 1.5[m] 이하의 위치에 설치할 것

     • 조기반응형 스프링클러 헤드를 설치하는 경우에는 습식유수검지장치 또는 부압식 스프링클러설비를 설치할 것

     • 스프링클러 헤드에 공급되는 물은 유수검지장치를 지나도록 할 것

   ㄴ 개방형

     • 하나의 방수구역은 2개 층에 미치지 아니할 것

     • 방수구역마다 일제개방밸브를 설치할 것

     • 하나의 방수구역을 담당하는 헤드의 개수는 50개 이하로 설치할 것(단, 2개 이상의 방수구역으로 나눌 경우에는 25개 이상)

③ 스프링클러설비의 배관
  ㉠ 급수배관
    • 전용배관일 것
      겸용할 수 있는 경우
      – 스프링클러설비 기동장치의 조작과 동시에 다른 설비의 용도에 사용하는 배관의 송수를 차단할 경우
      – 스프링클러설비의 성능에 지장이 없는 경우
    • 급수차단 개폐밸브는 개폐표시형일 것
      – 수조와 펌프 흡입측 배관에 설치한 밸브
      – 주펌프의 흡입측 배관에 설치한 밸브
      – 주펌프의 토출측 배관에 설치한 밸브
      – 스프링클러 송수구에 설치한 밸브
      – 유수검지장치나 일제개방밸브 1, 2차측 밸브
      – 스프링클러 입상관과 연결된 고가수조의 밸브
    • 연결송수관설비의 배관과 겸용할 경우
      – 주배관은 구경 100[mm] 이상
      – 방수구와 연결되는 배관의 구경은 65[mm] 이상
    • 펌프의 성능시험배관

설치 구분	설치기준
체절운전 시	정격토출압력의 140[%]를 초과하지 않을 것
성능시험배관의 위치	펌프의 토출측에 설치된 개폐밸브 이전
정격토출량의 150[%]로 운전 시	정격토출압력의 65[%] 이상
유량측정장치	정격토출량의 175[%] 이상 측정

    • 릴리프밸브 설치

목 적	체절운전 시 수온상승방지
설치위치	체크밸브와 펌프 사이
작동압력	체절압력 미만
구 경	20[mm] 이상

  ㉡ 가지배관
    • 토너먼트(Tournament) 방식이 아닐 것
    • 교차배관에서 분기되는 지점을 기점으로 한쪽 가지배관에 설치되는 헤드의 개수(반자 아래와 반자 속의 헤드를 하나의 가지배관상에 병설하는 경우, 반자 아래에 설치하는 헤드의 개수)는 8개 이하로 할 것
    ※ 유속기준 6[m/s]를 초과할 수 없다(기타 배관 10[m/s] 이하).

ⓒ 교차배관
- 교차배관은 가지배관과 수평으로 설치하거나 또는 가지배관 밑에 설치하고 최소 구경은 40[mm] 이상으로 할 것
- 청소구는 교차배관 끝에 40[mm] 이상 크기의 개폐밸브를 설치하고 호스접결이 가능한 나사식 또는 고정배수 배관식으로 할 것
- 하향식 헤드를 설치하는 경우에 가지배관으로부터 헤드에 이르는 헤드접속배관은 가지관 상부에서 분기할 것(다만, 소화설비용 수원의 수질이 먹는 물의 수질 기준에 적합하고 덮개가 있는 저수조로부터 설치된 가지배관은 측면, 하부에서 분기 가능하다)
- ※ 천장 기준으로 가지관 → 교차배관 → 수평주행배관 순서로 한다. 그 이유는 굵은 배관에서부터 배관 내에 이물질이 침전해 헤드에 불순물이 침전되지 않도록 하기 위해서다.

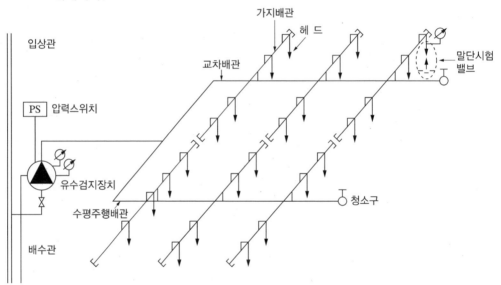

ⓓ 개폐표시밸브와 준비작동식 유수검지장치 또는 일제개방밸브 사이의 배관 기준
- 수직배수배관과 연결하고 동연결배관상에는 개폐밸브를 설치할 것
- 자동배수장치 및 압력스위치를 설치할 것
- 압력스위치는 수신부에서 준비작동식 유수검지장치 또는 일제개방밸브의 개방 여부를 확인할 수 있게 설치할 것

④ 시험장치
　⑦ 설치기준
　　• 유수검지장치에서 가장 먼 가지배관의 끝으로부터 연결·설치할 것
　　• 시험장치배관의 구경은 유수검지장치에서 가장 먼 가지배관 구경과 동일 구경으로 하고 그 끝에 개폐밸브 및 개방형 헤드를 설치할 것
　　• 시험배관 끝에는 물받이 통 및 배수관을 설치하여 시험 중 방사된 물이 바닥에 흐르지 아니하도록 할 것
　ⓛ 설치목적
　　헤드를 개방하지 않고 다음의 작동상태를 확인하기 위하여 설치한다.
　　• 유수검지장치의 기능이 작동되는지를 확인
　　• 수신반의 화재표시등의 점등 및 경보가 작동되는지를 확인
　　• 해당 방호구역의 음향경보장치가 작동되는지를 확인
　　• 압력체임버의 작동으로 펌프가 작동되는지를 확인

⑤ 행거 설치기준
　⑦ 가지배관
　　가지배관에는 헤드의 설치지점(헤드와 헤드 사이) 사이마다 1개 이상의 행거를 설치하되 헤드 간의 거리가 3.5[m]를 초과하는 경우에는 3.5[m] 이내마다 1개 이상을 설치할 것(이 경우 상향식 헤드와 행거 사이에는 8[cm] 이상 간격유지)
　ⓛ 교차배관
　　교차배관에는 가지배관과 가지배관 사이에 1개 이상의 행거를 설치하되 가지배관 사이의 거리가 4.5[m]를 초과하는 경우에는 4.5[m] 이내마다 1개 이상 설치할 것
　ⓒ 수평주행배관
　　수평주행배관에는 4.5[m] 이내마다 1개 이상 설치할 것

⑥ 수직배수배관
　⑦ 구 경
　　50[mm] 이상
　ⓛ 기울기
　　습식 스프링클러설비 또는 부압식 스프링클러설비 기울기는 수평이며 그 외의 설비에는 헤드를 향하여 상향으로 수평주행배관의 기울기는 1/500 이상, 가지배관의 기울기는 1/250 이상으로 할 것

⑦ 주차장 스프링클러
　⑦ 습식 외의 방식으로 하여야 한다.
　ⓛ 습식으로 할 수 있는 경우
　　• 동절기에 상시 난방이 되거나 동결 우려가 없는 곳
　　• 스프링클러설비의 동결을 방지할 수 있는 구조 또는 장치가 된 것

⑧ 전동기의 용량

$$P[\text{kW}] = \frac{0.163 \times Q \times H}{\eta} \times K$$

여기서, $0.163 = \dfrac{1,000}{102 \times 60}$

$\quad\quad Q$: 방수량[m^3/min]

$\quad\quad H$: 펌프의 양정[m]

$\quad\quad \eta$: 펌프의 효율

$\quad\quad K$: 전달계수(여유율)

⑨ 고층건축물의 스프링클러설비 화재안전기준

　㉠ 급수배관은 전용으로 하여야 한다.

　㉡ 50층 이상인 건축물의 스프링클러설비 주배관 중 수직배관은 2개 이상(주배관 성능을 갖는 동일호칭배관)으로 설치하고, 하나의 수직배관이 파손 등 작동불능 시에도 다른 수직배관으로부터 소화용수가 공급되도록 구성하여야 하며, 각각의 수직배관에 유수검지장치를 설치하여야 한다.

　㉢ 50층 이상인 건축물의 스프링클러 헤드에는 2개 이상의 가지배관 양방향에서 소화용수가 공급되도록 하고, 수리계산에 의한 설계를 하여야 한다.

⑩ 스프링클러설비의 음향장치

　㉠ 습식 유수검지장치 또는 건식 유수검지장치를 사용하는 설비에서 헤드가 개방되면 유수검지장치가 화재신호를 발신하고 그에 따라 음향장치가 경보되도록 할 것

　㉡ 준비작동식 유수검지장치 또는 일제개방밸브를 사용하는 설비에는 화재감지기의 감지에 따라 음향장치가 경보되도록 할 것. 이 경우 화재감지기 회로를 교차회로방식(하나의 준비작동식 유수검지장치 또는 일제개방밸브의 담당구역 내에 2 이상의 화재감지기 회로를 설치하고 인접한 2 이상의 화재감지기가 동시에 감지될 때 준비작동식 유수검지장치 또는 일제개방밸브가 개방·작동되는 방식)으로 할 때는 하나의 화재감지기회로가 화재를 감지할 때도 음향장치가 경보되도록 하여야 한다.

　㉢ 음향장치는 유수검지장치 및 일제개방밸브 등의 담당구역마다 설치하되 그 구역의 각 부분으로부터 하나의 음향장치까지의 수평거리는 25[m] 이하가 되도록 할 것

　㉣ 음향장치는 경종 또는 사이렌(전자식 사이렌 포함)으로 하되 주변 소음 및 다른 용도의 경보의 구별 가능한 음색으로 할 것. 이 경우, 경종 또는 사이렌은 자동화재탐지설비·비상벨설비 또는 자동식 사이렌설비의 음향장치와 겸용할 수 있다.

　㉤ 주음향장치는 수신기의 내부 또는 그 직근에 설치할 것

　㉥ 층수가 5층 이상으로 연면적이 3,000[m^2]를 초과하는 경우 경보방식

발화층	2층 이상의 층	1층에서 발화	지하층에서 발화
경보층	발화층 및 그 직상층	발화층·그 직상층 및 지하층	발화층·그 직상층 및 지하층

01 다음 중 스프링클러설비에서 자동경보밸브에 리타딩체임버(Retarding Chamber)를 설치하는 목적으로 가장 적절한 것은?   [20년 3회]

① 자동으로 배수하기 위하여

② 압력수의 압력을 조절하기 위하여

③ 자동경보밸브의 오보를 방지하기 위하여

④ 경보를 발하기까지 시간을 단축하기 위하여

해설 리타딩체임버(Retarding Chamber)
누수로 인한 유수검지장치(자동경보장치)의 오동작을 방지하기 위한 안전장치(2차 압력이 저하되어 발생하는 펌프의 기동 및 화재경보를 미연에 방지)

02 개방형 스프링클러설비의 일제개방밸브가 하나의 방수구역을 담당하는 헤드의 개수는? (단, 2개 이상의 방수구역으로 나눌 경우는 제외한다)   [17년 1회]

① 60   ② 50

③ 30   ④ 25

해설 개방형 스프링클러설비
- 하나의 방수구역은 2개 층에 미치지 아니할 것
- 방수구역마다 일제개방밸브를 설치할 것
- 하나의 방수구역을 담당하는 헤드의 개수는 50개 이하로 설치할 것(단, 2개 이상의 방수구역으로 나눌 경우에는 25개 이상)

03 스프링클러설비의 화재안전기준상 개방형 스프링클러설비에서 하나의 방수구역을 담당하는 헤드의 개수는 최대 몇 개 이하로 해야 하는가?(단, 방수구역은 나누어져 있지 않고 하나의 구역으로 되어 있다) [19년 1회, 20년 1·2회, 21년 2회]

① 50

② 40

③ 30

④ 20

해설 2번 해설 참조

04 스프링클러설비의 화재안전기준에 따른 특정소방대상물의 방호구역 층마다 설치하는 폐쇄형 스프링클러설비 유수검지장치의 설치 높이 기준은? [20년 4회]

① 바닥으로부터 0.8[m] 이상 1.2[m] 이하

② 바닥으로부터 0.8[m] 이상 1.5[m] 이하

③ 바닥으로부터 1.0[m] 이상 1.2[m] 이하

④ 바닥으로부터 1.0[m] 이상 1.5[m] 이하

해설 **폐쇄형 스프링클러설비**
- 하나의 방호구역의 바닥면적은 3,000[m²]를 초과하지 아니할 것
- 하나의 방호구역은 2개 층에 미치지 아니하도록 하되, 1개층에 설치되는 스프링클러 헤드의 수가 10개 이하인 경우와 복층형 구조의 공동주택에는 3개층 이내로 할 수 있다.
- 유수검지장치 등은 바닥으로부터 0.8[m] 이상 1.5[m] 이하의 위치에 설치할 것
- 조기반응형 스프링클러 헤드를 설치하는 경우에는 습식유수검지장치 또는 부압식 스프링클러설비를 설치할 것
- 스프링클러 헤드에 공급되는 물은 유수검지장치를 지나도록 할 것

3 ① 4 ② 정답

05 스프링클러설비의 화재안전기준상 폐쇄형 스프링클러 헤드의 방호구역·유수검지장치에 대한 기준으로 틀린 것은? [21년 1회]

① 하나의 방호구역에는 1개 이상의 유수검지장치를 설치하되, 화재 발생 시 접근이 쉽고 점검하기 편리한 장소에 설치할 것
② 하나의 방호구역은 2개 층에 미치지 아니하도록 할 것. 다만, 1개 층에 설치되는 스프링클러 헤드의 수가 10개 이하인 경우와 복층형구조의 공동주택에는 3개 층 이내로 할 수 있다.
③ 송수구를 통하여 스프링클러 헤드에 공급되는 물은 유수검지장치 등을 지나도록 할 것
④ 조기반응형 스프링클러 헤드를 설치하는 경우에는 습식유수검지장치 또는 부압식 스프링클러설비를 설치할 것

해설 4번 해설 참조

06 스프링클러설비의 교차배관에서 분기되는 지점을 기점으로 한쪽 가지배관에 설치되는 헤드는 몇 개 이하로 설치하여야 하는가?(단, 수리학적 배관방식의 경우는 제외한다) [19년 4회]

① 8   ② 10
③ 12   ④ 18

해설 가지배관
• 토너먼트(Tournament) 방식이 아닐 것
• 교차배관에서 분기되는 지점을 기점으로 한쪽 가지배관에 설치되는 헤드의 개수(반자 아래와 반자 속의 헤드를 하나의 가지배관상에 병설하는 경우, 반자 아래에 설치하는 헤드의 개수)는 8개 이하로 할 것
※ 유속기준 6[m/s]를 초과할 수 없다(기타 배관 10[m/s] 이하).

07 스프링클러설비의 화재안전기준상 스프링클러설비의 교차배관에서 분기되는 지점을 기점으로 한쪽 가지배관에 설치되는 헤드의 개수는 최대 몇 개 이하인가?(단, 방호구역 안에서 칸막이 등으로 구획하여 헤드를 증설하는 경우와 격자형 배관방식을 채택하는 경우는 제외한다) [17년 2회, 20년 3회]

① 8   ② 10
③ 12   ④ 15

해설 6번 해설 참조

핵심
예제

안심Touch

08 스프링클러설비의 화재안전기준에 따른 습식유수검지장치를 사용하는 스프링클러설비 시험장치의 설치기준에 대한 설명으로 틀린 것은? [20년 4회]

① 유수검지장치에서 가장 가까운 가지배관의 끝으로부터 연결하여 설치해야 한다.

② 시험배관의 끝에는 물받이 통 및 배수관을 설치하여 시험 중 방사된 물이 바닥에 흘러내리지 않도록 해야 한다.

③ 화장실과 같은 배수처리가 쉬운 장소에 시험배관을 설치한 경우에는 물받이 통 및 배수관을 생략할 수 있다.

④ 시험장치 배관의 구경은 25[mm] 이상으로 하고 그 끝에 개폐밸브 및 개방형 헤드를 설치해야 한다.

해설　설치기준
• 유수검지장치에서 가장 먼 가지배관의 끝으로부터 연결·설치할 것
• 시험장치배관의 구경은 유수검지장치에서 가장 먼 가지배관 구경과 동일 구경으로 하고 그 끝에 개폐밸브 및 개방형 헤드를 설치할 것
• 시험배관 끝에는 물받이 통 및 배수관을 설치하여 시험 중 방사된 물이 바닥에 흐르지 아니하도록 할 것

09 습식유수검지장치를 사용하는 스프링클러설비에 동장치를 시험할 수 있는 시험 장치의 설치위치 기준으로 옳은 것은? [18년 1회]

① 유수검지장치 2차측 배관에 연결하여 설치할 것

② 교차관의 중간부분에 연결하여 설치할 것

③ 유수검지장치의 측면배관에 연결하여 설치할 것

④ 유수검지장치에서 가장 먼 교차배관의 끝으로부터 연결하여 설치할 것

해설　8번 해설 참조

10 스프링클러설비 배관의 설치기준으로 틀린 것은? [17년 1회]

① 급수배관의 구경은 수리계산에 따르는 경우 가지배관의 유속은 6[m/s], 그 밖의 배관의 유속은 10[m/s]를 초과할 수 없다.

② 연결송수관설비의 배관과 겸용할 경우의 주배관은 구경 100[mm] 이상, 방수구로 연결되는 배관의 구경은 65[mm] 이상의 것으로 하여야 한다.

③ 수직배수배관의 구경은 50[mm] 이상으로 하여야 한다.

④ 가지배관에는 헤드의 설치지점 사이마다 1개 이상의 행거를 설치하되, 헤드 간의 거리가 4.5[m]를 초과하는 경우에는 4.5[m] 이내마다 1개 이상 설치해야 한다.

해설 행거 설치기준
• 가지배관에는 헤드의 설치지점(헤드와 헤드 사이) 사이마다 1개 이상의 행거를 설치하되 헤드 간의 거리가 3.5[m]를 초과하는 경우에는 3.5[m] 이내마다 1개 이상을 설치할 것(이 경우 상향식 헤드와 행거 사이에는 8[cm] 이상 간격유지)
• 교차배관에는 가지배관과 가지배관 사이에 1개 이상의 행거를 설치하되 가지배관 사이의 거리가 4.5[m]를 초과하는 경우에는 4.5[m] 이내마다 1개 이상 설치할 것
• 수평주행배관에는 4.5[m] 이내마다 1개 이상 설치할 것

(7) 간이스프링클러 소화설비

① 개요 및 설치장소

㉠ 개요

- 스프링클러설비 설치대상에 미치지 못하는 특정소방대상물 중 화재 발생 시 인명피해가 많이 발생할 것으로 예상되는 특정소방대상물에 설치하는 수계소화설비
- 화재 발생 시 간이헤드 2개(일부 특정소방대상물의 경우, 5개 헤드)를 동시에 방수해 화재를 진압 또는 제어하는 설비
- 화재 위험도 구분이 없는 특정소방대상물에서 화재 위험도가 높은 다음 시설에 설치
  - 근린생활시설(사용하는 부분의 바닥면적의 합계가 1,000[m²] 이상인 모든 층
  - 생활형 숙박시설의 해당 용도로 사용되는 바닥면적의 합계가 600[m²] 이상인 것
  - 복합건축물(연면적 1,000[m²] 이상인 모든 층)의 경우, 20분 이상, 기타 10분 이상 방수할 수 있어 화재를 진압 또는 제어하여야 한다.

㉡ 설치장소

- 영업장의 홀
- 구획된 각 영업실
- 영업장의 통로
- 주방
- 보일러실
- 탈의실

② 종류

㉠ 상수도 직결

상수도에 직접 연결해 항상 기준 압력 및 방수량 이상을 확보

㉡ 펌프 등 가압송수장치 이용

수원을 설치하고 펌프 또는 압력수조를 이용해 기준 방수압력 및 방수량 이상을 확보

㉢ 가압수조 이용

무전원 방식으로 기동용기에 고압기체를 충전하고 화재 발생과 동시에 기동용기의 고압기체가 배출되어 기체병의 격막을 터뜨려 가스배출하여 작동

㉣ 캐비닛형

가압송수장치, 수조 및 유수검지장치 등을 집적화해 캐비닛 형태로 구성

③ 수원

㉠ 상수도직결형의 경우에는 수돗물

㉡ 수조("캐비닛형"을 포함)를 사용하고자 하는 경우에는 적어도 1개 이상의 자동급수장치를 갖추어야 하며, 2개의 간이헤드에서 최소 10분(근린생활시설로서 사용하는 부

분의 바닥면적의 합계가 1,000[m²] 이상인 것은 모든 층, 숙박시설 중 생활형 숙박시설로서 해당 용도로 사용되는 바닥면적의 합계가 600[m²] 이상인 것, 복합건축물로서 연면적이 1,000[m²] 이상인 것은 모든 층)에 해당하는 경우에는 5개의 간이헤드에서 최소 20분) 이상 방수량 이상 확보

④ 가압송수장치

헤드 구분	설치 대상	방사량	가장 먼 헤드의 방사압력
간이헤드	일반, 근린생활시설	50[lpm] 이상	0.1[MPa] 이상
표준반응형 헤드	주차장	80[lpm] 이상	2개 동시 0.1[MPa] 이상

㉠ 고가수조의 자연낙차를 이용한 가압송수장치

$$H = h_1 + 10$$

여기서, H : 필요한 낙차[m]

h_1 : 배관의 마찰손실수두[m]

㉡ 압력수조를 이용한 가압송수장치

$$P = p_1 + p_2 + 0.1$$

여기서, P : 필요한 압력[MPa]

p_1 : 낙차의 환산수두압[MPa]

p_2 : 배관의 마찰손실수두압[MPa]

⑤ 방호구역

㉠ 하나의 방호구역의 바닥면적은 1,000[m²]를 초과하지 아니할 것

㉡ 하나의 방호구역에는 1개 이상의 유수검지장치를 설치하되, 화재 발생 시 접근이 쉽고 점검하기 편리한 장소에 설치할 것

㉢ 하나의 방호구역은 2개 층에 미치지 아니하도록 할 것. 다만, 1개 층에 설치되는 간이헤드의 수가 10개 이하인 경우에는 3개 층 이내로 할 수 있다.

※ 유수검지장치

• 설치장소 : 실내, 보호용 철망으로 구획된 실

• 높이 : 0.8[m] 이상 1.5[m] 이하

• 출입문의 크기 : 가로 0.5[m] 이상 세로 1[m] 이상

• 표시사항 : 출입문 상단에 "유수검지장치실"이라고 표시한 표지

⑥ 배 관

㉠ 전용으로 할 것

㉡ 상수도직결형 배관 32[mm] 이상의 배관

㉢ 연결송수관설비의 배관과 겸용할 경우

• 주배관의 구경 : 100[mm] 이상

• 방수구로 연결되는 배관의 구경 : 65[mm] 이상

ⓔ 펌프의 성능은 체절운전 시 정격토출압력의 140[%]를 초과하지 아니하고, 정격토출량의 150[%]로 운전 시 정격토출압력의 65[%] 이상이 되어야 하며, 펌프의 성능시험배관은 다음의 기준에 적합하여야 한다.
  • 성능시험배관은 펌프의 토출측에 설치된 개폐밸브 이전에서 분기하여 설치하고, 유량측정장치를 기준으로 전단 직관부에 개폐밸브를 후단 직관부에는 유량조절밸브를 설치할 것
  • 유량측정장치는 성능시험배관의 직관부에 설치하되, 펌프의 정격토출량의 175[%] 이상 측정할 수 있는 성능이 있을 것
ⓜ 가압송수장치의 체절운전 시 수온의 상승을 방지하기 위하여 체크밸브와 펌프 사이에서 분기한 구경 20[mm] 이상의 배관에 체절압력 미만에서 개방되는 릴리프밸브를 설치하여야 한다.

⑦ 배관 및 밸브 등의 순서
  ㉠ 상수도직결형
    수도용 계량기 → 급수차단장치 → 개폐표시형 개폐밸브 → 체크밸브 → 압력계 → 유수검지장치(압력스위치 등) → 2개의 시험밸브 순으로 설치
  ㉡ 펌프 등의 가압송수장치 이용
    • 수원 → 연성계(진공계) → 펌프 또는 압력수조 → 압력계 → 체크밸브 → 성능시험배관 → 개폐표시형 개폐밸브 → 유수검지장치 → 시험밸브 순으로 설치
    • 수원 → 가압수조 → 압력계 → 체크밸브 → 성능시험배관 → 개폐표시형 밸브 → 유수검지장치 → 2개의 시험밸브 순으로 설치
  ㉢ 캐비닛형 가압송수장치를 이용
    수원 → 연성계(진공계) → 펌프 또는 압력수조 → 압력계 → 체크밸브 → 개폐표시형 밸브 → 2개의 시험밸브 순으로 설치

⑧ 간이헤드
  ㉠ 설치장소
    천장·반자·천장과 반자 사이·덕트·선반 등
  ㉡ 종 류
    폐쇄형 헤드
  ㉢ 유효반경
    2.3[mm] 이하
  ㉣ 작동온도

주위천장온도	0~38[℃]	39~66[℃]
공칭작동온도	57~77[℃]	79~109[℃]

　　　　⑩ 디플렉터에서 천장 또는 반자까지의 거리
　　　　　　• 상향식 간이헤드 또는 하향식 간이헤드의 경우 : 25[mm]에서 102[mm] 이내
　　　　　　• 측벽형 간이헤드의 경우 : 102[mm]에서 152[mm] 사이
　　　　　　• 플러시 스프링클러 헤드의 경우 : 102[mm] 이하
　　⑨ 송수구
　　　　㉠ 간이스프링클러설비와 연결하는 경우 개폐상태를 쉽게 확인 및 조작할 수 있는 옥외
　　　　　　또는 기계실 등에 설치할 것
　　　　㉡ 구경은 65[mm]의 단구형 또는 쌍구형으로 할 것
　　　　㉢ 송수배관의 안지름은 40[mm] 이상으로 할 것
　　　　㉣ 지면으로부터 높이가 0.5[m] 이상 1[m] 이하의 위치에 설치할 것
　　　　㉤ 송수구의 가까운 부분에 자동배수밸브(또는 직경 5[mm]의 배수공) 및 체크밸브를
　　　　　　설치할 것
　　　　㉥ 송수구에는 이물질을 막기 위한 마개를 씌울 것
　　⑩ 비상전원
　　　　㉠ 종 류
　　　　　　비상전원, 비상전원수전설비
　　　　㉡ 용 량
　　　　　　10분, 근린생활시설의 경우에는 20분 이상

(8) 화재조기진압형 스프링클러설비

　　① 설치장소의 구조
　　　　㉠ 해당 층의 높이가 13.7[m] 이하일 것. 다만, 2층 이상일 경우에는 해당 층의 바닥을
　　　　　　내화구조로 하고 다른 부분과 방화구획 할 것
　　　　㉡ 천장의 기울기가 168/1,000을 초과하지 않아야 하고, 이를 초과하는 경우에는 반자
　　　　　　를 지면과 수평으로 설치할 것
　　　　㉢ 천장은 평평해야 하며 철재나 목재트러스 구조인 경우, 철재나 목재 돌출 부분이
　　　　　　102[mm]를 초과하지 않을 것
　　　　㉣ 보로 사용되는 목재·콘크리트 및 철재 사이의 간격은 0.9[m] 이상 2.3[m] 이하일
　　　　　　것. 다만, 보의 간격이 2.3[m] 이상인 경우에는 화재조기진압용 스프링클러 헤드의
　　　　　　동작을 원활히 하기 위해 보로 구획된 부분의 천장 및 반자의 넓이가 28[m^2]를 초과하
　　　　　　지 않을 것
　　　　㉤ 창고 내 선반의 형태는 물이 하부로 침투되는 구조로 할 것

② 수 원

화재조기진압용 스프링클러설비의 수원은 수리학적으로 가장 먼 가지배관 3개에 각각 4개의 스프링클러 헤드가 동시에 개방되었을 때 헤드선단의 압력이 별표 3에 의한 값 이상으로 60분간 방사할 수 있는 양으로 계산식은 다음과 같다.

$$Q = 12 \times 60 \times K\sqrt{10p}$$

여기서, Q : 수원의 양[L]

$\qquad K$: 상수[L/min/(MPa)$^{1/2}$]

$\qquad p$: 헤드선단의 압력[MPa]

③ 방호구역, 유수검지장치

간이스프링클러설비와 동일

④ 가압송수장치

스프링클러설비와 동일

⑤ 배 관

㉠ 연결송수관 배관과 겸용 시

주배관	구경 100[m] 이상
방수구로 연결되는 배관	구경 65[mm] 이상

㉡ 교차배관

가지배관 밑에 수평으로 설치하고 최소구경은 40[mm] 이상

㉢ 수직배수배관의 구경

50[mm] 이상

⑥ 헤 드

㉠ 헤드 하나의 방호면적은 6.0[m^2] 이상 9.3[m^2] 이하로 할 것

㉡ 가지배관의 천장 높이와 헤드 사이의 거리

천장 높이	9.1[m] 이하	9.1[m] 이상 13.7[m] 이하
가지배관의 헤드 사이 거리	2.4[m] 이상 3.7[m] 이하	2.4[m] 이상 3.1[m] 이하

㉢ 헤드의 반사판은 천장 또는 반자와 평행하게 설치하고 저장물의 최상부와 914[mm] 이상 확보되도록 할 것

㉣ 하향식 헤드 반사판의 위치는 천장이나 반자 아래 125[mm] 이상 355[m] 이하일 것

㉤ 상향식 헤드의 감지부 중앙은 천장 또는 반자와 101[mm] 이상 152[mm] 이하이며 반사판의 위치는 스프링클러 배관의 윗부분에서 최소 178[mm] 상부에 설치되도록 할 것

㉥ 헤드와 벽의 거리는 헤드 상호 간의 거리의 1/2을 초과하지 않아야 하며 최소 102[mm] 이상일 것

㉦ 헤드의 작동온도는 74[℃] 이하일 것

⑦ 송수구

구 경	65[mm] 쌍구형
설치위치	지면으로부터 0.5 ~ 1[m] 이하

⑧ 설치 제외

   ⊙ 제4류 위험물

   ⓒ 타이어, 두루마리 종이 및 섬유류, 섬유제품 등 연소 시 화염속도가 빠르고 방사된 물이 하부까지 도달하지 못하는 것

(9) 드렌처 설비

① 개 요

건축물의 외벽, 창 등 개구부의 실외에 부분에 유리창같이 연소되어 깨지기 쉬운 부분에 살수하여 건축물의 화재를 소화하는 설비로서 방화설비이다.

② 종 류

   ⊙ 창문 외벽용 헤드

     물이 하부의 디플렉터에 반사하여 전방과 좌우로 물을 살수하는 형으로서 벽이나 창의 상부에 설치하여 유수막으로써 화재로부터 보호

   ⓒ 추녀용 헤드

     방수구 밑에 있는 디플렉터에 의해 반사된 살수로 추녀 부분을 보호

   ⓒ 지붕용 헤드

     지붕의 상부에 설치하여 지붕을 살수하여 화재로부터 보호

③ 설치기준

   ⊙ 드렌처헤드는 개구부 위측에 2.5[m] 이내마다 1개를 설치할 것

   ⓒ 제어밸브는 소방대상물 층마다에 바닥면으로부터 0.8[m] 이상 1.5[m] 이하의 위치에 설치할 것

   ⓒ 수원의 수량은 드렌처헤드가 가장 많이 설치된 제어 밸브의 드렌처헤드의 설치개수에 1.6[m³]를 곱하여 얻은 수치 이상이 되도록 할 것

   ⓔ 드렌처설비의 방수 압력이 0.1[MPa] 이상, 방수량이 80[L/min] 이상일 것

(10) 스프링클러 헤드의 형식승인 및 제품검사의 기술기준

① 폐쇄형 헤드의 강도시험

   ⊙ 충격시험

     디플렉터 중심 1[m] 높이에서 헤드 중량의 0.15[N](15[g])을 더한 중량의 추를 낙하시켜 1회의 충격을 가한 후 기능에 이상이 없어야 한다.

ⓛ 퓨지블 링크 강도

　　공기 중에서 그 설계하중의 13배인 하중을 10일간 가하여도 파손되지 아니할 것

ⓒ 유리벌브 강도

　　설계하중의 4배인 하중을 헤드의 축심방향으로 가하여도 균열 또는 파손이 생기지 아니할 것

ⓔ 분해 부분의 강도

　　폐쇄형 헤드의 분해 부분은 설계하중의 2배인 하중을 외부로부터 헤드의 중심축 방향으로 가하여도 파괴되지 아니할 것

ⓜ 헤드의 시험

진동시험	폐쇄형 헤드는 전진 폭 5[mm], 25[Hz]의 진동을 3시간 가한 다음 2.5[MPa]의 압력을 5분간 가하는 시험에서 물이 새지 아니할 것
수격시험	폐쇄형 헤드는 피스톤형 펌프를 사용하여 매초 0.35[MPa]로부터 매초 3.5[MPa]까지의 압력변동 연속하여 4,000회 가한 다음 2.5[MPa]의 압력을 5분간 가하여도 물이 새거나 변형이 되지 아니할 것
디플렉터 강도시험	헤드는 1.2[MPa]의 수압으로 30분 동안 방사하여도 균열 및 변형이 생기지 아니할 것
장기누수시험	헤드는 30일 동안 2.0[MPa]의 정수압을 가하는 경우에 누수・균열 또는 기계적 손상이 생기지 아니할 것
표시사항	• 종 별 • 형 식 • 형식승인번호 • 제조번호 또는 로트번호 • 제조연도 • 제조업체명 또는 상호 • 표시온도(폐쇄형 헤드에 한함) • 표시온도에 따른 다음 표의 색표시(폐쇄형 헤드에 한함) （표 아래 참조） • 최고주위온도(폐쇄형 헤드에 한함) • 취급상의 주의사항 • 품질보증에 관한 사항(보증기간, 보증내용, A/S방법, 자체검사필증 등)

유리벌브형		퓨지블 링크형	
표시온도[℃]	액체의 색상별	표시온도[℃]	프레임의 색상별
57[℃]	오렌지	77[℃] 미만	색상 표시 안함
68[℃]	빨 강	77~120[℃]	흰 색
79[℃]	노 랑	121~162[℃]	파 랑
93[℃]	초 록	163~203[℃]	빨 강
141[℃]	파 랑	204~259[℃]	초 록
182[℃]	연한 자주	260~319[℃]	오렌지
227[℃] 이상	검 정	320[℃] 이상	검 정

② 헤드의 감도시험

   ㉠ 표준형

     • 표준반응(Standard Response)의 RTI 값 : 80 초과 350 이하

     • 특수반응(Special Response)의 RTI 값 : 51 초과 80 이하

     • 조기반응(Fast Response)의 RTI값 : 50 이하

   ㉡ 화재조기진압형

    반응시간지수(RTI)는 표준방향에서 20~36 이내, 최악의 방향에서 138을 초과하지 아니할 것

③ 용어 정의

   ㉠ 디플렉터(반사판)

    스프링클러 헤드의 방수구에서 유출되는 물을 세분시키는 역할

   ㉡ 프레임

    스프링클러 헤드의 나사 부분과 디플렉터를 연결하는 이음쇠 부분

   ㉢ 퓨지블 링크

    감열체 중 이융성 금속으로 융착되거나 이융성 물질에 의하여 조립된 것

   ㉣ 설계하중

    폐쇄형 스프링클러 헤드에서 방수구를 막고 있는 감열체가 정상상태에서 이탈하지 못하게 하기 위하여 헤드에 가하여지도록 미리 설계된 하중

   ㉤ 반응시간지수(RTI)

    기류의 온도・속도 및 작동시간에 대하여 스프링클러 헤드의 반응을 예상한 지수

   ㉥ 유리벌브

    감열체 중 유리구 안에 액체 등을 넣어 봉한 것

   ㉦ 최고주위온도

    폐쇄형 스프링클러 헤드의 설치장소에 관한 기준이 되는 온도. 단, 헤드의 표시온도가 75[℃] 미만인 경우의 최고주위온도는 다음 등식에 불구하고 39[℃]로 한다.

$$T_A = 0.9\,T_M - 27.3$$

    여기서, T_A : 최고주위온도

           T_M : 헤드의 표시온도

   ㉧ 기동용 수압개폐장치

    소화설비의 배관 내 압력변동을 검지하여 자동적으로 펌프를 기동 또는 정지시키는 것(압력체임버, 기동용 압력스위치 등)

   ㉨ 압력체임버

    수격 또는 순간압력변동 등으로부터 안정적으로 압력을 검지할 수 있도록 동체와 경판으로 구성된 원통형 탱크에 압력스위치를 부착한 기동용 수압개폐장치

ㅊ 기동용 압력스위치

수격 또는 순간압력변동 등으로부터 안정적으로 압력을 검지할 수 있도록 부르동관 또는 압력검지신호 제어장치 등을 사용하는 기동용 수압개폐장치

④ 유수제어밸브(유수검지장치)

㉠ 내압시험

ⓐ 습식 유수검지장치의 본체는 다음 표의 호칭압력의 구분에 따른 해당 수압력을 2분간 가하는 시험에서 물이 새거나 변형 등이 생기지 아니할 것

호칭압력[MPa]	1	1.6
수압력[MPa]	2	3.2

ⓑ 건식 유수검지장치 및 준비작동식 유수검지장치의 본체는 최고사용압력에 대응하는 압력설정치의 3배의 압력 또는 ⓐ 표의 호칭압력의 구분에 따른 해당 수압력 중 큰 값의 압력을 2분간 가하는 시험에서 물이 새거나 변형 등이 생기지 아니할 것

ⓒ 건식 유수검지장치 및 준비작동식 유수검지장치의 1차측의 사용압력에 대응하는 압력설정치의 압력을 2차측에, 당해 사용압력의 1.1배의 압력을 1차측에 2분간 각각 가하는 시험에서 밸브시트로부터 물이 새거나 변형 등이 생기지 아니할 것

㉡ 표시사항

- 종별 및 형식
- 형식승인번호
- 제조연월 및 제조번호
- 제조업체명 또는 상호
- 안지름, 호칭압력 및 사용압력범위
- 유수방향의 화살 표시
- 설치방향
- 2차측에 압력설정이 필요한 것에는 압력 설정값
- 검지유량상수
- 습식 유수검지장치에 있어서는 최저사용압력에 있어서 부작동 유량
- 설치방법 및 취급상의 주의사항
- 품질보증에 관한 사항(보증기간, 보증내용, A/S방법, 자체검사필증)

⑤ 압력체임버

　㉠ 내부용적

　100[L] 이상(내부용적 증가 시 100단위로 할 것)

　㉡ 호칭압력

호칭압력[MPa]	1[MPa]	2[MPa]
사용압력[MPa]	1[MPa] 미만	1[MPa] 이상 2[MPa] 미만

　㉢ 시 험

기능시험	• 압력체임버의 압력스위치는 용기 내의 압력이 작동압력이 되는 경우와 중지압력이 되는 경우에 즉시 작동 및 정지되어야 할 것 • 압력체임버의 안전밸브는 호칭압력과 호칭압력의 1.3배의 압력범위 내에서 작동할 것
내구성시험	압력체임버의 압력스위치는 당해 정격전압 및 정격전류에 있어서 0에서 호칭압력까지의 압력변동을 전류를 통하는 시간이 1초가 되도록 되풀이해서 2,000회 가하는 경우 기능에 지장이 생기지 아니할 것
기밀시험	압력체임버의 용기는 호칭압력의 1.5배에 해당하는 압력을 공기압 또는 질소압으로 5분간 가하는 경우에 누설되지 아니할 것

　㉣ 부르동관식 기동용 압력스위치의 구성

　　• 압력표시부

　　• 접속나사부

　　• 부르동관

　　• 제어부

　　• 시험밸브

핵/심/예/제

01 폐쇄형 간이헤드를 사용하는 설비의 경우로서 1개 층에 하나의 급수배관(또는 밸브 등)이 담당하는 구역의 최대면적은 몇 [m²]를 초과하지 아니하여야 하는가?　　[17년 1회]

① 1,000　　　　　　　　　　　　　② 2,000

③ 2,500　　　　　　　　　　　　　④ 3,000

> **해설**　폐쇄형 간이헤드를 사용하는 설비
> 화재 위험도 구분이 없는 특정소방대상물에서 화재 위험도가 높은 다음 시설에 설치
> • 근린생활시설(사용하는 부분의 바닥면적의 합계가 1,000[m²] 이상인 모든 층
> • 생활형 숙박시설의 해당 용도로 사용되는 바닥면적의 합계가 600[m²] 이상인 것
> • 복합건축물(연면적 1,000[m²] 이상인 모든 층)의 경우, 20분 이상, 기타 10분 이상 방수할 수 있어 화재를 진압 또는 제어하여야 한다.

02 화재조기진압용 스프링클러설비의 화재안전기준상 화재조기진압용 스프링클러설비 설치장소의 구조 기준으로 틀린 것은?　　[20년 1·2회]

① 창고 내의 선반의 형태는 하부로 물이 침투되는 구조로 할 것

② 천장의 기울기가 1,000분의 168을 초과하지 않아야 하고, 이를 초과하는 경우에는 반자를 지면과 수평으로 설치할 것

③ 천장은 평평하여야 하며 철재나 목재트러스 구조인 경우, 철재나 목재의 돌출부분이 102[mm]를 초과하지 아니할 것

④ 해당 층의 높이가 10[m] 이하일 것. 다만, 3층 이상일 경우에는 해당 층의 바닥을 내화구조로 하고 다른 부분과 방화구획 할 것

> **해설**　설치장소의 구조
> • 해당 층의 높이가 13.7[m] 이하일 것. 다만, 2층 이상일 경우에는 해당 층의 바닥을 내화구조로 하고 다른 부분과 방화구획 할 것
> • 천장의 기울기가 168/1,000을 초과하지 않아야 하고, 이를 초과할 경우에는 반자를 지면과 수평으로 설치할 것
> • 천장은 평평해야 하며 철재나 목재트러스 구조인 경우, 철재나 목재 돌출 부분이 102[mm]를 초과하지 않을 것
> • 보로 사용되는 목재·콘크리트 및 철재 사이의 간격은 0.9[m] 이상 2.3[m] 이하일 것. 다만, 보의 간격이 2.3[m] 이상인 경우에는 화재조기진압용 스프링클러 헤드의 동작을 원활히 하기 위해 보로 구획된 부분의 천장 및 반자의 넓이가 28[m²]를 초과하지 않을 것
> • 창고 내 선반의 형태는 물이 하부로 침투되는 구조로 할 것

03 화재조기진압용 스프링클러설비 가지배관의 배열기준 중 천장의 높이가 9.1[m] 이상 13.7[m] 이하인 경우 가지배관 사이의 거리 기준으로 옳은 것은? [20년 1회]

① 2.4[m] 이상 3.1[m] 이하

② 2.4[m] 이상 3.7[m] 이하

③ 6.0[m] 이상 8.5[m] 이하

④ 6.0[m] 이상 9.3[m] 이하

해설 헤 드
- 헤드 하나의 방호면적은 6.0[m²] 이상 9.3[m²] 이하로 할 것
- 가지배관의 천장 높이와 헤드 사이의 거리

천장 높이	9.1[m] 이하	9.1[m] 이상 13.7[m] 이하
가지배관의 헤드 사이 거리	2.4[m] 이상 3.7[m] 이하	2.4[m] 이상 3.1[m] 이하

- 헤드의 반사판은 천장 또는 반자와 평행하게 설치하고 저장물의 최상부와 914[mm] 이상 확보되도록 할 것
- 하향식 헤드 반사판의 위치는 천장이나 반자 아래 125[mm] 이상 355[m] 이하일 것
- 상향식 헤드의 감지부 중앙은 천장 또는 반자와 101[mm] 이상 152[mm] 이하이며 반사판의 위치는 스프링클러 배관의 윗부분에서 최소 178[mm] 상부에 설치되도록 할 것
- 헤드와 벽의 거리는 헤드 상호 간의 거리의 1/2을 초과하지 않아야 하며 최소 102[mm] 이상일 것
- 헤드의 작동온도는 74[℃] 이하일 것

핵심
예제

04 화재조기진압용 스프링클러설비의 화재안전기준상 헤드의 설치기준 중 ( ) 안에 알맞은 것은? [18년 1회, 21년 2회]

헤드 하나의 방호면적은 (㉠)[m²] 이상 (㉡)[m²] 이하로 할 것

① ㉠ 2.4, ㉡ 3.7

② ㉠ 3.7, ㉡ 9.1

③ ㉠ 6.0, ㉡ 9.3

④ ㉠ 9.1, ㉡ 13.7

해설 3번 해설 참조

안심Touch

05 스프링클러설비의 화재안전기준에 따라 연소할 우려가 있는 개구부에 드렌처설비를 설치한 경우 해당 개구부에 한하여 스프링클러 헤드를 설치하지 아니할 수 있다. 관련기준으로 틀린 것은?

[17년 2회, 20년 1·2회]

① 드렌처헤드는 개구부 위 측에 2.5[m] 이내마다 1개를 설치할 것

② 제어밸브는 특정소방대상물 층마다에 바닥 면으로부터 0.5[m] 이상 1.5[m] 이하의 위치에 설치할 것

③ 드렌처헤드가 가장 많이 설치된 제어밸브에 설치된 드렌처헤드를 동시에 사용하는 경우에 각 헤드선단에 방수압력이 0.1[MPa] 이상이 되도록 할 것

④ 드렌처헤드가 가장 많이 설치된 제어밸브에 설치된 드렌처헤드를 동시에 사용하는 경우에 각 헤드선단에 방수량은 80[L/min] 이상이 되도록 할 것

해설 드렌처설비의 설치기준
- 드렌처헤드는 개구부 위측에 2.5[m] 이내마다 1개를 설치할 것
- 제어밸브는 소방대상물 층마다에 바닥면으로부터 0.8[m] 이상 1.5[m] 이하의 위치에 설치할 것
- 수원의 수량은 드렌처헤드가 가장 많이 설치된 제어 밸브의 드렌처헤드의 설치개수에 1.6[m³]를 곱하여 얻은 수치 이상이 되도록 할 것
- 드렌처설비의 방수 압력이 0.1[MPa] 이상, 방수량이 80[L/min] 이상일 것

핵심
예제

5 ② **정답**

6 물분무 및 미분무소화설비

(1) 물분무소화설비

① 소화효과

   ⊙ 냉각작용 : 물분무 입자가 화재열을 흡수해 대량의 기화열을 내어서 연소물을 발화점 이하로 낮추어 소화한다.

   ⓒ 질식작용 : 분무된 물이 기화해 대량의 수증기가 발생하여 체적이 1,700배로 팽창하여 산소농도를 21[%]에서 15[%] 이하로 낮추어 소화한다.

   ⓒ 유화작용 : 비수용성 액체(석유, 제4류) 위험물에 압력이 가해진 물이 분무상태로 뿌려지면 표면층에 얇은 에멀션 상태가 만들어져 가연성 액체로부터 가연성 증기 발생을 감소하여 소화작용을 할 수 있다.

   ⓔ 희석작용 : 수용성 액체 위험물(알코올)에 대한 소화작용으로 수용성 액체 위험물이 소화를 위해 가해진 물로 희석되어 연소 불가능한 희석 농도를 만들어 소화(대상물에 따라 물이 많이 필요)

② 물분무헤드 분류

   ⊙ 소화목적에 따른

     • 소화용 : 냉각, 질식, 희석, 유화작용을 하여 완전 소화하는 데 사용한다.

     • 화세제압용 : 소화용 헤드와 동일하나 수량과 수압은 크다.

     • 연소방지용 : 소방대상물의 열을 제거하므로 냉각작용의 헤드를 사용한다.

     • 출화방지용

   ⓒ 분무상태에 따른

     • 충돌형 : 유수의 충돌에 의해 미세한 물방울을 만드는 물분무헤드

     • 분사형 : 소구경의 오리피스로부터 고압으로 분사하여 미세한 물방울을 만드는 물분무헤드

     • 선회류형 : 선회류에 의해 확산방출하든가 선회류와 직선류의 충돌에 의해 확산방출하여 미세한 물방울로 만드는 물분무헤드

     • 디플렉터형 : 수류를 살수판에 충돌하여 미세한 물방울을 만드는 물분무헤드

     • 슬릿형 : 수류를 슬릿에 의해 방출하여 수막상의 분무를 만드는 물분무헤드

③ 물분무헤드 설치(분무상태에서의 물은 전기적으로 비전도성이므로 특고전기시설의 소화설비로 용이하다)

㉠ 전기기기와 이격거리

전압[kV]	거리[cm]
66 이하	70 이상
66 초과 77 이하	80 이상
77 초과 110 이하	110 이상
110 초과 154 이하	150 이상
154 초과 181 이하	180 이상
181 초과 220 이하	210 이상
220 초과 275 이하	260 이상

㉡ 제외 장소

- 물에 심하게 반응하는 물질 또는 물과 반응하여 위험한 물질을 생성하는 물질을 저장 또는 취급하는 장소
- 고온의 물질 및 증류 범위가 넓어 끓어 넘치는 위험이 있는 물질을 저장 또는 취급하는 장소
- 운전 시에 표면온도가 260[℃] 이상으로 되는 등 직접 분무하는 경우, 그 부분에 손상을 입힐 우려가 있는 기계장치 등이 있는 장소

④ 가압송수장치

㉠ 수원의 양

소방대상물	수원의 양
특수가연물 저장, 취급	$10[\text{L/m}^2 \cdot \text{min}] \times A(50 \leq A)[\text{m}^2] \times 20[\text{min}](A : \text{바닥면적})$
차고, 주차장	$20[\text{L/m}^2 \cdot \text{min}] \times A(50 \leq A)[\text{m}^2] \times 20[\text{min}](A : \text{바닥면적})$
절연유 봉입변압기	$10[\text{L/m}^2 \cdot \text{min}] \times A[\text{m}^2] \times 20[\text{min}](A : \text{바닥부분을 제외한 표면적을 합한 면적})$
케이블 트레이, 케이블 덕트	$12[\text{L/m}^2 \cdot \text{min}] \times A[\text{m}^2] \times 20[\text{min}](A : \text{투영된 바닥면적})$
컨베이어 벨트	$10[\text{L/m}^2 \cdot \text{min}] \times A[\text{m}^2] \times 20[\text{min}](A : \text{벨트 부분의 바닥면적})$

㉡ 펌프방식

펌프양정 $H = h_1 + h_2$

여기서, H : 펌프의 양정[m]

h_1 : 물분무헤드의 설계압력 환산수두[m]

h_2 : 배관의 마찰손실수두[m]

㉢ 고가수로방식

- 자연낙차 $H = h_1 + h_2$

여기서, H : 필요한 낙차[m]

h_1 : 물분무헤드의 설계압력 환산수두[m]

h_2 : 배관의 마찰손실수두[m]

- 고가수조 설치 부속물 : 수위계, 배수관, 급수관, 오버플로관, 맨홀

ㄹ 압력수조방식
- 압력수조의 압력 $P = p_1 + p_2 + p_3$

  여기서, P : 필요한 압력[MPa]

  p_1 : 물분무헤드의 설계압력[MPa]

  p_2 : 배관의 마찰손실수두압[MPa]

  p_3 : 낙차의 환산수두압[MPa]
- 압력수조 설치 부속물 : 수위계 · 급수관 · 배수관 · 급기관 · 맨홀 · 압력계 · 안전장치, 자동식 공기압축기

ㅁ 수원 및 가압송수장치의 펌프 등의 겸용

물분무소화설비의 수원을 옥내소화전설비 · 스프링클러설비 · 간이스프링클러설비 · 화재 조기진압용 스프링클러설비 · 포소화전설비 및 옥외소화전설비의 수원과 겸용해 설치하는 경우, 저수량이 각 소화설비에 필요한 저수량을 합한 양 이상 되도록 해야 한다.

⑤ 송수구

ㄱ 송수구는 화재층으로부터 지면으로 떨어지는 유리창 등이 송수 및 그 밖의 소화작업에 지장을 주지 아니하는 장소에 설치할 것(가연성가스의 저장 · 취급시설에 설치하는 송수구는 그 방호대상물로부터 20[m] 이상의 거리를 두거나 방호대상물에 면하는 부분이 높이 1.5[m] 이상 폭 2.5[m] 이상의 철근콘크리트 벽으로 가려진 장소에 설치)

ㄴ 송수구로부터 물분무소화설비의 주배관에 이르는 연결배관에 개폐밸브를 설치한 때에는 그 개폐상태를 쉽게 확인 및 조작할 수 있는 옥외 또는 기계실 등의 장소에 설치할 것

ㄷ 구경 65[mm]의 쌍구형으로 할 것

ㄹ 송수구에는 그 가까운 곳의 보기 쉬운 곳에 송수압력범위를 표시한 표지를 할 것

ㅁ 송수구는 하나의 층의 바닥면적이 3,000[m²]를 넘을 때마다 1개(5개를 넘을 경우에는 5개로 한다) 이상을 설치할 것

ㅂ 지면으로부터 높이가 0.5[m] 이상 1[m] 이하의 위치에 설치할 것

ㅅ 송수구의 가까운 부분에 자동배수밸브(또는 직경 5[mm]의 배수공) 및 체크밸브를 설치할 것

ㅇ 송수구에는 이물질을 막기 위한 마개를 씌울 것

⑥ 기동장치

ㄱ 수동식
- 직접조작 또는 원격조작에 의하여 각각의 가압송수장치 및 수동식 개방 밸브 또는 가압송수장치 및 자동개방밸브를 개방할 수 있도록 설치할 것
- 기동장치의 가까운 곳의 보기 쉬운 곳에 "기동장치"라고 표시한 표지를 할 것

    ⓛ 자동식

    자동식 기동장치는 자동화재탐지설비의 감지기의 작동 또는 폐쇄형 스프링클러 헤드의 개방과 연동하여 경보를 발하고 가압송수장치 및 자동개방밸브를 기동할 수 있는 것으로 할 것

⑦ 배 관

    ㉠ 연결송수관설비와 겸용할 경우
- 주배관의 구경 : 100[mm] 이상
- 방수구로 연결되는 배관의 구경 : 65[mm] 이상

    ㉡ 펌 프
- 펌프의 성능은 정격토출량의 150[%]로 운전 시 정격토출압력의 65[%] 이상이 되어야 한다.
- 성능시험배관은 펌프의 토출측에 설치된 개폐밸브 이전에서 분기하여 설치하고, 유량측정장치를 기준으로 전단 직관부에 개폐밸브를 후단 직관부에는 유량조절밸브를 설치할 것
- 유량측정장치는 성능시험배관의 직관부에 설치하되, 펌프의 정격토출량의 175[%] 이상 측정할 수 있는 성능이 있을 것
- 체절운전 시 수온의 상승을 방지하기 위하여 체크밸브와 펌프 사이에서 분기한 구경 20[mm] 이상의 배관에 체절압력 미만에서 개방되는 릴리프밸브를 설치하여야 한다.

⑧ 배수설비

    ㉠ 차량이 주차하는 장소의 적당한 곳에 높이 10[cm] 이상의 경계턱으로 배수구를 설치할 것

    ㉡ 배수구에는 새어나온 기름을 모아 소화할 수 있도록 길이 40[m] 이하마다 집수관·소화피트 등 기름분리장치를 설치할 것

    ㉢ 차량이 주차하는 바닥은 배수구를 향하여 2/100 이상의 기울기를 유지할 것

    ㉣ 배수설비는 가압송수장치의 최대송수능력의 수량을 유효하게 배수할 수 있는 크기 및 기울기로 할 것

⑨ 비상전원

    ㉠ 비상전원의 종류 : 자가발전설비, 축전지설비, 전기저장장치

    ㉡ 물분무소화설비를 20분 이상 유효하게 작동할 수 있도록 할 것

    ㉢ 비상전원(내연기관의 기동 및 제어용 축전지는 제외) 설치 장소는 다른 장소와 방화구획할 것

    ㉣ 실내에 비상전원을 설치할 때는 그 실내에 비상조명등을 설치할 것

(2) 미분무소화설비

① 미분무소화설비

　㉠ 개 요

　　가압된 물이 헤드 통과 후 미세한 입자로 분무됨으로써 소화성능을 가진 설비를 말하며, 소화력을 증가시키기 위해 강화액 등을 첨가할 수 있다.

　㉡ 미분무

　　물만 사용해 소화하는 방식으로 최소 설계압력에서 헤드로부터 방출되는 물입자 중 99[%]의 누적체적분포가 400[μm] 이하로 분무되고 A, B, C급 화재에 적응성을 갖는 것을 말한다.

　㉢ 형태의 분류

　　• 폐쇄형 미분무소화설비 : 배관 내에 항상 물 또는 공기 등이 가압되어 있다가 화재로 인한 열로 폐쇄형 미분무헤드가 개방되면서 소화수를 방출하는 방식의 미분무소화설비를 말한다.

　　• 개방형 미분무소화설비 : 화재감지기의 신호를 받아 가압송수장치를 동작시켜 미분무수를 방출하는 방식의 미분무소화설비를 말한다.

　㉣ 압력에 따른 분류

저압 미분무소화설비	최고사용압력이 1.2[MPa] 이하
중압 미분무소화설비	사용압력이 1.2[MPa]을 초과하고 3.5[MPa] 이하
고압 미분무소화설비	최저사용압력이 3.5[MPa]을 초과

　㉤ 연소 우려가 있는 개구부

　　각 방화구획을 관통하는 컨베이어 · 에스컬레이터 또는 이와 유사한 시설의 주변으로서 방화구획을 할 수 없는 부분

　㉥ 설계도서

　　• 특정소방대상물의 점화원, 연료의 특성과 형태 등에 따라 발생할 수 있는 화재 유형이 고려되어 작성된 것을 말한다.

　　• 고려사항
　　　- 점화원의 형태
　　　- 초기 점화되는 연료의 유형
　　　- 화재 위치
　　　- 문과 창문의 초기 상태(열림, 닫힘) 및 시간에 따른 변화 상태
　　　- 공기조화설비, 자연형(문, 창문) 및 기계형 여부
　　　- 시공 유형과 내장재 유형

② 수 원
  ㉠ 설치기준
    • 미분무소화설비에 사용되는 용수는 먹는 물 관리법 제5조에 적합하고 저수조 등에 충수할 경우, 필터 또는 스트레이너를 통해야 하며 사용되는 물에는 입자·용해고체 또는 염분이 없어야 한다.
    • 배관의 연결부(용접부 제외) 또는 주배관의 유입측에는 필터 또는 스트레이너를 설치해야 하고 사용되는 스트레이너에는 청소구가 있어야 하며 검사·유지관리 및 보수 시에는 배치 위치를 변경하지 않아야 한다.
    • 사용되는 필터 또는 스트레이너의 메시는 헤드 오리피스 지름의 80[%] 이하가 되어야 한다.
  ㉡ 수원의 양
    • $Q = N \times D \times T \times S + V$
    여기서, Q : 수원의 양[m³]
        N : 방호구역(방수구역) 내 헤드의 개수
        D : 설계유량[m³/min]
        T : 설계방수시간[min]
        S : 안전율(1.2 이상)
        V : 배관의 총체적[m³]
    • 첨가제 양은 설계 방수시간 내에 충분히 사용될 수 있는 양 이상으로 산정한다.

③ 수 조
  ㉠ 재 료
    냉간 압연 스테인리스 강판 및 강대(KS D 3698)의 STS 304 또는 이와 동등 이상의 강도·내식성·내열성이 있는 것으로 할 것(용접은 부식의 우려가 없는 방식일 것)
  ㉡ 설치기준
    ⓐ 전용으로 하며 점검에 편리한 곳에 설치할 것
    ⓑ 동결방지조치를 하거나 동결의 우려가 없는 장소에 설치할 것
    ⓒ 수조의 외측에 수위계를 설치할 것. 다만, 구조상 불가피한 경우에는 수조의 맨홀 등을 통하여 수조 내 물의 양을 쉽게 확인할 수 있도록 하여야 한다.
    ⓓ 수조의 상단이 바닥보다 높은 때에는 수조의 외측에 고정식 사다리를 설치할 것
    ⓔ 수조가 실내에 설치된 때에는 그 실내에 조명설비를 설치할 것
    ⓕ 수조의 밑 부분에는 청소용 배수밸브 또는 배수관을 설치할 것
    ⓖ 수조 외측의 보기 쉬운 곳에 "미분무설비용 수조"라고 표시한 표지를 할 것
    ⓗ 미분무펌프의 흡수배관 또는 수직배관과 수조의 접속 부분에는 "미분무설비용 배관"이라고 표시한 표지를 할 것. 다만, 수조와 가까운 장소에 미분무펌프가 설치되고 미분무펌프에 ⓖ에 따른 표지를 설치한 때에는 그러하지 아니하다.

④ 가압송수장치

　㉠ 펌프방식

　　• 펌프는 전용으로 할 것

　　• 펌프의 토출측에는 압력계를 체크밸브 이전에 펌프토출측 가까운 곳에 설치할 것

　　• 가압송수장치의 송수량은 최저설계압력에서 설계유량[L/min] 이상의 방수성능을 가진 기준개수의 모든 헤드로부터의 방수량을 충족시킬 수 있는 양 이상의 것으로 할 것

　　• 내연기관을 사용하는 경우에는 제어반에 따라 내연기관의 자동기동 및 수동기동이 가능하고, 상시 충전되어 있는 축전지설비를 갖출 것

　　• 가압송수장치에는 "미분무펌프"라고 표시한 표지를 할 것. 다만, 호스릴방식의 경우 "호스릴방식 미분무펌프"라고 표시한 표지를 할 것

　　• 가압송수장치가 기동되는 경우에는 자동으로 정지되지 아니하도록 할 것

　㉡ 압력수조방식

　　• 압력수조는 배관용 스테인리스 강관(KS D 3676) 또는 이와 동등 이상의 강도·내식성, 내열성을 갖는 재료를 사용할 것

　　• 용접한 압력수조를 사용할 경우 용접찌꺼기 등이 남아 있지 아니하여야 하며, 부식의 우려가 없는 용접방식으로 하여야 한다.

　　• 동결방지조치를 하거나 동결의 우려가 없는 장소에 설치할 것

　　• 압력수조는 전용으로 할 것

　　• 압력수조에는 수위계·급수관·배수관·급기관·맨홀·압력계·안전장치 및 압력저하방지를 위한 자동식 공기압축기를 설치할 것

　　• 압력수조의 토출 측에는 사용압력의 1.5배 범위를 초과하는 압력계를 설치하여야 한다.

　㉢ 가압수조방식

　　• 가압수조의 압력은 설계 방수량 및 방수압이 설계방수시간 이상 유지되도록 할 것

　　• 가압수조 및 가압원은 건축법 시행령 제46조에 따른 방화구획된 장소에 설치할 것

⑤ 배 관

　㉠ 수직배관구경 : 50[mm] 이상

　㉡ 주차장 미분무소화설비는 습식 외의 방식 사용

　㉢ 펌프 이용 시 가압송수장치

　　• 펌프의 성능이 체절운전 시 정격토출압력의 140[%]를 초과하지 아니할 것

　　• 정격토출량의 150[%]로 운전 시 정격토출압력의 65[%] 이상이 되어야 할 것

　　• 성능시험배관은 펌프의 토출측에 설치된 개폐밸브 이전에서 분기하여 직선으로 설치하고, 유량측정장치를 기준으로 전단직관부에는 개폐밸브를 후단 직관부에는 유량조절밸브를 설치할 것

• 유입구에는 개폐밸브를 둘 것
• 유량측정장치는 펌프의 정격토출량의 175[%] 이상까지 측정할 수 있는 성능이
  있을 것

⑥ 배 수
  ㉠ 수평주행배관의 기울기 : 1/500 이상
  ㉡ 가지배관의 기울기 : 1/250 이상
  ㉢ 폐쇄형 미분무소화설비의 배관을 수평으로 할 것

⑦ 헤 드
  ㉠ 미분무헤드는 소방대상물의 천장·반자·천장과 반자 사이·덕트·선반, 기타 이와
    유사한 부분에 설계자의 의도에 적합하도록 설치해야 한다.
  ㉡ 하나의 헤드까지의 수평거리의 산정은 설계자가 제시해야 한다.
  ㉢ 미분무설비에 사용되는 헤드는 조기반응형 헤드를 설치해야 한다.
  ㉣ 폐쇄형 미분무헤드의 최고주위온도와 표시온도의 관계
    $T_a = 0.9\,T_m - 27.3[℃]$
    여기서, T_a : 최고주위온도[℃]
    　　　　T_m : 헤드의 표시온도[℃]
  ㉤ 미분무헤드는 배관, 행거 등으로부터 살수가 방해되지 않도록 설치해야 한다.
  ㉥ 미분무헤드는 설계도면과 동일하게 설치해야 한다.
  ㉦ 미분무헤드는 '한국소방산업기술원' 또는 법 제42조 제1항의 규정에 따라 성능시험기
    관으로 지정받은 기관에서 검증받아야 한다.

⑧ 개방형 미분무소화설비의 방호구역
  ㉠ 하나의 방수구역은 2개 층에 미치지 않을 것
  ㉡ 하나의 방수구역을 담당하는 헤드 개수는 최대 설계 개수 이하로 할 것. 다만, 2개
    이상의 방수구역으로 나눌 경우에는 하나의 방수구역을 담당하는 헤드 개수는 최대
    설계 개수의 1/2 이상으로 할 것
  ㉢ 터널, 지하구, 지하가 등에 설치할 경우, 동시에 방수되어야 하는 방수구역은 화재가
    발생한 방수구역 및 접한 방수구역으로 할 것

⑨ 호스릴방식
  ㉠ 방호대상물의 각 부분으로부터 하나의 호스 접결구까지의 수평거리가 25[m] 이하가
    되도록 할 것
  ㉡ 소화약제 저장용기의 개방밸브는 호스의 설치 장소에서 수동으로 개폐할 수 있는
    것으로 할 것
  ㉢ 소화약제 저장용기의 가장 가까운 곳의 보기 쉬운 곳에 표시등을 설치하고 호스릴
    미분무소화설비가 있다는 뜻을 표시한 표지를 할 것

01 물분무소화설비의 소화작용이 아닌 것은? [19년 4회]

① 부촉매작용　　　　　　　　② 냉각작용

③ 질식작용　　　　　　　　　④ 희석작용

해설　소화효과
- 냉각작용 : 물분무 입자가 화재열을 흡수해 대량의 기화열을 내어서 연소물을 발화점 이하로 낮추어 소화한다.
- 질식작용 : 분무된 물이 기화해 대량의 수증기가 발생하여 체적이 1,700배로 팽창하여 산소농도를 21[%]에서 15[%] 이하로 낮추어 소화한다.
- 유화작용 : 비수용성 액체(석유, 제4류) 위험물에 압력이 가해진 물이 분무상태로 뿌려지면 표면층에 얇은 에멀션 상태가 만들어져 가연성 액체로부터 가연성 증기 발생을 감소하여 소화작용을 할 수 있다.
- 희석작용 : 수용성 액체 위험물(알코올)에 대한 소화작용으로 수용성 액체 위험물이 소화를 위해 가해진 물로 희석되어 연소 불가능한 희석 농도를 만들어 소화(대상물에 따라 물이 많이 필요)

02 다음 중 스프링클러설비와 비교하여 물분무소화설비의 장점으로 옳지 않은 것은? [19년 1회]

① 소량의 물을 사용함으로써 물의 사용량 및 방사량을 줄일 수 있다.

② 운동에너지가 크므로 파괴주수 효과가 크다.

③ 전기절연성이 높아서 고압통전기기의 화재에도 안전하게 사용할 수 있다.

④ 물의 방수과정에서 화재열에 따른 부피증가량이 커서 질식효과를 높일 수 있다.

해설　물분무소화설비는 파괴주수 효과가 크지 않다.

03 소화설비용헤드의 성능인증 및 제품검사의 기술기준상 소화설비용헤드의 분류 중 수류를 살수판에 충돌하여 미세한 물방울을 만드는 물분무헤드 형식은? [17년 2회, 21년 2회]

① 디플렉터형　　　　　　　　② 충돌형

③ 슬릿형　　　　　　　　　　④ 분사형

해설　분무상태에 따른 물분무헤드
- 충돌형 : 유수의 충돌에 의해 미세한 물방울을 만드는 물분무헤드
- 분사형 : 소구경의 오리피스로부터 고압으로 분사하여 미세한 물방울을 만드는 물분무헤드
- 선회류형 : 선회류에 의해 확산방출하든가 선회류와 직선류의 충돌에 의해 확산방출하여 미세한 물방울로 만드는 물분무헤드
- 디플렉터형 : 수류를 살수판에 충돌하여 미세한 물방울을 만드는 물분무헤드
- 슬릿형 : 수류를 슬릿에 의해 방출하여 수막상의 분무를 만드는 물분무헤드

04 작동전압이 22,900[V]의 고압의 전기기기가 있는 장소에 물분무소화설비를 설치할 때 전기 기기와 물분무헤드 사이의 최소 이격거리는 얼마로 해야 하는가? [19년 2회]

① 70[cm] 이상
② 80[cm] 이상
③ 110[cm] 이상
④ 150[cm] 이상

해설 전기기기와 물분무헤드 사이의 최소 이격거리

전압[kV]	거리[cm]
66 이하	70 이상
66 초과 77 이하	80 이상
77 초과 110 이하	110 이상
110 초과 154 이하	150 이상
154 초과 181 이하	180 이상
181 초과 220 이하	210 이상
220 초과 275 이하	260 이상

핵심
예제

05 고압의 전기기기가 있는 장소에 있어서 전기의 절연을 위한 전기기기와 물분무헤드 사이의 최소 이격거리 기준 중 옳은 것은? [18년 4회]

① 66[kV] 이하 – 60[cm] 이상
② 66[kV] 초과 77[kV] 이하 – 80[cm] 이상
③ 77[kV] 초과 110[kV] 이하 – 100[cm] 이상
④ 110[kV] 초과 154[kV] 이하 – 140[cm] 이상

해설 4번 해설 참조

06 물분무소화설비의 화재안전기준상 110[kV] 초과 154[kV] 이하의 고압 전기기기와 물분무 헤드 사이의 이격거리는 최소 몇 [cm] 이상이어야 하는가? [17년 1회, 20년 3회]

① 110
② 150
③ 180
④ 210

해설 4번 해설 참조

4 ① 5 ② 6 ② 정답

07 물분무헤드를 설치하지 아니할 수 있는 장소의 기준 중 다음 ( ) 안에 알맞은 것은?

[17년 4회, 18년 1회]

> 운전 시에 표면의 온도가 ( )[℃] 이상으로 되는 등 직접 분무를 하는 경우 그 부분에 손상을 입힐 우려가 있는 기계장치 등이 있는 장소

① 160

② 200

③ 260

④ 300

해설 물분무헤드 설치제외 장소
- 물에 심하게 반응하는 물질 또는 물과 반응하여 위험한 물질을 생성하는 물질을 저장 또는 취급하는 장소
- 고온의 물질 및 증류범위가 넓어 끓어 넘치는 위험이 있는 물질을 저장 또는 취급하는 장소
- 운전 시에 표면의 온도가 260[℃] 이상으로 되는 등 직접 분무를 하는 경우 그 부분에 손상을 입힐 우려가 있는 기계장치 등이 있는 장소

**핵심
예제**

08 물분무소화설비의 화재안전기준에 따른 물분무소화설비의 저수량에 대한 기준 중 다음 ( ) 안의 내용으로 맞는 것은?

[20년 1·2회]

> 절연유 봉입변압기는 바닥 부분을 제외한 표면적을 합한 면적 1[m²]에 대하여 ( )[L/min]로 20분간 방수할 수 있는 양 이상으로 할 것

① 4

② 8

③ 10

④ 12

해설 수원의 양

소방대상물	수원의 양
특수가연물 저장, 취급	$10[\text{L/m}^2 \cdot \text{min}] \times A(50 \leq A)[\text{m}^2] \times 20[\text{min}]$($A$: 바닥면적)
차고, 주차장	$20[\text{L/m}^2 \cdot \text{min}] \times A(50 \leq A)[\text{m}^2] \times 20[\text{min}]$($A$: 바닥면적)
절연유 봉입변압기	$10[\text{L/m}^2 \cdot \text{min}] \times A[\text{m}^2] \times 20[\text{min}]$($A$: 바닥부분을 제외한 표면적을 합한 면적)
케이블 트레이, 케이블 덕트	$12[\text{L/m}^2 \cdot \text{min}] \times A[\text{m}^2] \times 20[\text{min}]$($A$: 투영된 바닥면적)
컨베이어 벨트	$10[\text{L/m}^2 \cdot \text{min}] \times A[\text{m}^2] \times 20[\text{min}]$($A$: 벨트 부분의 바닥면적)

09 물분무소화설비 가압송수장치의 토출량에 대한 최소기준으로 옳은 것은?(단, 특수가연물 저장, 취급하는 특정소방대상물 및 차고, 주차장의 바닥면적은 50[m²] 이하인 경우는 50[m²]를 기준으로 한다) [19년 2회]

① 차고 또는 주차장의 바닥면적 1[m²]에 대해 10[L/min]로 20분간 방수할 수 있는 양 이상

② 특수가연물 저장, 취급하는 특정소방대상물의 바닥면적 1[m²]에 대해 20[L/min]로 20분간 방수할 수 있는 양 이상

③ 케이블 트레이, 케이블 덕트는 투영된 바닥면적 1[m²]에 대해 10[L/min]로 20분간 방수할 수 있는 양 이상

④ 절연유 봉입변압기는 바닥면적을 제외한 표면적을 합한 면적 1[m²]에 대해 10[L/min]로 20분간 방수할 수 있는 양 이상

해설 8번 해설 참조

핵심
예제

10 물분무소화설비의 설치 장소별 1[m²]에 대한 수원의 최소 저수량으로 옳은 것은? [17년 1회, 20년 1·2회]

① 케이블 트레이 : 12[L/min] × 20분 × 투영된 바닥면적

② 절연유 봉입변압기 : 20[L/min] × 20분 × 바닥 부분을 제외한 표면적을 합한 면적

③ 차고, 주차장 : 10[L/min] × 20분 × 바닥면적

④ 컨베이어 벨트 : 20[L/min] × 20분 × 벨트 부분의 바닥면적

해설 8번 해설 참조

11 물분무소화설비의 화재안전기준상 수원의 저수량 설치기준으로 틀린 것은? [18년 1회, 21년 1회]

① 특수가연물을 저장 또는 취급하는 특정소방대상물 또는 그 부분에 있어서 그 바닥면적 (최대 방수구역의 바닥면적을 기준으로 하며, 50[m²] 이하인 경우에는 50[m²]) 1[m²]에 대하여 10[L/min]로 20분간 방수할 수 있는 양 이상으로 할 것

② 차고 또는 주차장은 그 바닥면적(최대 방수구역의 바닥면적을 기준으로 하며, 50[m²] 이하인 경우에는 50[m²]) 1[m²]에 대하여 20[L/min]로 20분간 방수할 수 있는 양 이상 으로 할 것

③ 케이블 트레이, 케이블 덕트 등은 투영된 바닥면적 1[m²]에 대하여 12[L/min]로 20분간 방수할 수 있는 양 이상으로 할 것

④ 컨베이어 벨트 등은 벨트 부분의 바닥면적 1[m²]에 대하여 20[L/min]로 20분간 방수할 수 있는 양 이상으로 할 것

해설 8번 해설 참조

핵심
예제

12 케이블 트레이에 물분무소화설비를 설치하는 경우 저장하여야 할 수원의 최소 저수량은 몇 [m³]인가?(단, 케이블 트레이의 투영된 바닥면적은 70[m²]이다) [18년 1회]

① 12.4   ② 14

③ 16.8   ④ 28

해설 물분무소화설비의 수원

소방대상물	펌프의 토출량[L/min]	수원의 양[L]
케이블 트레이, 케이블 덕트	투영된 바닥면적 × 12[L/min · m²]	투영된 바닥면적 × 12[L/min · m²] × 20[min]

저수량 = 70[m²] × 12[L/min · m²] × 20[min] = 16,800[L]
　　　= 16.8[m³]
※ 1[m³] = 1,000[L]

13 물분무소화설비의 가압송수장치로 압력수조의 필요압력을 산출할 때 필요한 것이 아닌 것은?　　　　　　　　　　　　　　　　　　　　　　　　　　　　　　　　　　[19년 4회]

① 낙차의 환산수두압
② 물분무헤드의 설계압력
③ 배관의 마찰손실수두압
④ 소방용 호스의 마찰손실수두압

> **해설**　**물분무소화설비의 가압송수장치 압력수조의 압력**
> 필요한 압력 $P = P_1 + P_2 + P_3$
> 여기서, P_1 : 물분무헤드의 설계압력[MPa]
> 　　　　P_2 : 배관의 마찰손실수두압[MPa]
> 　　　　P_3 : 낙차의 환산수두압[MPa]

핵심예제

14 물분무소화설비의 화재안전기준상 송수구의 설치기준으로 틀린 것은?　　　[17년 2회, 21년 2회]

① 구경 65[mm]의 쌍구형으로 할 것
② 지면으로부터 높이가 0.5[m] 이상 1[m] 이하의 위치에 설치할 것
③ 송수구는 하나의 층의 바닥면적이 1,500[m²]를 넘을 때마다 1개(5개를 넘을 경우에는 5개로 한다) 이상을 설치할 것
④ 가연성가스의 저장·취급시설에 설치하는 송수구는 그 방호대상물로부터 20[m] 이상의 거리를 두거나 방호대상물에 면하는 부분이 높이 1.5[m] 이상, 폭 2.5[m] 이상의 철근콘크리트 벽으로 가려진 장소에 설치할 것

> **해설**　**송수구**
> • 송수구는 화재층으로부터 지면으로 떨어지는 유리창 등이 송수 및 그 밖의 소화작업에 지장을 주지 아니하는 장소에 설치할 것(가연성가스의 저장·취급시설에 설치하는 송수구는 그 방호대상물로부터 20[m] 이상의 거리를 두거나 방호대상물에 면하는 부분이 높이 1.5[m] 이상 폭 2.5[m] 이상의 철근콘크리트 벽으로 가려진 장소에 설치)
> • 송수구로부터 물분무소화설비의 주배관에 이르는 연결배관에 개폐밸브를 설치한 때에는 그 개폐상태를 쉽게 확인 및 조작할 수 있는 옥외 또는 기계실 등의 장소에 설치할 것
> • 구경 65[mm]의 쌍구형으로 할 것
> • 송수구에는 그 가까운 곳의 보기 쉬운 곳에 송수압력범위를 표시한 표지를 할 것
> • 송수구는 하나의 층의 바닥면적이 3,000[m²]를 넘을 때마다 1개(5개를 넘을 경우에는 5개로 한다) 이상을 설치할 것
> • 지면으로부터 높이가 0.5[m] 이상 1[m] 이하의 위치에 설치할 것
> • 송수구의 가까운 부분에 자동배수밸브(또는 직경 5[mm]의 배수공) 및 체크밸브를 설치할 것
> • 송수구에는 이물질을 막기 위한 마개를 씌울 것

15 **물분무소화설비의 화재안전기준상 배관의 설치기준으로 틀린 것은?** [21년 1회]

① 펌프 흡입측 배관은 공기고임이 생기지 않는 구조로 하고 여과장치를 설치한다.

② 펌프의 흡입측 배관은 수조가 펌프보다 낮게 설치된 경우에는 각 펌프(충압펌프를 포함한다)마다 수조로부터 별도로 설치한다.

③ 연결송수관설비의 배관과 겸용할 경우의 주배관은 구경 100[mm] 이상으로 한다.

④ 연결송수관설비의 배관과 겸용할 경우 방수구로 연결되는 배관의 구경은 65[mm] 이하로 한다.

해설 **연결송수관설비와 겸용할 경우 배관**
- 주배관의 구경 : 100[mm] 이상
- 방수구로 연결되는 배관의 구경 : 65[mm] 이상

16 **물분무소화설비를 설치하는 차고 또는 주차장의 배수설비 설치기준 중 틀린 것은?**

[17년 4회]

① 차량이 주차하는 장소의 적당한 곳에 높이 10[cm] 이상의 경계턱으로 배수구를 설치할 것

② 배수구에는 새어나온 기름을 모아 소화할 수 있도록 길이 30[m] 이하마다 집수관·소화피트 등 기름분리장치를 설치할 것

③ 차량이 주차하는 바닥은 배수구를 향하여 2/100 이상의 기울기를 유지할 것

④ 배수설비는 가압송수장치의 최대송수능력의 수량을 유효하게 배수할 수 있는 크기 및 기울기로 할 것

해설 **배수설비**
- 차량이 주차하는 장소의 적당한 곳에 높이 10[cm] 이상의 경계턱으로 배수구를 설치할 것
- 배수구에는 새어나온 기름을 모아 소화할 수 있도록 길이 40[m] 이하마다 집수관·소화피트 등 기름분리장치를 설치할 것
- 차량이 주차하는 바닥은 배수구를 향하여 2/100 이상의 기울기를 유지할 것
- 배수설비는 가압송수장치의 최대송수능력의 수량을 유효하게 배수할 수 있는 크기 및 기울기로 할 것

17 **물분무소화설비를 설치하는 차고의 배수설비 설치기준 중 틀린 것은?** [17년 1회, 19년 1회]

① 차량이 주차하는 장소의 적당한 곳에 높이 10[cm] 이상의 경계턱으로 배수구를 설치할 것

② 길이 40[m] 이하마다 집수관·소화피트 등 기름분리장치를 설치할 것

③ 차량이 주차하는 바닥은 배수구를 향하여 100분의 1 이상의 기울기를 유지할 것

④ 배수설비는 가압송수장치의 최대송수능력의 수량을 유효하게 배수할 수 있는 크기 및 기울기로 할 것

해설 16번 해설 참조

18 **미분무소화설비 용어의 정의 중 다음 (   ) 안에 알맞은 것은?** [18년 2회]

"미분무"란 물만을 사용하여 소화하는 방식으로 최소설계압력에서 헤드로부터 방출되는 물입자 중 99[%]의 누적체적분포가 (㉠)[μm] 이하로 분무되고 (㉡)급 화재에 적응성을 갖는 것을 말한다.

① ㉠ 400, ㉡ A, B, C

② ㉠ 400, ㉡ B, C

③ ㉠ 200, ㉡ A, B, C

④ ㉠ 200, ㉡ B, C

해설 미분무소화설비

물만 사용해 소화하는 방식으로 최소 설계압력에서 헤드로부터 방출되는 물입자 중 99[%]의 누적체적분포가 400[μm] 이하로 분무되고 A, B, C급 화재에 적응성을 갖는 것을 말한다.

17 ③ 18 ① 정답

19 미분무소화설비의 화재안전기준상 미분무소화설비의 성능을 확인하기 위하여 하나의 발화원을 가정한 설계도서 작성 시 고려하여야 할 인자를 모두 고른 것은? [21년 2회]

> ㉠ 화재 위치
> ㉡ 점화원의 형태
> ㉢ 시공 유형과 내장재 유형
> ㉣ 초기 점화되는 연료 유형
> ㉤ 공기조화설비, 자연형(문, 창문) 및 기계형 여부
> ㉥ 문과 창문의 초기상태(열림, 닫힘) 및 시간에 따른 변화상태

① ㉠, ㉢, ㉥
② ㉠, ㉡, ㉢, ㉤
③ ㉠, ㉡, ㉣, ㉤, ㉥
④ ㉠, ㉡, ㉢, ㉣, ㉤, ㉥

해설　설계도서
- 특정소방대상물의 점화원, 연료의 특성과 형태 등에 따라 발생할 수 있는 화재 유형이 고려되어 작성된 것을 말한다.
- 고려사항
  - 점화원의 형태
  - 초기 점화되는 연료의 유형
  - 화재 위치
  - 문과 창문의 초기 상태(열림, 닫힘) 및 시간에 따른 변화 상태
  - 공기조화설비, 자연형(문, 창문) 및 기계형 여부
  - 시공 유형과 내장재 유형

핵심
예제

20 미분무소화설비의 배관의 배수를 위한 기울기 기준 중 다음 (　) 안에 알맞은 것은?(단, 배관의 구조상 기울기를 줄 수 없는 경우는 제외한다) [18년 4회]

> 개방형 미분무소화설비에는 헤드를 향하여 상향으로 수평주행배관의 기울기를 (㉠) 이상, 가지배관의 기울기를 (㉡) 이상으로 할 것

① ㉠ $\frac{1}{100}$, ㉡ $\frac{1}{500}$
② ㉠ $\frac{1}{500}$, ㉡ $\frac{1}{100}$
③ ㉠ $\frac{1}{250}$, ㉡ $\frac{1}{500}$
④ ㉠ $\frac{1}{500}$, ㉡ $\frac{1}{250}$

해설　배 수
- 수평주행배관의 기울기 : 1/500 이상
- 가지배관의 기울기 : 1/250 이상
- 폐쇄형 미분무소화설비의 배관을 수평으로 할 것

21 물분무소화설비의 가압송수장치의 설치기준 중 틀린 것은?(단, 전동기 또는 내연기관에 따른 펌프를 이용하는 가압송수장치이다) [17년 2회]

① 기동용 수압개폐장치를 기동장치로 사용할 경우에 설치하는 충압펌프의 토출압력은 가압송수장치의 정격 토출압력과 같게 한다.

② 가압송수장치가 기동된 경우에는 자동으로 정지되도록 한다.

③ 기동용 수압개폐장치(압력체임버)를 사용할 경우 그 용적은 100[L] 이상으로 한다.

④ 수원의 수위가 펌프보다 낮은 위치에 있는 가압송수장치에는 물올림장치를 설치한다.

해설 가압송수장치가 기동이 된 경우에는 자동으로 정지되지 아니하도록 하여야 한다. 다만, 충압펌프의 경우에는 그러하지 아니하다.
• 주펌프 : 자동 정지 안 됨
• 충압펌프 : 자동 정지됨

22 다음 설명은 미분무소화설비의 화재안전기준에 따른 미분무소화설비 기동장치의 화재감지기 회로에서 발신기 설치기준이다. ( ) 안에 알맞은 내용은?(단, 자동화재탐지설비의 발신기가 설치된 경우는 제외한다) [20년 4회]

• 조작이 쉬운 장소에 설치하고, 스위치는 바닥으로부터 0.8[m] 이상 (㉠)[m] 이하의 높이에 설치할 것
• 소방대상물의 층마다 설치하되, 당해 소방대상물의 각 부분으로부터 하나의 발신기까지의 수평거리가 (㉡)[m] 이하가 되도록 할 것
• 발신기의 위치를 표시하는 표시등은 함의 상부에 설치하되, 그 불빛은 부착면으로부터 15° 이상의 범위 안에서 부착지점으로부터 (㉢)[m] 이내의 어느 곳에서도 쉽게 식별할 수 있는 적색등으로 할 것

① ㉠ 1.5, ㉡ 20, ㉢ 10
② ㉠ 1.5, ㉡ 25, ㉢ 10
③ ㉠ 2.0, ㉡ 20, ㉢ 15
④ ㉠ 2.0, ㉡ 25, ㉢ 15

해설 미분무소화설비 기동장치의 화재감지기 회로에서 발신기 설치기준
• 조작이 쉬운 장소에 설치하고, 스위치는 바닥으로부터 0.8[m] 이상 1.5[m] 이하의 높이에 설치할 것
• 소방대상물의 층마다 설치하되, 당해 소방대상물의 각 부분으로부터 하나의 발신기까지의 수평거리가 25[m] 이하가 되도록 할 것
• 발신기의 위치를 표시하는 표시등을 함의 상부에 설치하되, 그 불빛은 부착면으로부터 15° 이상의 범위 안에서 부착지점으로부터 10[m] 이내의 어느 곳에서도 쉽게 식별할 수 있는 적색등으로 할 것

7 포소화설비

(1) 개 요

화재 시 천장에 부착된 스프링클러 헤드의 감열 부분과 감지기에 의해 감지되면 자동밸브에 의하여 포가 물과 혼합·방출되어 가연물질의 연소표면에 엷은 막을 형성하여 산소의 공급을 차단시켜 질식소화하는 설비로서 화재방지나 가연성, 인화성 액체의 화재의 소화를 목적으로 사용

(2) 특 징

① 포의 내화성이 커서 대규모 화재에 적합하다.
② 실외에서 옥외소화전보다 소화효력이 크다.
③ 재연소가 예상되는 화재에도 적응성이 있다.
④ 약제는 유독성 가스 발생이 없으며 인체에 무해하다.
⑤ 기계포약제는 혼합기구가 복잡하다.

(3) 특정소방대상물에 따른 설치기준

① 특수가연물을 저장·취급하는 공장, 창고, 차고 또는 주차장, 항공기 격납고 포소화설비, 포워터 스프링클러설비, 포헤드설비 또는 고정포방출설비, 압축공기포소화설비
② 차고·주차장 부분에 호스릴 포소화설비 또는 포소화설비를 설치할 수 있는 경우
    ㉠ 완전 개방된 옥상 주차장 또는 고가 밑 주차장으로서 주된 벽이 없고 기둥뿐이거나 주변이 위해방지용 철주 등으로 둘러싸인 부분
    ㉡ 지상 1층으로서 지붕이 없는 부분
③ 발전기실, 엔진펌프실, 변압기, 전기케이블실, 유압설비 : 바닥면적의 합계가 300[m^2] 미만인 장소에는 고정식 압축공기포소화설비를 설치할 수 있다.

※ 바닥면적의 합계가 1,000[m^2] 이상이고 항공기의 격납 위치가 한정되어 있는 경우에는 그 한정된 장소 외의 부분에 호스릴 포소화설비를 설치할 수 있다.

(4) 종 류

① 고정포방출방식
옥외위험물 저장탱크에 설치하는 것으로서 탱크의 구조 및 크기에 따라 규정에 의한 개수의 포방출구를 탱크의 상부 또는 측면에 설치하는 방식이다.

② 포헤드방식

화재 시 접근이 곤란한 위험물제조소 취급소, 자동차 차고, 항공기 격납고 등에 설치하는 것으로 고정식 배관에 헤드를 설치하여 포를 방출하는 설비로서 포헤드설비, 포워터 스프링클러설비가 있다.

③ 포소화전방식

위험물저장소에 화재 시 사람이 쉽게 접근하여 소화작업을 할 수 있는 장소, 고정포방출 방식과 포헤드방식으로서 소화효과를 얻을 수 없을 때 설치하는 것이다.

④ 호스릴방식

고정설비로서 충분한 소화효과를 얻을 수 없을 때 연기가 충만하지 않을 경우 보조적으로 설치하는 설비이다.

(5) 수 원

① 소방대상물 : 수원
② 특수가연물을 저장·취급하는 공장 또는 창고
    ㉠ 포워터 스프링클러 헤드 또는 포헤드가 가장 많이 설치된 층의 포헤드(바닥면적이 $200[m^2]$를 초과한 층은 바닥면적 $200[m^2]$ 이내에 설치된 포헤드)에서 동시에 표준방 사량으로 10분 동안 방사할 수 있는 양 이상
    ㉡ 고정포 방출구가 가장 많이 설치된 방호구역 안의 고정포 방출구에서 표준방사량으로 10분 동안 방사할 수 있는 양 이상(압축공기포소화설비)
    ㉢ 하나의 공장 또는 창고에 포워터 스프링클러설비·포헤드설비 또는 고정포방출설비가 함께 설치되었을 때는 각 설비별로 산출된 저수량 중 최댓값을 수원양으로 한다.
③ 차고·주차장
    ㉠ 호스릴 포소화설비 또는 포소화전설비의 경우에는 방수구가 가장 많은 층의 설치 개수(방수구가 5개 이상 설치된 경우에는 5개)에 $6[m^3]$을 곱한 양 이상
    ㉡ 포워터 스프링클러설비·포헤드설비 또는 고정포방출설비, 압축공기포소화설비 : 대상물별 기준에 10분 동안의 방사량 기준(특수가연물의 저장·취급하는 공장 또는 창고와 동일함)
④ 항공기 격납고
    ㉠ (가장 많이 설치된 포헤드 또는 고정포방출구에서 동시에 표준방사량으로 10분간 방사할 수 있는 양 $\times 6[m^3]$) + (호스릴을 설치한 경우(호스릴 포소화설비를 함께 설치 시·방구구수(최대 5개) $\times 6[m^3]$)
    ㉡ 포워터 스프링클러설비, 포헤드설비, 고정포방출설비, 압축공기포소화설비

⑤ 발전기실, 엔진펌프실, 변압기, 전기케이블실, 유압설비

　㉠ 방수량

　압축공기포소화설비를 설치하는 경우 방수량은 설계사양에 따라 방호구역에 최소 10분간 방사할 수 있어야 한다.

　㉡ 설계방출밀도

　압축공기포소화설비의 설계방출밀도[L/min · m²]는 설계사양에 따라 정하여야 하며 일반가연물, 탄화수소류는 1.63[L/min · m²] 이상, 특수가연물, 알코올류와 케톤류는 2.3[L/min · m²] 이상으로 하여야 한다.

　㉢ 바닥면적의 합계가 300[m²] 미만의 장소에는 고정식 압축공기포소화설비를 설치할 수 있다.

(6) 약제저장량

㉠ 고정방출구	$$Q = A \times Q_1 \times T \times S$$ (수원의 양) 여기서, Q : 포소화약제의 양[L] 　　　　A : 탱크의 액표면적[m²] 　　　　Q_1 : 단위 포소화수용액의 양[L/m² · min] 　　　　T : 방출시간 　　　　S : 포소화약제의 사용농도[%]
㉡ 보조소화전	$$Q = N \times 8,000[L] \times S$$ (수원의 양) 여기서, Q : 포소화약제의 양[L] 　　　　N : 호스접결구 수(3개 이상인 경우 3개) 　　　　S : 포소화약제의 사용농도[%]
㉢ 가장 먼 탱크까지의 송액관(내경 75[mm] 이하 제외)에 충전하기 위해 필요한 양	$$Q = Q_A \times S = \frac{\pi}{4} d^2 \times l \times S \times 1,000$$ (수원의 양) 여기서, Q : 배관 충전필요량[L] 　　　　Q_A : 송액관 충전량[L] 　　　　S : 포소화약제 사용농도[%]
고정포방출방식 약제 저장량 = ㉠ + ㉡ + ㉢	
옥내포소화설비, 호스릴방식	$$Q = N \times 6,000[L] \times S$$ (수원의 양) 여기서, N : 호스접결구수(5개 이상은 5개) 　　　　S : 포소화약제의 농도[%]
바닥면적이 200[m²] 미만일 때 호스릴방식의 약제량 $Q = N \times S \times 6,000[L] \times 0.75$	

(7) 가압송수장치

① 펌프방식

펌프의 양정 $h[\mathrm{m}] = h_1 + h_2 + h_3 + h_4$

여기서, h_1 : 방출구의 설계압력 환산수두 또는 노즐 끝부분의 방사압력 환산수두[m]

  h_2 : 배관의 마찰손실수두[m]

  h_3 : 낙차[m]

  h_4 : 소방용 호스의 마찰손실수두[m]

⊙ 펌프의 토출 측에는 압력계를 체크밸브 이전에 펌프토출측 플랜지에서 가까운 곳에 설치하고, 흡입측에는 연성계 또는 진공계를 설치할 것. 다만, 수원의 수위가 펌프의 위치보다 높거나 수직 회전축 펌프의 경우에는 연성계 또는 진공계를 설치하지 아니할 수 있다.

ⓛ 가압송수장치에는 정격부하 운전 시 펌프의 성능을 시험하기 위한 배관을 설치할 것. 다만, 충압펌프의 경우에는 그러하지 아니하다.

ⓒ 가압송수장치에는 체절운전 시 수온의 상승을 방지하기 위한 순환배관을 설치할 것. 다만, 충압펌프의 경우에는 그러하지 아니하다.

ⓔ 물올림장치의 설치기준
  • 물올림장치에는 전용의 수조를 설치할 것
  • 수조의 유효수량은 100[L] 이상으로 하되, 구경 15[mm] 이상의 급수배관에 따라 해당 수조에 물이 계속 보급되도록 할 것

ⓜ 기동용 수압개폐장치를 기동장치로 사용하는 경우 충압펌프의 설치기준
  • 펌프의 정격토출압력 = 자연압 + 0.2[MPa] 이상 또는 가압송수장치의 정격토출압력과 같게 할 것
  • 펌프의 정격토출량 : 누설량보다 많을 것

ⓗ 압축공기포소화설비에 설치되는 펌프의 양정은 0.4[MPa] 이상이 되어야 한다. 다만, 자동으로 급수장치를 설치한 때에는 전용펌프를 설치하지 아니할 수 있다.

② 고가수조방식

⊙ 자연낙차압력 산출공식 $h[\mathrm{m}] = h_1 + h_2 + h_3$

여기서, h_1 : 방출구의 설계압력 환산수두 또는 노즐 끝부분의 방사압력 환산수두[m]

  h_2 : 배관의 마찰손실수두[m]

  h_3 : 소방용 호스의 마찰손실수두[m]

ⓛ 고가수조 설치 부속물 : 수위계·배수관·급수관·오버플로관, 맨홀

③ 압력수조방식
   ㉠ 압 력
   $$P[\text{MPa}] = p_1 + p_2 + p_3 + p_4$$
   여기서, p_1 : 방출구의 설계압력 또는 노즐 끝부분의 방사압력[MPa]
          p_2 : 배관의 마찰손실수두압[MPa]
          p_3 : 낙차의 환산수두압[MPa]
          p_4 : 소방용 호스의 마찰손실수두압[MPa]
   ㉡ 압력수조 설치 부속물 : 수위계·급수관·배수관·급기관·맨홀·압력계·안전
   장치, 자동식 공기압축기
④ 표준방사량

구 분	표준방사량
포워터 스프링클러 헤드	75[L/min] 이상
포헤드·고정포방출구, 이동식 포노즐, 압축공기포헤드	각 포헤드, 고정포방출구 또는 이동식 포노즐의 설계압력에 의하여 방출되는 소화약제의 양

(8) 포소화약제의 혼합장치

기계포소화약제에는 비례혼합장치와 정량혼합장치가 있다.
- 비례혼합장치는 소화원액이 지정농도의 범위 내로 방사유량에 비례하여 혼합하는 장치
- 정량혼합장치는 방사구역 내에서 지정농도 범위 내의 혼합이 가능한 것만을 성능으로 하지 않고 지정농도에 관계없이 일정한 양을 혼합하는 장치이다.

① 펌프 프로포셔너방식
   펌프의 토출관과 흡입관 사이의 배관 도중에 설치한 흡입기에 펌프에서 토출된 물의 일부를 보내고 농도조절밸브에서 조정된 포소화약제의 필요량을 포소화약제탱크에서 펌프흡입측으로 보내어 약제를 혼합하는 방식

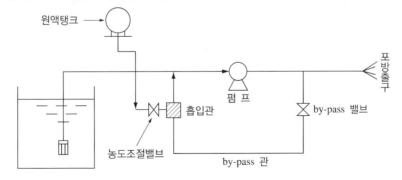

㉠ 특 징

손실이 작은 편이고 보수하기가 쉽다.

㉡ 단 점

- 펌프 부식이 있다.
- 흡입측 손실이 있으면 역류 위험이 있다.
- 흡입측 손실이 있으면 약제 양이 감소할 수 있다.
- 전용펌프가 필요하다.

② 라인 프로포셔너방식

펌프와 발포기 중간에 설치된 벤투리관의 벤투리작용에 따라 포소화약제를 혼입·혼합하는 방식을 말한다.

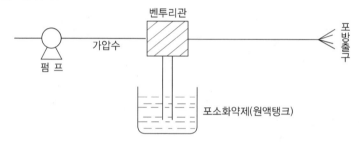

㉠ 특 징

구조가 간단해 시공하기가 쉽고 저렴하다.

㉡ 단 점

- 옥외소화전에 연결 주로 1층에 사용하며 원액흡입력 때문에 압력손실이 크다.
- 혼합기의 흡입 높이가 낮은 편이다.
- 소규모적이다.
- 정밀설계와 시공을 요한다.

③ 프레셔 프로포셔너방식

펌프와 발포기의 중간에 설치된 벤투리관의 벤투리작용과 펌프 가압수의 포소화약제 저장탱크에 대한 압력에 따라 포소화약제를 흡입·혼합하는 방식

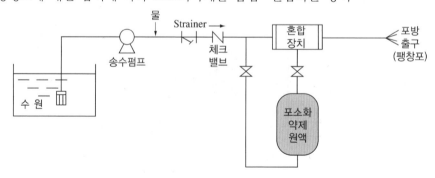

④ 프레셔 사이드 프로포셔너방식

펌프의 토출관에 압입기를 설치하여 포소화약제 압입용 펌프로 포소화약제를 압입시켜 혼합하는 방식

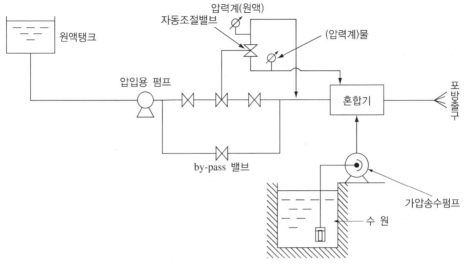

㉠ 특 징
- 압력손실이 낮다.
- 장기간 사용 가능하고 운전 후 재사용이 가능하다.

㉡ 단 점
- 시설비가 많이 든다.
- 원액펌프의 토출압력이 급수펌프보다 높아야 한다.

⑤ 압축공기포 믹싱체임버방식

압축공기 또는 압축질소를 일정비율로 포 수용액에 강제 주입하여 혼합하는 방식으로 외부에서 수원, 포약제원액, 공기가 혼합기로 들어가 체임버 내에서 수용액이 만들어져 방출구에서 포를 방사한다(진행 단계 : 압축공기 주입 → 포 생성 → 포 방출).

㉠ 특 징
- 포에는 신선한 공기를 유입시켜 양질의 포가 형성되며 인입된 공기 때문에 속도가 빠르고 원거리 방사가 가능하다.
- 물이 적게 필요하다.

㉡ 단 점
- 소규모 시설에 사용 가능하다.
- 전용 헤드가 필요하다.

(9) 배관 등

① 배관은 배관용 탄소강관(KS D 3507) 또는 배관 내 사용압력이 1.2[MPa] 이상일 경우에는 압력배관용 탄소강관(KS D 3562) 또는 이음매 없는 동 및 동합금(KS D 5301)의 배관용 동관이거나 이와 동등 이상의 강도·내식성 및 내열성을 가진 것으로 하여야 한다.

② 송액관은 포의 방출 종료 후 배관 안의 액을 배출하기 위하여 적당한 기울기를 유지하도록 하고 그 낮은 부분에 배액밸브를 설치하여야 한다(송액관은 전용으로 사용).

③ 포워터 스프링클러설비 또는 포헤드설비의 가지배관의 배열은 토너먼트방식이 아니어야 하며, 교차배관에서 분기하는 지점을 기점으로 한쪽 가지배관에 설치하는 헤드의 수는 8개 이하로 한다.

④ 펌프 흡입측배관의 설치기준
  ㉠ 공기고임이 생기지 아니하는 구조로 하고 여과장치를 설치할 것
  ㉡ 수조가 펌프보다 낮게 설치된 경우에는 각 펌프(충압펌프를 포함한다)마다 수조로부터 별도로 설치할 것

⑤ 연결송수관설비의 배관과 겸용할 경우의 주배관은 구경 100[mm] 이상, 방수구로 연결되는 배관의 구경은 65[mm] 이상의 것으로 하여야 한다.

⑥ 펌프의 성능은 체절운전 시 정격토출압력의 140[%]를 초과하지 아니하고, 정격토출량의 150[%]로 운전 시 정격토출압력의 65[%] 이상이 되어야 하며, 펌프의 성능시험배관은 다음의 각 기준에 적합하여야 한다.
  ㉠ 성능시험배관은 펌프의 토출측에 설치된 개폐밸브 이전에서 분기하여 설치하고, 유량측정장치를 기준으로 전단 직관부에 개폐밸브를 후단 직관부에는 유량조절밸브를 설치할 것
  ㉡ 유량측정장치는 성능시험배관의 직관부에 설치하되, 펌프의 정격토출량의 175[%] 이상 측정할 수 있는 성능이 있을 것

⑦ 가압송수장치의 체절운전 시 수온의 상승을 방지하기 위하여 체크밸브와 펌프 사이에서 분기한 구경 20[mm] 이상의 배관에 체절압력 미만에서 개방되는 릴리프밸브를 설치하여야 한다.

⑧ 급수배관에 설치되어 급수를 차단할 수 있는 개폐밸브(포헤드·고정포방출구 또는 이동식 포노즐은 제외한다)는 개폐표시형으로 하여야 한다. 이 경우 펌프의 흡입측배관에는 버터플라이밸브 외의 개폐표시형 밸브를 설치하여야 한다.

⑨ 압축공기포소화설비의 배관은 토너먼트방식으로 하여야 하고, 소화약제가 균일하게 방출되는 등거리 배관구조로 설치하여야 한다.

(10) 송수구의 설치기준

① 송수구는 화재층으로부터 지면으로 떨어지는 유리창 등이 송수 및 그 밖의 소화작업에 지장을 주지 아니하는 장소에 설치할 것

② 송수구로부터 포소화설비의 주배관에 이르는 연결배관에 개폐밸브를 설치한 때에는 그 개폐상태를 쉽게 확인 및 조작할 수 있는 옥외 또는 기계실 등의 장소에 설치할 것

③ 구경 65[mm]의 쌍구형으로 할 것

④ 송수구에는 그 가까운 곳의 보기 쉬운 곳에 송수압력범위를 표시한 표지를 할 것

⑤ 포소화설비의 송수구는 하나의 층의 바닥면적이 3,000[m²]를 넘을 때마다 1개 이상을 설치할 것(5개를 넘을 경우에는 5개로 한다)

⑥ 지면으로부터 높이가 0.5[m] 이상 1[m] 이하의 위치에 설치할 것

⑦ 송수구의 가까운 부분에 자동배수밸브(또는 직경 5[mm]의 배수공) 및 체크밸브를 설치할 것. 이 경우 자동배수밸브는 배관 안의 물이 잘 빠질 수 있는 위치에 설치하되, 배수로 인하여 다른 물건 또는 장소에 피해를 주지 아니하여야 한다.

⑧ 송수구에는 이물질을 막기 위한 마개를 씌울 것

⑨ 압축공기포소화설비를 스프링클러 보조설비로 설치하거나 압축공기포소화설비에 자동으로 급수되는 장치를 설치한때에는 송수구 설치를 아니할 수 있다.

(11) 기동장치 설치기준

① 수동식

㉠ 직접조작 또는 원격조작에 의하여 가압송수장치·수동식 개방밸브 및 소화약제 혼합장치를 기동할 수 있는 것으로 할 것

㉡ 2 이상의 방사구역을 가진 포소화설비에는 방사구역을 선택할 수 있는 구조로 할 것

㉢ 기동장치의 조작부는 바닥으로부터 0.8[m] 이상 1.5[m] 이하의 위치에 설치할 것

㉣ 기동장치의 조작부 및 호스접결구에는 가까운 곳의 보기 쉬운 곳에 각각 "기동장치의 조작부" 및 "접결구"라고 표시한 표지를 설치할 것

㉤ 차고 또는 주차장에 설치하는 포소화설비의 수동식 기동장치는 방사구역마다 1개 이상 설치할 것

㉥ 항공기 격납고에 설치하는 포소화설비의 수동식 기동장치는 각 방사구역마다 2개 이상을 설치할 것

　• 1개는 각 방사구역으로부터 가장 가까운 곳 또는 조작에 편리한 장소에 설치할 것

　• 나머지 1개는 화재감지수신기를 설치한 감시실 등에 설치할 것

② 자동식(자동화재탐지설비 감지기의 작동)

폐쇄형 스프링클러 헤드의 개방과 연동. 가압송수장치, 일제개방밸브 및 포소화약제 혼합장치를 기동시킬 수 있도록 다음 기준에 따라 설치한다.

㉠ 폐쇄형 스프링클러 헤드를 사용하는 경우

경계구역	표시온도	경계면적	높 이
하나의 층	79[℃] 미만	20[m²] 이하	5[m] 이하

㉡ 화재감지기를 사용하는 경우
  • 화재감지기 회로에 발신기를 설치할 것

㉢ 발신기 설치기준

설치 높이	수평거리	보행거리
0.8[m] 이상 1.5[m] 이하	25[m] 이하	40[m] 이상 시 추가

(12) 포헤드

① 종 류

㉠ 포워터 스프링클러 헤드 : 스프링클러 헤드와 구조가 비슷, 포를 발생하는 하우징이 부착되어 있는 기계포소화설비에만 사용하는 포헤드로 소화약제를 방사할 때 헤드 내의 공기로서 포를 발생하여 디플렉터(Deflector)로 살포하는 헤드이다.

㉡ 포워터 스프레이 헤드 : 기계포소화설비에 많이 사용하는 헤드로서 헤드에서 공기로 포를 발생하여 물만을 방출할 때는 물분무헤드의 성상을 갖는다.

㉢ 포호스노즐 : 소방용 호스의 선단에 부착하여 소방대원이 직접 조작하여 화원에 포를 방사하는 것

② 설 치

㉠ 포 팽창 비율에 따른 포 방출구

포 방출구의 종류	팽창비율에 의한 포의 종류
포헤드, 압축공기포 헤드	팽창비가 20 이하인 것(저발포)
고발포용 고정포방출구	팽창비가 80 이상 1,000 미만인 것(고발포)

㉡ 특정소방대상물의 천장 또는 반자에 설치

포헤드 구분	기준면적
포워터 스프링클러 헤드	바닥면적 8[m²]마다
포헤드	바닥면적 9[m²]마다

㉢ 소방대상물에 따른 약제 및 분당 방사량

소방대상물	포소화약제의 종류	바닥면적 1[m²]당 방사량(이상)[L/min · m²]
차고 · 주차장 및 항공기 격납고	단백포소화약제	6.5
	합성계면활성제 포소화약제	8.0
	수성막포소화약제	3.7
특수가연물을 저장 · 취급하는 소방대상물	단백포소화약제	6.5
	합성계면활성제 포소화약제	6.5
	수성막포소화약제	6.5

㉣ 상호 간 설치기준

정방향으로 배치한 경우	장방형으로 배치한 경우
$s = 2r \times \cos 45°$	$p_t = 2r$
여기서, s : 포헤드 상호 간의 거리	여기서, p_t : 대각선의 길이
r : 유효반경 2.1[m]	r : 유효반경 2.1[m]

※ 포헤드와 벽 방호구역의 경계선과는 계산된 거리의 1/2 이하의 거리를 둘 것

㉤ 압축공기포소화설비의 분사헤드

유류탱크 주변	바닥면적 13.9[m²]마다 1개 이상	
특수가연물 저장소	바닥면적 9.3[m²]마다 1개 이상	

방호대상물	특수가연물	기 타
1[m²]당 분당 방출량	2.3[L]	1.63[L]

(13) 포소화약제

① 성 상

㉠ 균질이어야 한다.

㉡ 변질방지를 위한 조치가 강구되어야 한다.

㉢ 발생된 거품은 석유류 등 가연성 액체의 표면에 고르게 퍼지는 것이어야 하며 목재 등의 고체 표면에 달라붙는 것이어야 한다.

㉣ 현저한 독성이 있거나 부식성이 없어야 한다.

※ 수용액의 소화약제 및 액체상태의 소화약제는 결정의 석출, 용액의 분리, 부유물 또는 침전물의 발생 등 이상이 생기지 아니할 것

② 분 류

㉠ 포소화약제 : 주 원료에 포안정제, 기타 약제를 첨가한 액상의 것으로 물과 일정한 농도로 혼합해 공기 또는 불활성기체를 기계적으로 혼입시킴으로써 거품을 발생시켜 소화에 사용하는 약제

㉡ 단백 포소화약제 : 단백질을 가수분해한 것을 주원료로 사용

㉢ 합성계면활성제 포소화약제 : 합성계면활성제를 주원료로 사용

㉣ 수성막 포소화약제 : 합성계면활성제를 주원료로 하는 포소화약제 중 기름 표면에서 수성막을 형성하는 포소화약제

㉤ 알코올형 포소화약제 : 단백질 가수분해물이나 합성계면활성제 중 지방산 금속염이나 타 계통의 합성계면활성제 또는 고분자 겔 생성물 등을 첨가한 포소화약제(위험물안전관리법 위험물 중 알코올류, 에테르류, 에스테르류, 케톤류, 알데히드류, 아민류, 니트릴류 및 유기산 등(알코올류) 수용성 용제의 소화에 사용하는 약제)

(14) 포수용액의 발포성능(방수포용 포소화약제 제외)

① **저발포용**

(20±2)[℃]인 포수용액을 수압력 0.7[MPa], 방수량이 분당 10[L]인 조건에서 표준발포 노즐을 사용해 거품을 발생(발포)시키는 경우, 그 거품의 팽창률(포수용액의 용량과 발생하는 거품의 용량비)이 6배(수성막포소화약제는 5배) 이상 20배 이하여야 하며 발포 전 포수용액 용량의 25[%]인 포수용액이 거품으로부터 환원되는 데 필요한 시간은 1분 이상이어야 한다.

② **고발포용**

(20±2)[℃]인 포수용액을 수압력 0.1[MPa], 방수량 분당 6[L], 풍량 분당 13[cm^2]인 조건에서 표준발포장치를 사용해 발포시키는 경우, 거품 팽창률은 500배 이상이어야 하며 발포 전 포수용액 용량의 25[%]인 포수용액이 거품으로부터 환원되는 데 필요한 시간은 3분 이상이어야 한다.

(15) 위험물제조소 등의 포소화설비의 기준

① **고정식 방출구 종류**

㉠ Ⅰ형 : 고정지붕구조의 탱크에 상부포주입법(고정포방출구를 탱크옆판의 상부에 설치하여 액표면상에 포를 방출하는 방법)을 이용하는 것으로 방출된 포가 액면 아래로 몰입되거나 액면을 뒤섞지 않고 액면상을 덮을 수 있는 통계단 또는 미끄럼판 등의 설비 및 탱크 내의 위험물 증기가 외부로 역류되는 것을 저지할 수 있는 구조·기구를 갖는 포방출구

㉡ Ⅱ형 : 고정지붕구조 또는 부상덮개부착 고정지붕구조의 탱크에 상부포주입법을 이용하는 것으로 방출된 포가 탱크옆판의 내면을 따라 흘러내려가면서 액면 아래로 몰입되거나 액면을 뒤섞지 않고 액면상을 덮을 수 있는 반사판 및 탱크 내의 위험물 증기가 외부로 역류되는 것을 저지할 수 있는 구조·기구를 갖는 포방출구

㉢ 특형 : 부상지붕구조의 탱크에 상부포주입법을 이용하는 것으로 부상지붕의 부상 부분상에 높이 0.9[m] 이상의 금속제의 칸막이를 탱크옆판의 내측으로부터 1.2[m] 이상 이격하여 설치하고 탱크옆판과 칸막이에 의하여 형성된 환상 부분에 포를 주입하는 것이 가능한 구조의 반사판을 갖는 포방출구

㉣ Ⅲ형 : 고정지붕구조의 탱크에 저부포주입법(탱크의 액면하에 설치된 포방출구부터 포를 탱크 내에 주입하는 방법)을 이용하는 것으로 송포관으로부터 포를 방출하는 포방출구

㉤ Ⅳ형 : 고정지붕구조의 탱크에 저부포주입법을 이용하는 것으로 평상시에는 탱크의 액면하의 저부에 격납통에 수납되어 있는 특수호스 등이 송포관의 말단에 접속되어 있다가 포를 보내어 선단의 액면까지 도달한 후 포를 방출하는 포방출구

② 수원의 수량

　㉠ 포방출구 방식

　　고정식 포방출구는 다음 표에 따라 포수용액량 × 액표면적

종류 위험물의 구분	Ⅰ형		Ⅱ형		특 형		Ⅲ형		Ⅳ형	
	포수용 액량 [L/m²]	방출률 [L/m²· min]	포수용 액량 [L/m²]	방출률 [L/m²· min]	포수용 액량 [L/m²]	방출률 [L/m²· min]	포수용 액량 [L/m²]	방출률 [L/m²· min]	포수용 액량 [L/m²]	방출률 [L/m²· min]
제4류 위험물 중 인화점이 21[℃] 미만	120	4	220	4	240	8	220	4	220	4
제4류 위험물 중 인화점이 21[℃] 이상 70[℃] 미만	80	4	120	4	160	8	120	4	120	4
제4류 위험물 중 인화점이 70[℃] 이상	60	4	100	4	120	8	100	4	10	4

　　(보조포소화전 : 400[L/min] 이상으로 20분 이상 방사할 수 있는 양)

　㉡ 포헤드방식 : 표면적 1[m²]당 6.5[L/min] 이상으로 10분 이상 방사할 수 있는 양

　㉢ 포모니터 노즐 : 1,900[L/min] 이상으로 30분 이상 방사할 수 있는 양

　㉣ 이동식 포소화설비

　　4개의 노즐 동시 방사 시(4개 미만은 그 개수)

노즐 끝부분 방사압력	0.35[MPa] 이상
옥내설치 시 방사량	200[L/min] 이상으로 30분 이상 방사할 수 있는 양
옥외설치 시 방사량	400[L/min] 이상으로 30분 이상 방사할 수 있는 양

　㉤ 위의 포수용액량 외에 배관 내를 채우기 위한 양을 추가

③ 보조포소화전의 설치

상호 간의 보행거리	75[m] 이하	
3개(3개 미만은 그 개수)의 노즐 동시 방사 시	방수압력 : 0.35[MPa] 이상	
	방사량 : 400[L/min] 이상	

④ 연결송수구 설치개수

$$N = \frac{Aq}{C}$$

여기서, N : 연결송수구의 설치개수

　　　　A : 탱크의 최대수평단면적[m²]

　　　　q : 탱크의 액표면적 1[m²]당 방사하여야 할 포수용액의 방출률[L/min]

　　　　C : 연결송수구 1구당의 표준 송액량 800[L/min]

(16) 차고·주차장에 설치하는 호스릴 포소화설비 또는 포소화전설비

① 특정소방대상물의 어느 층에서도 그 층에 설치된 호스릴 포방수구, 포소화전 방수구(호스릴 포방수구, 포소화전 방수구가 5개 이상 설치된 경우에는 5개)를 동시에 사용할 경우

   ㉠ 각 이동식 포노즐 선단의 포수용액 방사압력이 0.35[MPa] 이상이고 300[L/min] 이상

   ㉡ 1개 층의 바닥면적이 200[m²] 이하인 경우에는 230[L/min] 이상으로 할 수 있다.

   ㉢ 포수용액을 수평거리 15[m] 이상으로 방사할 수 있도록 할 것

② 저발포의 포소화약제를 사용할 수 있는 것으로 할 것

③ 호스릴 또는 호스를 호스릴 포방수구 또는 포소화전 방수구로 분리하여 비치하는 때에는 그로부터 3[m] 이내의 거리에 호스릴함 또는 호스함을 설치할 것

④ 호스릴함 또는 호스함은 바닥으로부터 높이 1.5[m] 이하의 위치에 설치하고 그 표면에는 "포호스릴함(또는 포소화전함)"이라고 표시한 표지와 적색 위치표시등을 설치할 것

⑤ 방호대상물의 각 부분으로부터의 수평거리

   ㉠ 호스릴 포방수구까지의 수평거리는 15[m] 이하

   ㉡ 포소화전 방수구의 경우에는 25[m] 이하

(17) 소화약제의 형식승인 및 제품검사의 기술기준

① 소화약제의 공통된 성질

   ㉠ 소화약제는 현저한 독성이나 부식성이 없어야 할 것(열과 접촉 시에도 현저한 독성이나 부식성의 가스를 발생하지 아니할 것)

   ㉡ 수용액의 소화약제 및 액체상태의 소화약제는 결정의 석출, 용액의 분리, 부유물 또는 침전물의 발생 등 이상이 생기지 아니할 것

② 포소화약제의 기준

종 류	단백포	합성계면활성제포 및 알코올형포	수성막포
비중 범위	1.10 이상 1.20 이하	0.90 이상 1.20 이하	1.00 이상 1.15 이하

종 류	단백포	합성계면활성제포	수성막포 및 알코올형포
PH 범위	6.0 이상 7.5 이하	6.5 이상 8.5 이하	6.0 이상 8.5 이하

종 류	단백포	합성계면활성제포	수성막포
25[%] 환원시간[분]	1	3	1

※ 수성막포의 확산계수 : 3.5 이상

핵/심/예/제

01 차고·주차장의 부분에 호스릴 포소화설비 또는 포소화전설비를 설치할 수 있는 기준으로 맞는 것은?

[17년 1회, 18년 1회]

① 지상 1층으로서 방화구획 되거나 지붕이 있는 부분

② 지상에서 수동 또는 원격조작에 따라 개방이 가능한 개구부의 유효면적의 합계가 바닥면적의 20[%] 이상인 부분

③ 옥외로 통하는 개구부가 상시 개방된 구조의 부분으로서 그 개방된 부분의 합계면적이 해당 차고 또는 주차장의 바닥면적의 20[%] 이상인 부분

④ 완전 개방된 옥상주차장 또는 고가 밑의 주차장 등으로서 주된 벽이 없고 기둥뿐이거나 주위가 위해방지용 철주 등으로 둘러싸인 부분

해설 차고·주차장의 부분에는 호스릴 포소화설비 또는 포소화전설비의 설치기준
- 완전 개방된 옥상주차장 또는 고가 밑의 주차장으로서 주된 벽이 없고 기둥뿐이거나 주위가 위해방지용 철주 등으로 둘러싸인 부분
- 지상 1층으로서 지붕이 없는 부분

02 포소화약제의 저장량 설치기준 중 포헤드 방식 및 압축공기포소화설비에 있어서 하나의 방사구역 안에 설치된 포헤드를 동시에 개방하여 표준방사량으로 몇 분간 방사할 수 있는 양 이상으로 하여야 하는가?

[17년 4회]

① 10   ② 20

③ 30   ④ 60

해설 발전기실, 엔진펌프실, 변압기, 전기케이블실, 유압설비
- 방수량 : 압축공기포소화설비를 설치하는 경우 방수량은 설계사양에 따라 방호구역에 최소 10분간 방사할 수 있어야 한다.
- 설계방출밀도 : 압축공기포소화설비의 설계방출밀도[L/min·m²]는 설계사양에 따라 정하여야 하며 일반가연물, 탄화수소류는 1.63[L/min·m²] 이상, 특수가연물, 알코올류와 케톤류는 2.3[L/min·m²] 이상으로 하여야 한다.
- 바닥면적의 합계가 300[m²] 미만의 장소에는 고정식 압축공기포소화설비를 설치할 수 있다.

03 특정소방대상물에 따라 적응하는 포소화설비의 설치기준 중 발전기실, 엔진펌프실, 변압기, 전기케이블실, 유압설비 바닥면적의 합계가 300[m²] 미만의 장소에 설치할 수 있는 것은?

[17년 4회]

① 포헤드설비
② 호스릴 포소화설비
③ 포워터 스프링클러설비
④ 고정식 압축공기포소화설비

해설 2번 해설 참조

04 포소화설비의 화재안전기준에 따라 바닥면적이 180[m²]인 건축물 내부에 호스릴방식의 포소화설비를 설치할 경우 가능한 포소화약제의 최소 필요량은 몇 [L]인가?(단, 호스접결구 : 2개, 약제농도 : 3[%])

[20년 1·2회]

① 180　　　　　　　　　　② 270
③ 650　　　　　　　　　　④ 720

해설 옥내포소화설비, 호스릴방식

$$Q = \underline{N \times 6,000[\text{L}]} \times S$$
$$(\text{수원의 양})$$

여기서, N : 호스접결구수(5개 이상은 5개)
　　　　S : 포소화약제의 농도[%]

바닥면적이 200[m²] 미만일 때 호스릴방식의 약제량 $Q = N \times S \times 6,000[\text{L}] \times 0.75$

$\therefore Q = N \times S \times 6,000[\text{L}] \times 0.75$
　　$= 2 \times 0.03 \times 6,000 \times 0.75 = 270[\text{L}]$

05 포소화설비의 화재안전기준에 따른 용어 정의 중 다음 (   ) 안에 알맞은 내용은?

[20년 4회]

> (   ) 프로포셔너방식이란 펌프와 발포기의 중간에 설치된 벤투리관의 벤투리작용과 펌프 가압수의 포소화약제 저장탱크에 대한 압력에 따라 포소화약제를 흡입·혼합하는 방식을 말한다.

① 라 인
② 펌 프
③ 프레셔
④ 프레셔 사이드

해설 **프레셔 프로포셔너방식**
펌프와 발포기의 중간에 설치된 벤투리관의 벤투리작용과 펌프 가압수의 포소화약제 저장탱크에 대한 압력에 따라 포소화약제를 흡입·혼합하는 방식

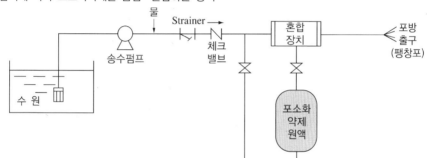

06 포소화설비의 화재안전기준상 펌프의 토출관에 압입기를 설치하여 포소화약제 압입용펌프로 포 소화약제를 압입시켜 혼합하는 방식은? [19년 1회, 2회, 21년 2회]

① 라인 프로포셔너 방식
② 펌프 프로포셔너 방식
③ 프레셔 프로포셔너 방식
④ 프레셔 사이드 프로포셔너 방식

> **해설** 프레셔 사이드 프로포셔너방식
> 펌프의 토출관에 압입기를 설치하여 포소화약제 압입용 펌프로 포소화약제를 압입시켜 혼합하는 방식

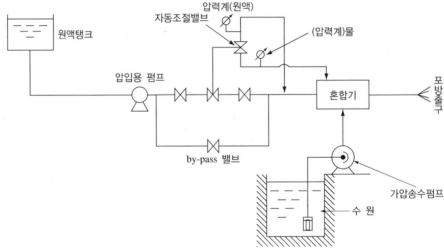

07 포소화약제의 혼합장치에 대한 설명 중 옳은 것은? [18년 2회]

① 라인 프로포셔너방식이란 펌프의 토출관과 흡입관 사이의 배관 도중에 설치한 흡입기에 펌프에서 토출된 물의 일부를 보내고, 농도 조정밸브에서 조정된 포소화약제의 필요량을 포소화약제 탱크에서 펌프 흡입측으로 보내어 이를 혼합하는 방식을 말한다.
② 프레셔 사이드 프로포셔너방식이란 펌프의 토출관에 압입기를 설치하여 포소화약제 압입용펌프로 포소화약제를 압입시켜 혼합하는 방식을 말한다.
③ 프레셔 프로포셔너방식이란 펌프와 발포기의 중간에 설치된 벤투리관의 벤투리작용에 따라 포소화약제를 흡입·혼합하는 방식을 말한다.
④ 펌프 프로포셔너방식이란 펌프와 발포기의 중간에 설치된 벤투리관의 벤투리작용과 펌프 가압수의 포소화약제 저장탱크에 대한 압력에 따라 포소화약제를 흡입·혼합하는 방식을 말한다.

> **해설** 6번 해설 참조

□□ 다음은 포소화설비에서 배관 등의 설치기준에 관한 내용이다. ㉠~㉢ 안에 들어갈 내용으로 옳은 것은? [19년 1회]

> • 연결송수관설비의 배관과 겸용할 경우의 주배관은 구경 100[mm] 이상, 방수구로 연결되는 배관의 구경은 (㉠)[mm] 이상의 것으로 하여야 한다.
> • 펌프의 성능은 체절운전 시 정격토출압력의 (㉡)[%]를 초과하지 아니하고 정격토출량의 150[%]로 운전 시 정격토출압력의 (㉢)[%] 이상이 되어야 한다.

① ㉠ 40, ㉡ 120, ㉢ 65
② ㉠ 40, ㉡ 120, ㉢ 75
③ ㉠ 65, ㉡ 140, ㉢ 65
④ ㉠ 65, ㉡ 140, ㉢ 75

해설 배 관

- 배관은 배관용 탄소강관(KS D 3507) 또는 배관 내 사용압력이 1.2[MPa] 이상일 경우에는 압력배관용 탄소강관(KS D 3562) 또는 이음매 없는 동 및 동합금(KS D 5301)의 배관용 동관이거나 이와 동등 이상의 강도 · 내식성 및 내열성을 가진 것으로 하여야 한다.
- 송액관은 포의 방출 종료 후 배관 안의 액을 배출하기 위하여 적당한 기울기를 유지하도록 하고 그 낮은 부분에 배액밸브를 설치하여야 한다(송액관은 전용으로 사용).
- 포워터 스프링클러설비 또는 포헤드설비의 가지배관의 배열은 토너먼트방식이 아니어야 하며, 교차 배관에서 분기하는 지점을 기점으로 한쪽 가지배관에 설치하는 헤드의 수는 8개 이하로 한다.
- 펌프 흡입측배관의 설치기준
  - 공기고임이 생기지 아니하는 구조로 하고 여과장치를 설치할 것
  - 수조가 펌프보다 낮게 설치된 경우에는 각 펌프(충압펌프를 포함한다)마다 수조로부터 별도로 설치할 것
- 연결송수관설비의 배관과 겸용할 경우의 주배관은 구경 100[mm] 이상, 방수구로 연결되는 배관의 구경은 65[mm] 이상의 것으로 하여야 한다.
- 펌프의 성능은 체절운전 시 정격토출압력의 140[%]를 초과하지 아니하고, 정격토출량의 150[%]로 운전 시 정격토출압력의 65[%] 이상이 되어야 하며, 펌프의 성능시험배관은 다음의 각 기준에 적합하여야 한다.
  - 성능시험배관은 펌프의 토출측에 설치된 개폐밸브 이전에서 분기하여 설치하고, 유량측정장치를 기준으로 전단 직관부에 개폐밸브를 후단 직관부에는 유량조절밸브를 설치할 것
  - 유량측정장치는 성능시험배관의 직관부에 설치하되, 펌프의 정격토출량의 175[%] 이상 측정할 수 있는 성능이 있을 것

핵심
예제

09 포소화설비의 화재안전기준상 포소화설비의 배관 등의 설치기준으로 옳은 것은?

[18년 4회, 21년 2회]

① 포워터 스프링클러설비 또는 포헤드설비의 가지배관의 배열은 토너먼트방식으로 한다.
② 송액관은 겸용으로 하여야 한다. 다만, 포소화전의 기동장치의 조작과 동시에 다른 설비의 용도에 사용하는 배관의 송수를 차단할 수 있거나, 포소화설비의 성능에 지장이 없는 경우에는 전용으로 할 수 있다.
③ 송액관은 포의 방출 종료 후 배관 안의 액을 배출하기 위하여 적당한 기울기를 유지하도록 하고 그 낮은 부분에 배액 밸브를 설치하여야 한다.
④ 연결송수관설비의 배관과 겸용할 경우의 주배관은 구경 65[mm] 이상, 방수구로 연결되는 배관의 구경은 100[mm] 이상의 것으로 하여야 한다.

해설 8번 해설 참조

핵심
예제

10 포소화설비의 자동식 기동장치를 폐쇄형 스프링클러 헤드의 개방과 연동하여 가압송수장치·일제개방밸브 및 포소화약제 혼합장치를 기동하는 경우의 설치기준 중 다음 (   ) 안에 알맞은 것은?(단, 자동화재탐지설비의 수신기가 설치된 장소에 상시 사람이 근무하고 있고, 화재 시 즉시 해당 조작부를 작동시킬 수 있는 경우는 제외한다)

[18년 2회, 19년 2회]

> 표시온도가 (㉠)[℃] 미만인 것을 사용하고, 1개의 스프링클러 헤드의 경계면적은 (㉡)[m²] 이하로 할 것

① ㉠ 79, ㉡ 8
② ㉠ 121, ㉡ 8
③ ㉠ 79, ㉡ 20
④ ㉠ 121, ㉡ 20

해설 폐쇄형 스프링클러 헤드를 사용하는 경우

경계구역	표시온도	경계면적	높 이
하나의 층	79[℃] 미만	20[m²] 이하	5[m] 이하

11 포소화설비의 자동식 기동장치에서 폐쇄형 스프링클러 헤드를 사용하는 경우의 설치기준에 대한 설명이다. ㉠~㉢의 내용으로 옳은 것은? [17년 1회, 19년 11회]

• 표시온도가 (㉠)[℃] 미만의 것을 사용하고, 1개의 스프링클러 헤드의 경계면적은 (㉡) [m²] 이하로 할 것
• 부착면의 높이는 바닥으로부터 (㉢)[m] 이하로 하고, 화재를 유효하게 감지할 수 있도록 할 것

① ㉠ 68, ㉡ 20, ㉢ 5
② ㉠ 68, ㉡ 30, ㉢ 7
③ ㉠ 79, ㉡ 20, ㉢ 5
④ ㉠ 79, ㉡ 30, ㉢ 7

해설 10번 해설 참조

12 포소화설비의 자동식 기동장치의 설치기준 중 다음 ( ) 안에 알맞은 것은?(단, 화재감지기를 사용하는 경우이며, 자동화재탐지설비의 수신기가 설치된 장소에 상시 사람이 근무하고 있고, 화재 시 즉시 해당조작부를 작동시킬 수 있는 경우에는 제외한다) [17년 2회]

[화재감지기 회로에는 다음의 기준에 따른 발신기를 설치할 것]
특정소방대상물의 층마다 설치하되, 해당특정소방대상물의 각 부분으로부터 수평거리가 (㉠) [m] 이하가 되도록 할 것. 다만, 복도 또는 별도로 구획된 실로서 보행거리가 (㉡)[m] 이상일 경우에는 추가로 설치하여야 한다.

① ㉠ 25, ㉡ 30
② ㉠ 25, ㉡ 40
③ ㉠ 15, ㉡ 30
④ ㉠ 15, ㉡ 40

해설 발신기 설치기준

설치 높이	수평거리	보행거리
0.8[m] 이상 1.5[m] 이하	25[m] 이하	40[m] 이상 시 추가

13 포소화설비의 화재안전기준에 따른 포소화설비의 포헤드 설치기준에 대한 설명으로 틀린 것은? [20년 4회]

① 항공기 격납고에 단백포 소화약제가 사용되는 경우 1분당 방사량은 바닥면적 1[m²]당 6.5[L] 이상 방사되도록 할 것

② 특수가연물을 저장·취급하는 소방대상물에 단백포 소화약제가 사용되는 경우 1분당 방사량은 바닥면적 1[m²]당 6.5[L] 이상 방사되도록 할 것

③ 특수가연물을 저장·취급하는 소방대상물에 합성계면활성제포 소화약제가 사용되는 경우 1분당 방사량은 바닥면적 1[m²]당 8.0[L] 이상 방사되도록 할 것

④ 포헤드는 특정소방대상물의 천장 또는 반자에 설치하되, 바닥면적 9[m²]마다 1개 이상으로 하여 해당 방호대상물의 화재를 유효하게 소화할 수 있도록 할 것

해설 소방대상물에 따른 약제 및 분당 방사량

소방대상물	포소화약제의 종류	바닥면적 1[m²]당 방사량(이상)[L/min·m²]
차고·주차장 및 항공기 격납고	단백포소화약제	6.5
	합성계면활성제 포소화약제	8.0
	수성막포소화약제	3.7
특수가연물을 저장·취급하는 소방대상물	단백포소화약제	6.5
	합성계면활성제 포소화약제	6.5
	수성막포소화약제	6.5

14 포소화설비의 화재안전기준상 포헤드를 소방대상물의 천장 또는 반자에 설치하여야 할 경우 헤드 1개가 방호해야 할 바닥면적은 최대 몇 [m²]인가? [21년 1회]

① 3 　　② 5
③ 7 　　④ 9

해설 특정소방대상물의 천장 또는 반자에 설치

포헤드 구분	기준면적
포워터 스프링클러 헤드	바닥면적 8[m²]마다
포헤드	바닥면적 9[m²]마다

15 포헤드를 정방형으로 설치 시 헤드와 벽과의 최대 이격거리는 약 몇 [m]인가? [19년 1회]

① 1.48
② 1.62
③ 1.76
④ 1.91

해설 상호 간 설치기준

정방향으로 배치한 경우	장방형으로 배치한 경우
$s = 2r \times \cos 45°$	$p_t = 2r$
여기서, s : 포헤드 상호 간의 거리	여기서, p_t : 대각선의 길이
r : 유효반경 2.1[m]	r : 유효반경 2.1[m]

※ 포헤드와 벽 방호구역의 경계선과는 계산된 거리의 1/2 이하의 거리를 둘 것

$s = 2\,r\cos\theta = 2 \times 2.1 \times \cos 45° = 2.9698[m]$

∴ 2.9698[m]/2 = 1.48[m]

핵심
예제

16 포소화설비의 화재안전기준상 포헤드의 설치기준 중 다음 괄호 안에 알맞은 것은?

[18년 1회, 20년 3회]

> 압축공기포소화설비의 분사헤드는 천장 또는 반자에 설치하되 방호대상물에 따라 측벽에 설치할 수 있으며 유류탱크 주위에는 바닥면적 (㉠)[m²]마다 1개 이상, 특수가연물저장소에는 바닥면적 (㉡)[m²]마다 1개 이상으로 당해 방호대상물의 화재를 유효하게 소화할 수 있도록 할 것

① ㉠ 8, ㉡ 9
② ㉠ 9, ㉡ 8
③ ㉠ 9.3, ㉡ 13.9
④ ㉠ 13.9, ㉡ 9.3

해설 압축공기포소화설비의 분사헤드

유류탱크 주변	바닥면적 13.9[m²]마다 1개 이상	
특수가연물 저장소	바닥면적 9.3[m²]마다 1개 이상	
방호대상물	특수가연물	기 타
1[m²]당 분당 방출량	2.3[L]	1.63[L]

17 포소화설비의 화재안전기준상 압축공기포소화설비의 분사헤드를 유류탱크 주위에 설치하는 경우 바닥면적 몇 [m²]마다 1개 이상 설치하여야 하는가? [21년 1회]

① 9.3
② 10.8
③ 12.3
④ 13.9

해설 16번 해설 참조

18 포소화설비의 화재안전기준상 차고·주차장에 설치하는 포소화전설비의 설치기준 중 다음 ( ) 안에 알맞은 것은?(단, 1개 층의 바닥면적이 200[m²] 이하인 경우에는 제외한다)
[17년 2회, 20년 1·2회]

> 특정소방대상물의 어느 층에 있어서도 그 층에 설치된 호스릴 포방수구 또는 포소화전 방수구(호스릴 포방수구 또는 포소화전 방수구가 5개 이상 설치된 경우에는 5개)를 동시에 사용할 경우 각 이동식 포노즐 선단의 포수용액 방사압력이 (㉠)[MPa] 이상이고 (㉡)[L/min] 이상의 포수용액을 수평거리 15[m] 이상으로 방사할 수 있도록 할 것

① ㉠ 0.25, ㉡ 230
② ㉠ 0.25, ㉡ 300
③ ㉠ 0.35, ㉡ 230
④ ㉠ 0.35, ㉡ 300

해설 차고·주차장에 설치하는 호스릴 포소화설비 또는 포소화전설비
• 특정소방대상물의 어느 층에서도 그 층에 설치된 호스릴 포방수구, 포소화전 방수구(호스릴 포방수구, 포소화전 방수구가 5개 이상 설치된 경우에는 5개)를 동시에 사용할 경우
  – 각 이동식 포노즐 선단의 포수용액 방사압력이 0.35[MPa] 이상이고 300[L/min] 이상
  – 1개 층의 바닥면적이 200[m²] 이하인 경우에는 230[L/min] 이상으로 할 수 있다.
  – 포수용액을 수평거리 15[m] 이상으로 방사할 수 있도록 할 것
• 저발포의 포소화약제를 사용할 수 있는 것으로 할 것
• 호스릴 또는 호스를 호스릴 포방수구 또는 포소화전 방수구로 분리하여 비치하는 때에는 그로부터 3[m] 이내의 거리에 호스릴함 또는 호스함을 설치할 것
• 호스릴함 또는 호스함은 바닥으로부터 높이 1.5[m] 이하의 위치에 설치하고 그 표면에는 "포호스릴함(또는 포소화전함)"이라고 표시한 표지와 적색 위치표시등을 설치할 것
• 방호대상물의 각 부분으로부터의 수평거리
  – 호스릴 포방수구까지의 수평거리는 15[m] 이하
  – 포소화전 방수구의 경우에는 25[m] 이하

19 특정소방대상물에 따라 적응하는 포소화설비의 설치기준 중 특수가연물을 저장·취급하는 공장 또는 창고에 적응성을 갖는 포소화설비가 아닌 것은? [18년 11회]

① 포헤드설비

② 고정포방출설비

③ 압축공기포소화설비

④ 호스릴 포소화설비

해설 특수가연물을 저장·취급하는 공장, 창고, 차고 또는 주차장, 항공기 격납고 포소화설비, 포워터 스프링 클러설비, 포헤드설비 또는 고정포방출설비, 압축공기포소화설비

핵심 예제

20 포소화설비의 화재안전기준상 전역방출방식 고발포용고정포방출구의 설치기준으로 옳은 것은?(단, 해당 방호구역에서 외부로 새는 양 이상의 포수용액을 유효하게 추가하여 방출하는 설비가 있는 경우는 제외한다) [20년 3회]

① 개구부에 자동폐쇄장치를 설치할 것

② 바닥면적 600[m²]마다 1개 이상으로 할 것

③ 방호대상물의 최고부분보다 낮은 위치에 설치할 것

④ 특정소방대상물 및 포의 팽창비에 따른 종별에 관계없이 해당 방호구역의 관포체적 1[m³]에 대한 1분당 포수용액 방출량은 1[L] 이상으로 할 것

해설 **전역방출방식 고발포용고정포방출구의 설치기준**
  • 개구부에 자동폐쇄장치를 설치할 것
  • 바닥면적 500[m²]마다 1개 이상으로 할 것
  • 방호대상물의 최고부분보다 높은 위치에 설치할 것
  • 특정소방대상물 및 포의 팽창비에 따른 해당 방호구역의 관포체적 1[m³]에 대한 1분당 포수용액 방출량은 각각 다르다.

8 이산화탄소소화설비

(1) 개 요

질식작용에 의한 소화를 목적으로 가스를 일정한 용기에 보관해두었다가 화재 발생 시 배관을 따라 가스를 화원에 분사시켜 소화하는 설비(고정식 또는 이동식으로 설치)

(2) 종 류

① 소화약제 방출방식
  ㉠ 전역방출방식 : 고정식 이산화탄소 공급장치에 배관 및 분사헤드를 설치하여 밀폐 방호구역 내에 이산화탄소를 방출하는 설비
  ㉡ 국소방출방식 : 고정식 이산화탄소 공급장치에 배관 및 분사헤드를 설치하여 직접 화점에 이산화탄소를 방출하는 설비로 화재 발생 부분(방호대상물)에만 집중적으로 소화약제를 방출
  ㉢ 이동식 : 분사헤드가 배관에 고정되어 있지 않고 소화약제 저장용기에 호스를 연결하여 사람이 직접 화점에 소화약제를 방출하는 이동식 소화설비

② 저장방식
  ㉠ 고압저장방식 : 15[℃], 게이지 압력 5.3[MPa]의 압력으로 저장
  ㉡ 저압저장방식 : −18[℃], 게이지 압력 2.1[MPa]의 압력으로 저장

③ 조작방식
  ㉠ 수동조작방식
    • 직접조작방식
    • 원격조작방식
    • 전기적원격수동방식
  ㉡ 자동조작방식
    • 자동수동절환방식
    • 완전자동방식
  ㉢ 선택조작방식

(3) 특 징

① 장 점
  ㉠ 오손, 부식, 손상의 우려가 없다.
  ㉡ 화재 시 가스이므로 구석까지 침투하므로 소화효과가 좋다.
  ㉢ 비전도성이므로 전기설비 장소에 소화가 가능하다.
  ㉣ 자체압력으로도 소화가 가능하므로 가압할 필요가 없다.
  ㉤ 소화 후 흔적이 없어 증거보존이 양호하여 화재원인의 조사가 쉽다.

② 단 점

    ㉠ 소화 시 산소의 농도를 저하시켜 질식 우려가 있다.

    ㉡ 방사 시 액체상태인 영하로 저장하였다가 기화하므로 동상의 우려가 있다.

    ㉢ 자체압력으로 소화가 가능하여 고압저장 시 주의를 요한다.

    ㉣ CO_2 방사 시 소음이 크다.

(4) 저장용기와 용기밸브

① 저장용기 설치장소 기준

    ㉠ 방호구역 외의 장소에 설치할 것(단, 방호구역 내에 설치할 경우에는 조작이 용이하 도록 피난구 부근에 설치)

    ㉡ 온도가 40[℃] 이하이고, 온도변화가 적은 곳에 설치할 것

    ㉢ 직사광선 및 빗물이 침투할 우려가 없는 곳에 설치할 것

    ㉣ 방화문으로 구획된 실에 설치할 것

    ㉤ 용기의 설치장소에는 해당 용기가 설치된 곳임을 표시하는 표지를 할 것

    ㉥ 용기 간의 간격은 점검에 지장이 없도록 3[cm] 이상의 간격을 유지할 것

    ㉦ 저장용기와 집합관을 연결하는 연결배관에는 체크밸브를 설치할 것 (단, 저장용기가 하나의 방호구역만을 담당하는 경우에는 예외)

② 저장용기

구 분	저압식	고압식
충전비	1.1 이상 1.4 이하	1.5 이상 1.9 이하
내압시험	3.5[MPa] 이상에 합격	25[MPa] 이상에 합격
안전밸브 작동압력	내압시험압력의 0.64배부터 0.8배	
봉판 작동압력	내압시험압력의 0.8배부터 내압시험압력에서 작동	
압력경보장치	2.3[MPa] 이상 1.9[MPa] 이하	
자동냉동장치	−18[℃] 이하에서 2.1[MPa]의 압력 유지	
액면계, 압력계	설 치	
기동 방식	전기식, 가스압력식, 기계식(수동으로 가능)	

$$충전비 = \frac{용기의\ 내용적[L]}{충전하는\ 탄산가스의\ 중량[kg]}$$

③ 용기밸브

    ㉠ 용기밸브에는 18~25[MPa]에서 작동하는 안전밸브(봉판)를 설치할 것

    ㉡ 이산화탄소소화약제 저장용기와 선택밸브 또는 개폐밸브 사이에는 내압시험 압력의 0.8배에서 작동하는 안전장치를 설치할 것

④ 저장용기의 개방방식

　㉠ 가스압력식 : 감지기나 수동조작스위치에 의하여 기동용기의 솔레노이드밸브의 파괴침이 격발되어 개방되면 기동용기의 가스압력에 의해 선택밸브 및 이산화탄소저장용기가 개방되는 방식

　㉡ 전기식 : 감지기나 수동조작스위치에 의하여 선택밸브 및 이산화탄소저장용기에 설치된 솔레노이드밸브가 개방되는 방식

　㉢ 기계식 : 밸브 내의 압력 차이에 의하여 개방되는 방식

(5) 분사헤드

① 설치기준

　㉠ 전역방출방식

구 분	분사헤드의 방사압력
고압식	2.1[MPa] 이상
저압식	1.05[MPa] 이상

소방대상물	약제방사 시간
가연성 액체 또는 가연성 가스 등 표면화재 방호대상물	1분
종이, 목재, 석탄, 섬유류, 합성수지류 등 심부화재 방호대상물 (설계농도가 2분 이내에 30[%] 도달)	7분
국소방출방식	30초

　㉡ 국소방출방식

　　• 소화약제의 방사에 의하여 가연물이 비산하지 아니하는 장소에 설치할 것

　　• 이산화탄소의 소화약제의 저장량은 30초 이내에 방사할 수 있는 것일 것

　㉢ 호스릴 이산화탄소소화설비

　　• 설치가능장소 : 화재 시 연기가 현저히 찰 우려가 없는 다음 장소

　　　– 지상 1층 및 피난층에 있는 부분(지상에서 수동 또는 원격조작에 따라 개방할 수 있는 개구부의 유효면적의 합계가 바닥면적의 15[%] 이상이 되는 부분)

　　　– 전기설비가 설치되어 있는 부분 또는 다량의 화기를 사용하는 부분(해당 설비의 주변 5[m] 이내의 부분 포함)의 바닥면적이 해당 설비가 설치되어 있는 구획의 바닥면적의 1/5 미만이 되는 부분(차고 또는 주차 용도로 사용되는 부분은 제외)

　　• 설치기준

　　　– 호스 접결구까지의 수평거리가 15[m] 이하가 되도록 할 것

　　　– 노즐은 20[℃]에서 하나의 노즐마다 60[kg/min] 이상의 소화약제를 방사할 수 있을 것

　　　– 소화약제 저장용기는 호스릴을 설치하는 장소마다 설치할 것

　　　– 소화약제 저장용기의 개방밸브는 호스 설치장소에서 수동으로 개폐할 수 있을 것

② 설치제외

    ㉠ 방재실·제어실 등 상시 사람이 근무하는 장소

    ㉡ 니트로셀룰로오스·셀룰로이드 제품 등 자기연소성 물질을 저장·취급하는 장소

    ㉢ 나트륨·칼륨·칼슘 등 활성금속 물질을 저장·취급하는 장소

    ㉣ 전시장 등 관람을 위해 다수인이 출입·통행하는 통로 및 전시실 등

(6) 소화약제 저장량

① 전역방출방식

    ㉠ 표면화재 방호대상(가연성 액체, 가연성 가스)

- 탄산가스저장량$[kg]$ = 방호구역 체적$[m^3]$ × 필요가스량$[kg/m^3]$ × 보정계수 + 개구부 면적$[m^2]$ × 가산량($5[kg/m^2]$)

방호구역 체적	필요가스량	최저한도의 양
$45[m^3]$ 미만	$1.00[kg/m^3]$	$45[kg]$
$45[m^3]$ 이상 $150[m^3]$ 미만	$0.90[kg/m^3]$	
$150[m^3]$ 이상 $1,450[m^3]$ 미만	$0.80[kg/m^3]$	$135[kg]$
$1,450[m^3]$ 이상	$0.75[kg/m^3]$	$1,125[kg]$

- 설계농도가 $34[\%]$ 이상인 방호대상물의 소화약제량은 산출한 기본 소화약제량에 다음 표에 따른 보정계수를 곱해 산출한다.

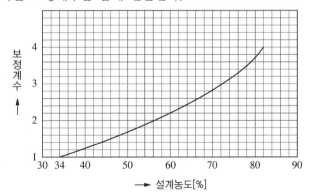

- 자동폐쇄장치를 설치하지 않은 개구부 면적(전체 표면적의 $3[\%]$ 이하)의 보정
보정량 = 개구부 면적 × $5[kg/m^2]$

- 소화에 필요한 설계농도

방호대상물	설계농도[%]
수 소	75
아세틸렌	66
일산화탄소	64
산화에틸렌	53
에틸렌	49
에 탄	40
석탄가스, 천연가스, 사이클로프로판	37
이소부탄, 프로판	36
부탄, 메탄	34

ⓛ 심부화재 방호대상물(종이, 목재, 석탄, 섬유류, 합성수지류 등)

- 탄산가스저장량[kg]

$$= \text{방호구역 체적}[m^3] \times \text{필요가스량}[kg/m^3] + \text{개구부 면적}[m^2] \times \text{가산량}(10[kg/m^2])$$

방호대상물	필요가스량	설계농도
유압기기를 제외한 전기설비, 케이블실	$1.3[kg/m^3]$	50[%]
체적 $55[m^3]$ 미만의 전기설비	$1.6[kg/m^3]$	50[%]
서고, 전자제품창고, 목재가공품창고, 박물관	$2.0[kg/m^3]$	65[%]
고무류·면화류 창고, 모피창고, 석탄창고, 집진설비	$2.7[kg/m^3]$	75[%]

※ 방호구역의 체적(불연재료나 내열성의 재료로 밀폐된 구조물이 있는 경우에는 그 체적을 감한 체적) 적용

- 자동폐쇄장치를 설치하지 않은 개구부 면적(전체 표면적의 3[%] 이하)의 보정

  보정량 = 개구부 면적 × 10[kg/m^2]

ⓒ 국소방출방식(CO_2 약제저장량)

소방대상물	약제저장량[kg]	
	고압식	저압식
윗면이 개방된 용기에 저장하는 경우와 화재 시 연소면이 한정되고, 가연물이 비산할 우려가 없는 경우	방호대상물의 표면적[m²] $\times 13[kg/m^2] \times 1.4$	방호대상물의 표면적[m²] $\times 13[kg/m^2] \times 1.1$
상기 이외의 것	방호공간의 체적[m³] $\times \left(8 - 6\dfrac{a}{A}\right)[kg/m^3] \times 1.4$	방호공간의 체적[m³] $\times \left(8 - 6\dfrac{a}{A}\right)[kg/m^3] \times 1.1$

여기서, 방호공간 : 방호대상물의 각 부분으로부터 0.6[m]의 거리에 따라 둘러싸인 공간

a : 방호대상물 주위에 설치된 벽 면적의 합계[m²]

A : 방호공간의 벽면적(벽이 없는 경우에는 벽이 있는 것으로 가정한 해당부분의 면적)의 합계[m²]

ⓔ 호스릴 이산화탄소소화설비

약제저장량 : 90[kg] 이상

ⓜ 이산화탄소

- 방출된 탄산가스량(소요량)$[m^3] = \dfrac{21 - O_2}{O_2} \times V$

- 탄산가스농도$[\%] = \dfrac{21 - O_2}{21} \times 100$

여기서, O_2 : 연소한계 산소농도[%]

V : 방호체적$[m^3]$

(7) 배관(전용 원칙)

① 강관사용

압력배관용 탄소강관(KS D 3562) 중 스케줄 80(저압식은 스케줄 40) 이상의 것 또는 이와 동등 이상의 강도를 가진 것으로 아연도금 등으로 방식처리된 것을 사용할 것(다만, 배관의 호칭구경이 20[mm] 이하인 경우에는 스케줄 40 이상인 것을 사용할 수 있다)

② 동관사용

배관의 이음이 없는 동 및 동합금관으로서 고압식은 16.5[MPa] 이상, 저압식은 3.75[MPa] 이상의 압력에 견딜 수 있는 것을 사용할 것

③ 관부속의 유지압력

구 분	압력 기준
고압식 개폐밸브 또는 선택밸브의 2차측 배관 부속	호칭 압력 2.0[MPa] 이상
고압식 개폐밸브 또는 선택밸브의 1차측 배관 부속	호칭 압력 4.0[MPa] 이상
저압식	2.0[MPa]의 압력에 견딜 것

(8) 기동장치(용기 내에 있는 가스를 외부로 분출하는 장치)

① 수동식

수동식 기동장치 부근에는 소화약제 방출을 지연시킬 수 있는 비상스위치(자동복귀형 스위치로서 수동식 기동장치의 타이머를 순간 정지시키는 기능의 스위치)를 설치하여야 한다.

㉠ 전역방출방식은 방호구역마다, 국소방출방식은 방호대상물마다 설치할 것

㉡ 해당 방호구역의 출입구 부근 등 조작하는 자가 쉽게 피난할 수 있는 장소에 설치할 것

㉢ 기동장치 조작부는 바닥으로부터 높이 0.8[m] 이상 1.5[m] 이하 위치에 설치할 것

㉣ 기동장치에는 그 가까운 곳의 보기 쉬운 곳에 "이산화탄소소화설비 기동장치"라고 표시한 표지를 할 것

　　ⓜ 전기를 사용하는 기동장치에는 전원표시등을 설치할 것

　　ⓗ 기동장치의 방출용 스위치는 음향경보장치와 연동하여 조작될 수 있는 것으로 할 것

② **자동식**

　　㉠ 자동화재탐지설비 감지기의 작동과 연동하며 수동으로 기동할 수 있는 구조로 할 것

　　㉡ 전기식 기동장치로서 7병 이상의 저장용기를 동시에 개방하는 설비는 2병 이상의 저장용기에 전자개방밸브를 부착할 것

　　㉢ 기동장치 기준

　　　• 기동용 가스용기 및 해당 용기에 사용하는 밸브는 25[MPa] 이상의 압력에 견딜 수 있는 것으로 할 것

　　　• 기동용 가스용기에는 내압시험압력의 0.8배부터 내압시험압력 이하에서 작동하는 안전장치를 설치할 것

구 분	설계기준
기동용 가스용기의 용적	5[L] 이상
질소 등의 비활성기체 충전압력	6.0[MPa] 이상(21[℃] 기준)
압력게이지 설치	기동용 가스용기의 충전 여부 확인

(9) 자동폐쇄장치

① 환기장치를 설치한 것은 이산화탄소가 방사되기 전에 해당 환기장치가 정지할 수 있도록 할 것

② 개구부가 있거나 천장으로부터 1[m] 이상의 아랫부분 또는 바닥으로부터 해당 층의 높이의 3분의 2 이내의 부분에 통기구가 있어 이산화탄소의 유출에 따라 소화효과를 감소시킬 우려가 있는 것은 이산화탄소가 방사되기 전에 해당 개구부 및 통기구를 폐쇄할 수 있도록 할 것

③ 자동폐쇄장치는 방호구역 또는 방호대상물이 있는 구획의 밖에서 복구할 수 있는 구조로 하고, 그 위치를 표시하는 표지를 할 것

(10) 배출설비

지하층, 무창층 및 밀폐된 거실 등에 이산화탄소소화설비를 설치한 경우에는 소화약제의 농도를 희석시키기 위한 배출설비를 갖추어야 한다.

(11) 선택밸브

① 방출구획을 설정하기 위해 각 구획마다 설치하는 밸브

    ㉠ 방호구역 또는 방호대상물마다 설치할 것

    ㉡ 각 선택밸브에는 그 담당방호구역 또는 방호대상물을 표시할 것

② 구 조

    ㉠ 선택밸브는 쉽게 작동될 수 있는 구조일 것

    ㉡ 선택밸브는 자동개방을 위하여 피스톤릴리저, 솔레노이드식 작동장치, 모터식 작동 장치 중 하나를 설치할 수 있다.

    ㉢ 소화약제가 통과하는 내부는 표면이 매끈하게 다듬질되어 있을 것

    ㉣ 접합부에는 쉽게 접속시킬 수 있는 관플랜지, 나사 또는 용접용 소켓 등을 사용할 것

③ 시 험

    ㉠ 내압시험

    사용 압력범위 최대치 1.5배의 압력을 수압력으로 5분간 가하는 시험에서 물이 새거 나 변형 등이 생기지 아니할 것

    ㉡ 기밀시험

    밸브시트는 닫힌 상태에서 다음 표에 해당하는 압력을 공기압 또는 질소압으로 5분간 가하는 경우에 누설되지 아니할 것

구 분	시험압력
가스계소화설비용	사용압력 범위의 최대치의 1.2배
분말소화설비용	사용압력 범위의 최대치

    ㉢ 기능시험

    • 자동 또는 수동의 방법에 의하여 작동하는 경우에 조작이 원활하고 확실하게 작동 되어야 할 것

    • 피스톤릴리저는 1[MPa]의 압력 이내에서 작동되어야 하며 밸브시트를 확실하게 열 수 있어야 할 것(단, 볼타입인 경우 2.5[MPa] 이내에서 작동되어야 한다)

    • 솔레노이드식 작동장치, 모터식 작동장치는 정격전압의 ±10[%] 범위 내에서 작동 되어야 하며 밸브시트를 확실하게 열 수 있어야 할 것

(12) 음향경보장치

① 소화약재의 방사개시 후 1분 이상까지 경보를 계속할 수 있는 것으로 할 것

② 방호구역 또는 방호대상물이 있는 구획 안에 있는 자에게 유효하게 경보할 수 있는 것으 로 할 것

01 이산화탄소소화약제의 저장용기에 관한 일반적인 설명으로 옳지 않은 것은? [19년 2회]

① 방호구역 내의 장소에 설치하되 피난구 부근을 피하여 설치할 것
② 온도가 40[℃] 이하이고, 온도변화가 적은 곳에 설치할 것
③ 직사광선 및 빗물이 침투할 우려가 없는 곳에 설치할 것
④ 용기 간의 간격은 점검에 지장이 없도록 3[cm] 이상의 간격을 유지할 것

해설 저장용기 설치장소 기준
- 방호구역 외의 장소에 설치할 것(단, 방호구역 내에 설치할 경우에는 조작이 용이하도록 피난구 부근에 설치)
- 온도가 40[℃] 이하이고, 온도변화가 적은 곳에 설치할 것
- 직사광선 및 빗물이 침투할 우려가 없는 곳에 설치할 것
- 방화문으로 구획된 실에 설치할 것
- 용기의 설치장소에는 해당 용기가 설치된 곳임을 표시하는 표지를 할 것
- 용기 간의 간격은 점검에 지장이 없도록 3[cm] 이상의 간격을 유지할 것
- 저장용기와 집합관을 연결하는 연결배관에는 체크밸브를 설치할 것(단, 저장용기가 하나의 방호구역만을 담당하는 경우에는 예외)

02 이산화탄소소화약제 저압식 저장용기의 충전비로 옳은 것은? [18년 2회]

① 0.9 이상 1.1 이하
② 1.1 이상 1.4 이하
③ 1.4 이상 1.7 이하
④ 1.5 이상 1.9 이하

해설 저장용기

구 분	저압식	고압식
충전비	1.1 이상 1.4 이하	1.5 이상 1.9 이하
내압시험	3.5[MPa] 이상에 합격	25[MPa] 이상에 합격
안전밸브 작동압력	내압시험압력의 0.64배부터 0.8배	
봉판 작동압력	내압시험압력의 0.8배부터 내압시험압력에서 작동	
압력경보장치	2.3[MPa] 이상 1.9[MPa] 이하	
자동냉동장치	−18[℃] 이하에서 2.1[MPa]의 압력 유지	
액면계, 압력계	설 치	
기동 방식	전기식, 가스압력식, 기계식(수동으로 가능)	

$$충전비 = \frac{용기의\ 내용적[L]}{충전하는\ 탄산가스의\ 중량[kg]}$$

1 ① 2 ② **정답**

03 이산화탄소소화약제의 저장용기 설치기준 중 옳은 것은? [18년 2회, 19년 1회]

① 저장용기의 충전비는 고압식은 1.9 이상 2.3 이하, 저압식은 1.5 이상 1.9 이하로 할 것
② 저압식 저장용기에는 액면계 및 압력계와 2.1[MPa] 이상 1.7[MPa] 이하의 압력에서 작동하는 압력경보장치를 설치할 것
③ 저장용기는 고압식은 25[MPa] 이상, 저압식은 3.5[MPa] 이상의 내압시험압력에 합격한 것으로 할 것
④ 저압식 저장용기에는 내압시험압력의 1.8배의 압력에서 작동하는 안전밸브와 내압시험압력의 0.8배부터 내압시험압력까지의 범위에서 작동하는 봉판을 설치할 것

해설 2번 해설 참조

04 이산화탄소소화설비의 화재안전기준상 저압식 이산화탄소소화약제 저장용기에 설치하는 안전밸브의 작동압력은 내압시험압력의 몇 배에서 작동해야 하는가? [20년 3회]

① 0.24~0.4
② 0.44~0.6
③ 0.64~0.8
④ 0.84~1.0

해설 2번 해설 참조

05 이산화탄소소화설비의 화재안전기준상 전역방출방식의 이산화탄소소화설비의 분사헤드 방사압력은 저압식인 경우 최소 몇 [MPa] 이상이어야 하는가? [20년 3회]

① 0.5   ② 1.05

③ 1.4   ④ 2.0

해설 설치기준

• 전역방출방식

구 분	분사헤드의 방사압력
고압식	2.1[MPa] 이상
저압식	1.05[MPa] 이상

소방대상물	약제방사 시간
가연성 액체 또는 가연성 가스 등 표면화재 방호대상물	1분
종이, 목재, 석탄, 섬유류, 합성수지류 등 심부화재 방호대상물 (설계농도가 2분 이내에 30[%] 도달)	7분
국소방출방식	30초

• 국소방출방식
 – 소화약제의 방사에 의하여 가연물이 비산하지 아니하는 장소에 설치할 것
 – 이산화탄소의 소화약제의 저장량은 30초 이내에 방사할 수 있는 것일 것

06 호스릴 이산화탄소소화설비의 노즐은 20[℃]에서 하나의 노즐마다 몇 [kg/min] 이상의 소화약제를 방사할 수 있는 것이어야 하는가? [18년 1회]

① 40   ② 50

③ 60   ④ 80

해설 호스릴 이산화탄소소화설비

• 설치가능장소 : 화재 시 연기가 현저히 찰 우려가 없는 다음 장소
 – 지상 1층 및 피난층에 있는 부분(지상에서 수동 또는 원격조작에 따라 개방할 수 있는 개구부의 유효면적의 합계가 바닥면적의 15[%] 이상이 되는 부분)
 – 전기설비가 설치되어 있는 부분 또는 다량의 화기를 사용하는 부분(해당 설비의 주변 5[m] 이내의 부분 포함)의 바닥면적이 해당 설비가 설치되어 있는 구획의 바닥면적의 1/5 미만이 되는 부분(차고 또는 주차 용도로 사용되는 부분은 제외)

• 설치기준
 – 호스 접결구까지의 수평거리가 15[m] 이하가 되도록 할 것
 – 노즐은 20[℃]에서 하나의 노즐마다 60[kg/min] 이상의 소화약제를 방사할 수 있을 것
 – 소화약제 저장용기는 호스릴을 설치하는 장소마다 설치할 것
 – 소화약제 저장용기의 개방밸브는 호스 설치장소에서 수동으로 개폐할 수 있을 것

07 체적 100[m³]의 면화류 창고에 전역방출방식의 이산화탄소소화설비를 설치하는 경우에 소화약제는 몇 [kg] 이상 저장하여야 하는가?(단, 방호구역의 개구부에 자동폐쇄장치가 부착되어 있다)

[19년 4회]

① 12

② 27

③ 120

④ 270

해설 심부화재 방호대상물(종이, 목재, 석탄, 섬유류, 합성수지류 등)

- 탄산가스저장량[kg]

= 방호구역 체적[m³] × 필요가스량[kg/m³] + 개구부 면적[m²] × 가산량(10[kg/m²])

방호대상물	필요가스량	설계농도
유압기기를 제외한 전기설비, 케이블실	1.3[kg/m³]	50[%]
체적 55[m³] 미만의 전기설비	1.6[kg/m³]	50[%]
서고, 전자제품창고, 목재가공품창고, 박물관	2.0[kg/m³]	65[%]
고무류·면화류 창고, 모피창고, 석탄창고, 집진설비	2.7[kg/m³]	75[%]

※ 방호구역의 체적(불연재료나 내열성의 재료로 밀폐된 구조물이 있는 경우에는 그 체적을 감한 체적) 적용

- 자동폐쇄장치를 설치하지 않은 개구부 면적(전체 표면적의 3[%] 이하)의 보정

보정량 = 개구부 면적 × 10[kg/m²]

∴ 소화약제량 = 방호구역 체적[m³] × 소화약제량[kg/m³]

= 100[m³] × 2.7[kg/m³]

= 270[kg]

08 이산화탄소소화설비의 화재안전기준상 배관의 설치기준 중 다음 (   ) 안에 알맞은 것은?

[18년 1회, 21년 1회]

> 고압식의 경우 개폐밸브 또는 선택밸브의 2차측 배관부속은 호칭압력 2.0[MPa] 이상의 것을 사용하여야 하며, 1차측 배관부속은 호칭압력 (㉠)[MPa] 이상의 것을 사용하여야 하고, 저압식의 경우에는 (㉡)[MPa]의 압력에 견딜 수 있는 배관부속을 사용할 것

① ㉠ 3.0, ㉡ 2.0
② ㉠ 4.0, ㉡ 2.0
③ ㉠ 3.0, ㉡ 2.5
④ ㉠ 4.0, ㉡ 2.5

해설 배관(전용 원칙)
- 강관사용 : 압력배관용 탄소강관(KS D 3562) 중 스케줄 80(저압식은 스케줄 40) 이상의 것 또는 이와 동등 이상의 강도를 가진 것으로 아연도금 등으로 방식처리된 것을 사용할 것(다만, 배관의 호칭구경이 20[mm] 이하인 경우에는 스케줄 40 이상인 것을 사용할 수 있다)
- 동관사용 : 배관의 이음이 없는 동 및 동합금관으로서 고압식은 16.5[MPa] 이상, 저압식은 3.75[MPa] 이상의 압력에 견딜 수 있는 것을 사용할 것
- 관부속의 유지압력

구 분	압력 기준
고압식 개폐밸브 또는 선택밸브의 2차측 배관 부속	호칭 압력 2.0[MPa] 이상
고압식 개폐밸브 또는 선택밸브의 1차측 배관 부속	호칭 압력 4.0[MPa] 이상
저압식	2.0[MPa]의 압력에 견딜 것

8 ② **정답**

09 이산화탄소소화설비의 화재안전기준상 수동식 기동장치의 설치기준에 적합하지 않은 것은? [21년 2회]

① 전역방출방식에 있어서는 방호대상물마다 설치
② 전기를 사용하는 기동장치에는 전원표시등을 설치할 것
③ 기동장치의 조작부는 바닥으로부터 높이 0.8[m] 이상 1.5[m] 이하의 위치에 설치하고, 보호판 등에 따른 보호장치를 설치할 것
④ 기동장치의 방출용 스위치는 음향경보장치와 연동하여 조작될 수 있는 것으로 할 것

해설 **수동식**
수동식 기동장치 부근에는 소화약제 방출을 지연시킬 수 있는 비상스위치(자동복귀형 스위치로서 수동식 기동장치의 타이머를 순간 정지시키는 기능의 스위치)를 설치하여야 한다.
- 전역방출방식은 방호구역마다, 국소방출방식은 방호대상물마다 설치할 것
- 해당 방호구역의 출입구 부근 등 조작하는 자가 쉽게 피난할 수 있는 장소에 설치할 것
- 기동장치 조작부는 바닥으로부터 높이 0.8[m] 이상 1.5[m] 이하 위치에 설치할 것
- 기동장치에는 그 가까운 곳의 보기 쉬운 곳에 "이산화탄소소화설비 기동장치"라고 표시한 표지를 할 것
- 전기를 사용하는 기동장치에는 전원표시등을 설치할 것
- 기동장치의 방출용 스위치는 음향경보장치와 연동하여 조작될 수 있는 것으로 할 것

자동식
- 자동화재탐지설비 감지기의 작동과 연동하며 수동으로 기동할 수 있는 구조로 할 것
- 전기식 기동장치로서 7병 이상의 저장용기를 동시에 개방하는 설비는 2병 이상의 저장용기에 전자개방밸브를 부착할 것
- 기동장치 기준
  - 기동용 가스용기 및 해당 용기에 사용하는 밸브는 25[MPa] 이상의 압력에 견딜 수 있는 것으로 할 것
  - 기동용 가스용기에는 내압시험압력의 0.8배부터 내압시험압력 이하에서 작동하는 안전장치를 설치할 것

구 분	설계기준
기동용 가스용기의 용적	5[L] 이상
질소 등의 비활성기체 충전압력	6.0[MPa] 이상(21[℃] 기준)
압력게이지 설치	기동용 가스용기의 충전 여부 확인

핵심 예제

10 이산화탄소소화설비의 기동장치에 대한 기준으로 틀린 것은? [19년 4회]

① 자동식 기동장치에는 수동으로도 기동할 수 있는 구조로 할 것

② 가스압력식 기동장치에서 기동용 가스용기 및 해당 용기에 사용하는 밸브는 20[MPa] 이상의 압력에 견딜 수 있어야 한다.

③ 수동식 기동장치의 조작부는 바닥으로부터 높이 0.8[m] 이상 1.5[m] 이하의 위치에 설치한다.

④ 전기식 기동장치로서 7병 이상의 저장용기를 동시에 개방하는 설비는 2병 이상의 저장 용기에 전자 개방밸브를 부착해야 한다.

해설 9번 해설 참조

11 이산화탄소소화설비의 화재안전기준에 따른 이산화탄소소화설비의 기동장치의 설치기준으로 맞는 것은? [17년 2회, 20년 1·2회]

① 가스압력식 기동장치 기동용가스용기의 용적은 3[L] 이상으로 한다.

② 수동식 기동장치는 전역방출방식에 있어서 방호대상물마다 설치한다.

③ 수동식 기동장치의 부근에는 소화약제의 방출을 지연시킬 수 있는 비상스위치를 설치해야 한다.

④ 전기식 기동장치로서 5병의 저장용기를 동시에 개방하는 설비는 2병 이상의 저장용기에 전자개방밸브를 부착해야 한다.

해설 9번 해설 참조

10 ② 11 ③ 정답

9 할론소화설비

(1) 개 요

메탄계 탄화수소[메탄(CH_4)과 에탄(C_2H_6)]와 소화성능이 우수한 할로겐원소(F, Cl, Br, I)를 치환하여 제조한 것이 할론소화약제이다(전자기기실, 컴퓨터실, 기계실 등 설치하여 연소를 저지하는 설비).

(2) 특 징

① 가연성 액체화재에는 연소억제작용이 크며 소화능력이 우수하다.
② 일반금속에 대하여 부식성이 적으며 소화 후 소방대상물에 대한 부식, 손상, 오염의 우려가 없다.
③ 보관 시 변질, 분해 등이 없어 장기보존이 가능하다.
④ 전기부도체이므로 전기기기에 사용할 수 있다.
⑤ 소화약제의 가격이 비싸다.

(3) 저장용기 설치장소

이산화탄소소화설비 설치기준과 동일

(4) 할론소화설비 종류

① 설치방식
　㉠ 고정식
　㉡ 이동식
② 방출방식
　㉠ 전역방출방식
　　고정식 할론 공급장치에 배관 및 분사헤드를 고정 설치하여 밀폐 방호구역 내에 할론을 방출하는 설비
　㉡ 국소방출방식
　　고정식 할론 공급장치에 배관 및 분사헤드를 설치하여 직접 화점에 할론을 방출하는 설비로 화재발생부분에만 집중적으로 소화약제를 방출하도록 설치하는 방식
　㉢ 호스릴방식
　　분사헤드가 배관에 고정되어 있지 않고 소화약제 저장용기에 호스를 연결하여 사람이 직접 화점에 소화약제를 방출하는 이동식소화설비

③ 기동방식

　㉠ 수동방식

　　화재 시 기동장치에 의해 문이 열리면 음향경보장치를 기동하여 사람의 피난을 확인하고 솔레노이드로서 기동용기를 개방하여 소화하는 방식

　㉡ 자동방식

　　자동화재탐지설비와 연동하여 솔레노이드가 기동용기를 작동시켜 할론용기를 개방하여 가스를 방출하는 방식

　㉢ 겸용방식

　　감지기 및 원거리 작동장치를 포함한 수동방식과 자동방식을 겸용하는 방식

(5) 소화약제 저장용기

① 축압식 저장용기의 압력

약 제	할론 1301	할론 1211	축압가스
저압식	2.5[MPa]	1.1[MPa]	질소(N_2)가스
고압식	4.2[MPa]	2.5[MPa]	

② 저장용기의 충전비

약제 구분	할론 2402		할론 1211	할론 1301
	가압식	축압식		
충전비	0.51 이상 0.67 미만	0.67 이상 2.57 이하	0.7 이상 1.4 이하	0.9 이상 1.6 이하

③ 가압용 가스

가압가스	충전압력(21[℃]에서)	가압식 저장용기
질 소	2.5[MPa] 또는 4.2[MPa]	2.0[MPa] 이하 압력조정장치 설치

※ 하나의 구역을 담당하는 소화약제 저장용기의 소화약제양의 체적 합계보다 그 소화약제 방출 시 방출 경로가 되는 배관(집합관 포함)의 내용적이 1.5배 이상일 경우에는 해당 방호구역에 대한 설비는 별도 독립방식으로 해야 한다.

(6) 소화약제 저장량

① 전역방출방식

저장량(W) = $V \times \alpha + A \times \beta$

여기서, V : 방호구역의 체적[m³]

　　　　A : 자동폐쇄장치가 없는 개구부의 면적[m²]

　　　　α : 방호구역 1[m³]에 대한 할론소화약제 양[kg/m³]

　　　　β : 개구부(자동폐쇄장치가 없는 경우) 면적당 가산량[kg/m²]

소방대상물 또는 그 부분	소화약제	필요가스량	가산량 (자동폐쇄장치 미설치 시)
차고·주차장·전기실·통신기기실·전산실 등	할론 1301	$0.32 \sim 0.64[kg/m^3]$	$2.4[kg/m^2]$
가연성 고체류·석탄류·목탄류·가연성 액체류	할론 2402	$0.40 \sim 1.1[kg/m^3]$	$3.0[kg/m^2]$
가연성 고체류·석탄류·목탄류·가연성 액체류	할론 1211	$0.36 \sim 0.71[kg/m^3]$	$2.7[kg/m^2]$
가연성 고체류·석탄류·목탄류·가연성 액체류	할론 1301	$0.32 \sim 0.64[kg/m^3]$	$2.4[kg/m^2]$
면화류·나무껍질 및 대패밥·넝마 및 종이부스러기·사류 및 볏짚류	할론 1211	$0.60 \sim 0.71[kg/m^3]$	$4.5[kg/m^2]$
면화류·나무껍질 및 대패밥·넝마 및 종이부스러기·사류 및 볏짚류	할론 1301	$0.52 \sim 0.64[kg/m^3]$	$3.9[kg/m^2]$
합성수지류	할론 1211	$0.36 \sim 0.71[kg/m^3]$	$2.7[kg/m^2]$
합성수지류	할론 1301	$0.32 \sim 0.64[kg/m^3]$	$2.4[kg/m^2]$

② 국소방출방식

할론소화약제 양$(Q) = X - Y\dfrac{a}{A}$

여기서, Q : 방호공간 $1[m^3]$에 대한 할론소화약제의 양$[kg/m^3]$

　　　　a : 방호대상물 주변에 설치된 벽의 면적합계$[m^3]$

　　　　A : 방호공간의 벽면적(벽이 없는 경우에는 벽이 있는 것으로 가정한 당해 부분의 면적)의 합계$[m^3]$

소화약제의 종별	약제저장량[kg]		
소화약제의 종별	할론 2402	할론 1211	할론 1301
윗면이 개방된 용기에 저장하는 경우와 화재 시 연소면이 1면에 한정되고 가연물이 비산할 우려가 없는 경우	방호대상물의 표면적$[m^2]$ $\times 8.8[kg/m^2] \times 1.1$	방호대상물의 표면적$[m^2]$ $\times 7.6[kg/m^2] \times 1.1$	방호대상물의 표면적$[m^2]$ $\times 6.8[kg/m^2] \times 1.25$
상기 이외의 경우	방호공간의 체적$[m^3]$ $\times \left(X - Y\dfrac{a}{A}\right)[kg/m^3] \times 1.1$	방호공간의 체$[m^3]$ $\times \left(X - Y\dfrac{a}{A}\right)[kg/m^3] \times 1.1$	방호공간의 체적$[m^3]$ $\times \left(X - Y\dfrac{a}{A}\right)[kg/m^3] \times 1.25$
X 수치	5.2	4.4	4.0
Y 수치	3.9	3.3	3.0

③ 호스릴방식

종 별	방사압력	호스릴방식	
종 별	방사압력	약제저장량	분당 방사량
할론 2402	0.1[MPa] 이상	50[kg]	45[kg]
할론 1211	0.2[MPa] 이상	50[kg]	40[kg]
할론 1301	0.9[MPa] 이상	45[kg]	35[kg]

(7) 기동장치

① 수동식

수동식 기동장치의 부근에는 소화약제의 방출을 지연시킬 수 있는 비상스위치(자동복귀형 스위치로서 수동식 기동장치의 타이머를 순간 정지시키는 기능의 스위치를 말한다)를 설치하여야 한다.

ㄱ 전역방출방식은 방호구역마다, 국소방출방식은 방호대상물마다 설치할 것

ㄴ 해당 방호구역의 출입구 부분 등 조작을 하는 자가 쉽게 피난할 수 있는 장소에 설치할 것

ㄷ 기동장치의 조작부는 바닥으로부터 높이 0.8[m] 이상 1.5[m] 이하의 위치에 설치하고, 보호판 등에 따른 보호장치를 설치할 것

ㄹ 기동장치에는 그 가까운 곳의 보기 쉬운 곳에 "할론소화설비 기동장치"라고 표시한 표지를 할 것

ㅁ 전기를 사용하는 기동장치에는 전원표시등을 설치할 것

ㅂ 기동장치의 방출용 스위치는 음향경보장치와 연동하여 조작될 수 있는 것으로 할 것

② 자동식(자동화재탐지설비 감지기와 연동)

자동식 기동장치는 자동화재탐지설비의 감지기의 작동과 연동하는 것으로서 다음 기준에 따라 설치하여야 한다.

ㄱ 자동식 기동장치에는 수동으로도 기동할 수 있는 구조로 할 것

ㄴ 전기식 기동장치로서 7병 이상의 저장용기를 동시에 개방하는 설비는 2병 이상의 저장용기에 전자개방밸브를 부착할 것

ㄷ 가스압력식 기동장치의 설치기준

구 분	용기 및 밸브	용 적	CO_2 양	충전비	안전장치 작동압력(내압시험압력)
설치기준	25[MPa] 이상	1[L] 이상	0.6[kg] 이상	1.5 이상	0.8배부터 내압시험압력 이하

(8) 분사헤드

① 전역·국소방출방식의 할론소화설비의 분사헤드

약 제	방사압력	방사시간
할론 2402	(무상으로 분무) 0.1[MPa] 이상	
할론 1211	0.2[MPa] 이상	10초 이내
할론 1301	0.9[MPa] 이상	

② 호스릴방식

ㄱ 화재 시 현저하게 연기가 찰 우려가 없는 장소에 설치할 것

ㄴ 방호대상물의 각 부분으로부터 하나의 호스접결구까지의 수평거리가 20[m] 이하가 되도록 할 것

ⓒ 소화약제의 저장용기의 개방밸브는 호스릴의 설치장소에서 수동으로 개폐할 수 있는 것으로 할 것

ⓔ 소화약제의 저장용기는 호스릴을 설치하는 장소마다 설치할 것

ⓜ 노즐은 20[℃]에서 하나의 노즐마다 1분당 방사량

약제 구분	할론 2402(무상)	할론 1211	할론 1301
방사량	45[kg/min]	40[kg/min]	35[kg/min]

(9) 배 관

① 전용으로 할 것

② 강관을 사용하는 경우의 배관은 압력배관용 탄소강관(KS D 3562) 중 이음이 없는 스케줄 40 이상의 것 또는 이와 동등 이상의 강도를 가진 것으로 아연도금 등에 의하여 방식처리된 것을 사용할 것

③ 동관을 사용하는 경우에는 이음이 없는 동 및 동합금관(KS D 5301)의 것으로서 고압식은 16.5[MPa] 이상, 저압식은 3.75[MPa] 이상의 압력에 견딜 수 있는 것일 것

④ 배관부속 및 밸브류는 강관 또는 동관과 동등 이상의 강도 및 내식성이 있는 것으로 할 것

(10) 제어반 및 화재표시반

할론소화설비의 제어반 및 화재표시반은 다음 각 호의 기준에 따라 설치하여야 한다. 다만, 자동화재탐지설비의 수신기의 제어반이 화재표시반의 기능을 가지고 있는 것은 화재표시반을 설치하지 아니할 수 있다.

① 제어반은 수동기동장치 또는 감지기에서의 신호를 수신하여 음향경보장치의 작동, 소화약제의 방출 또는 지연 기타의 제어기능을 가진 것으로 하고, 제어반에는 전원표시등을 설치할 것

② 화재표시반은 제어반에서의 신호를 수신하여 작동하는 기능을 가진 것으로 하되, 다음 각 목의 기준에 따라 설치할 것

ⓐ 각 방호구역마다 음향경보장치의 조작 및 감지기의 작동을 명시하는 표시등과 이와 연동하여 작동하는 벨·버저 등의 경보기를 설치할 것. 이 경우 음향경보장치의 조작 및 감지기의 작동을 명시하는 표시등을 겸용할 수 있다.

ⓑ 수동식 기동장치는 그 방출용스위치의 작동을 명시하는 표시등을 설치할 것

ⓒ 소화약제의 방출을 명시하는 표시등을 설치할 것

ⓓ 자동식 기동장치는 자동·수동의 절환을 명시하는 표시등을 설치할 것

③ 제어반 및 화재표시반의 설치장소는 화재에 따른 영향, 진동 및 충격에 따른 영향 및 부식의 우려가 없고 점검에 편리한 장소에 설치할 것

④ 제어반 및 화재표시반에는 해당회로도 및 취급설명서를 비치할 것

10 할로겐화합물 및 불활성기체 소화설비

(1) 개 요

할로겐화합물(할론 1301, 할론 2402, 할론 1211 제외) 및 불활성기체로서 전기적으로 비전
도성이며 휘발성이 있거나 증발 후 잔여물을 남기지 않는 소화약제를 말한다(전기실, 발전
실, 전산실 등에 설치하여 연소를 저지).

(2) 용어 정의

① 할로겐화합물소화약제

불소, 염소, 브롬 또는 요오드 중 하나 이상의 원소를 포함하고 있는 유기화합물을 기본
성분으로 하는 소화약제

② 불활성기체소화약제

헬륨, 네온, 아르곤 또는 질소가스 중 하나 이상의 원소를 기본성분으로 하는 소화약제

③ 충전밀도

용기의 단위 용적당 소화약제의 중량 비율

(3) 소화약제의 분류

① 할로겐화합물계열

계 열	해당 물질
HFC(Hydro Fluoro Carbons) 계열 [C(탄소)에 F(불소)와 H(수소)가 결합된 것]	• HFC-125 • HFC-227ea • HFC-23 • HFC-236fa
HCFC(Hydro Chloro Fluoro Carbons) 계열 [C(탄소)에 Cl(염소), F(불소), H(수소)가 결합된 것]	• HCFH-BLEND A • HCFC-124
FIC(Fluoro Iodo Carbons) 계열 [C(탄소)에 F(불소)와 I(요오드)가 결합된 것]	FIC-1311
FC(PerFluoro Cartbons) 계열 [C(탄소)에 F(불소)가 결합된 것]	• FC-3-1-10 • FK-5-1-12

② 불활성기체계열

종 류	화학식
IG-01	Ar
IG-100	N_2
IG-55	$N_2(50[\%])$, Ar(50[%])
IG-541	$N_2(52[\%])$, Ar(40[%]), $CO_2(8[\%])$

(4) 소화약제의 설치제외 장소

① 사람이 상주하는 곳으로 최대허용설계농도를 초과하는 장소

② 제3류 위험물 및 제5류 위험물을 사용하는 장소. 다만, 소화성능이 인정되는 위험물은 제외한다.

(5) 소화약제의 저장용기

① 방호구역 외의 장소에 설치할 것. 다만, 방호구역 내에 설치할 경우에는 피난 및 조작이 용이하도록 피난구 부근에 설치하여야 한다.

② 온도가 55[℃] 이하이고 온도변화가 적은 곳에 설치할 것

③ 직사광선 및 빗물이 침투할 우려가 없는 곳에 설치할 것

④ 저장용기를 방호구역 외에 설치한 경우에는 방화문으로 구획된 실에 설치할 것

⑤ 용기의 설치장소에는 해당 용기가 설치된 곳임을 표시하는 표지를 할 것

⑥ 용기 간의 간격은 점검에 지장이 없도록 3[cm] 이상의 간격을 유지할 것

⑦ 저장용기와 집합관을 연결하는 연결배관에는 체크밸브를 설치할 것. 다만, 저장용기가 하나의 방호구역만을 담당하는 경우에는 그러하지 아니하다.

⑧ 재충전 또는 교체 시기 : 약제량 손실이 5[%]를 초과 또는 압력손실이 10[%] 초과 시(단, 불활성기체소화약제 : 압력손실이 5[%] 초과 시)

(6) 소화약제의 저장량

① 할로겐화합물소화약제

소화약제산출량(W) = $V/S \times [C/(100 - C)]$

여기서, W : 소화약제의 무게[kg]

V : 방호구역의 체적[m^3]

C : 체적에 따른 소화약제의 설계농도[%]

t : 방호구역의 최소예상온도[℃]

S : 소화약제별 선형상수($K_1 + K_2 \times t$)[m^3/kg]

소화약제	K_1	K_2
FC-3-1-10	0.094104	0.00034455
HCFC BLEND A	0.2413	0.00088
HCFC-124	0.1575	0.0006
HFC-125	0.1825	0.0007
HFC-227ea	0.1269	0.0005
HFC-23	0.3164	0.0012
HFC-236fa	0.1413	0.0006
FIC-1311	0.1138	0.0005
FK-5-1-12	0.0664	0.0002741

② 불활성기체소화약제(저장 시 기체상태)

소화약제산출량$(X) = 2.303(V_S/S) \times \log_{10}[100/(100-C)]$

여기서, X : 공간체적당 더해진 소화약제의 부피$[\text{m}^3]$

C : 체적에 따른 소화약제의 설계농도[%]

V_S : 20[℃]에서 소화약제의 비체적$[\text{m}^3/\text{kg}]$

t : 방호구역의 최소예상온도[℃]

S : 소화약제별 선형상수$(K_1 + K_2 \times t)[\text{m}^3/\text{kg}]$

소화약제	K_1	K_2
IG-01	0.5685	0.00208
IG-100	0.7997	0.00293
IG-541	0.65799	0.00239
IG-55	0.6598	0.00242

체적에 따른 소화약제의 설계농도[%]는 상온에서 제조업체의 설계기준에서 정한 실험수치를 적용한다. 이 경우 설계농도는 소화농도[%]에 안전계수(A · C급 화재 1.2, B급 화재 1.3)를 곱한 값으로 할 것

(7) 기동장치

① 수동식

수동식 기동장치의 부근에는 소화약제의 방출을 지연시킬 수 있는 비상스위치(자동복귀형 스위치로서 수동식 기동장치의 타이머를 순간 정치시키는 기능의 스위치를 말한다)를 설치하여야 한다.

㉠ 방호구역마다 설치할 것

㉡ 해당 방호구역의 출입구 부근 등 조작을 하는 자가 쉽게 피난할 수 있는 장소에 설치할 것

㉢ 기동장치의 조작부는 바닥으로부터 0.8[m] 이상 1.5[m] 이하의 위치에 설치하고, 보호판 등에 따른 보호장치를 설치할 것

㉣ 기동장치에는 가깝고 보기 쉬운 곳에 "할로겐화합물 및 불활성기체소화설비 기동장치"라는 표지를 할 것

㉤ 전기를 사용하는 기동장치에는 전원표시등을 설치할 것

㉥ 기동장치의 방출용 스위치는 음향경보장치와 연동하여 조작될 수 있는 것으로 할 것

㉦ 5[kg] 이하의 힘을 가하여 기동할 수 있는 구조로 설치할 것

② 자동식(자동화재탐지설비 감지기 작동과 연동)

㉠ 자동식 기동장치에 수동식 기동장치를 함께 설치할 것

㉡ 기계식, 전기식 또는 가스압력식에 따른 방법으로 기동하는 구조로 설치할 것

③ 출입구에는 소화약제가 방출되고 있음을 나타내는 표시등을 설치할 것

(8) 설치기준

① 분사헤드

 ㉠ 분사헤드의 설치 높이 : 방호구역의 바닥으로부터 최소 0.2[m] 이상 최대 3.7[m] 이하(천장높이가 3.7[m]를 초과할 경우에는 추가로 다른 열의 분사헤드를 설치할 것)

 ㉡ 분사헤드의 오리피스의 면적은 분사헤드가 연결되는 배관구경면적의 70[%]를 초과하여서는 아니 된다.

② 화재감지기회로

 교차회로방식

③ 음향경보장치

 ㉠ 수동식 기동장치를 설치한 것은 그 기동장치의 조작과정에서, 자동식 기동장치를 설치한 것은 화재감지기와 연동하여 자동으로 경보를 발하는 것으로 할 것

 ㉡ 소화약제의 방사 개시 후 1분 이상 경보를 계속할 수 있는 것으로 할 것

 ㉢ 방호구역 또는 방호대상물이 있는 구획의 각 부분으로부터 하나의 확성기까지의 수평거리는 25[m] 이하가 되도록 할 것

④ 소화약제 비상전원

 ㉠ 20분 이상

 ㉡ 자가발전설비, 축전지설비(제어반에 내장하는 경우 포함), 전기저장장치

⑤ 자동폐쇄장치 대상물

 ㉠ 환기장치를 설치한 것은 할로겐화합물 및 불활성기체소화약제가 방사되기 전에 해당 환기장치가 정지할 수 있도록 할 것

 ㉡ 개구부가 있거나 천장으로부터 1[m] 이상 아랫부분 또는 바닥으로부터 해당 층의 높이의 2/3 이내의 부분에 통기구가 있어 할로겐화합물 및 불활성기체소화약제가 유출에 따라 소화효과를 감소시킬 우려가 있는 것은 할로겐화합물 및 불활성기체소화약제가 방사되기 전에 당해 개구부 및 통기구를 폐쇄할 수 있도록 할 것

 ㉢ 자동폐쇄장치는 방호구역 또는 대상물이 있는 구획의 밖에서 복구할 수 있는 구조로 하고, 그 위치를 표시하는 표지를 할 것

(9) 배 관

① 배관 두께 공식

$$관의 \ 두께(t) = \frac{PD}{2SE} + A$$

여기서, P : 최대허용압력[kPa]

　　　　D : 배관의 바깥지름[mm]

　　　　SE : 최대허용응력[kPa](배관재질 인장강도의 1/4 값과 항복점의 2/3값 중
　　　　　　　작은 값 × 배관이음효율 × 1.2)

　　　　A : 나사이음, 홈이음 등의 허용값[mm](헤드설치 부분은 제외한다)

※ 배관이음효율
- 이음매 없는 배관 : 1.0
- 전기저항 용접배관 : 0.85
- 가열맞대기 용접배관 : 0.60

② 배관의 구경은 해당 방호구역에 할로겐화합물소화약제는 10초 이내에, 불활성기체소화약제는 A·C급 화재 2분, B급 화재는 1분 이내에 방호구역 각 부분에 최소설계농도의 95[%] 이상 해당하는 약제량이 방출되도록 하여야 한다.

01 할론소화설비의 화재안전기준상 축압식 할론소화약제 저장용기에 사용되는 축압용가스로서 적합한 것은? [20년 1·2회]

① 질 소

② 산 소

③ 이산화탄소

④ 불활성가스

해설 축압식 저장용기의 압력

약 제	할론 1301	할론 1211	축압가스
저압식	2.5[MPa]	1.1[MPa]	질소(N₂)가스
고압식	4.2[MPa]	2.5[MPa]	

02 할론소화약제 저장용기의 설치기준 중 다음 (   ) 안에 알맞은 것은? [17년 1회]

축압식 저장용기의 압력은 온도 20[℃]에서 할론 1301을 저장하는 것은 (㉠)[MPa] 또는 (㉡)[MPa]가 되도록 질소가스로 축압할 것

① ㉠ 2.5, ㉡ 4.2

② ㉠ 2.0, ㉡ 3.5

③ ㉠ 1.5, ㉡ 3.0

④ ㉠ 1.1, ㉡ 2.5

해설 1번 해설 참조

정답 1 ① 2 ①

03 할론소화설비에서 국소방출방식의 경우 할론소화약제의 양을 산출하는 식은 다음과 같다. 여기서 A는 무엇을 의미하는가?(단, 가연물이 비산할 우려가 있는 경우로 가정한다)

[19년 1회]

$$Q = X - Y \frac{a}{A}$$

① 방호공간의 벽면적의 합계
② 창문이나 문의 틈새면적의 합계
③ 개구부 면적의 합계
④ 방호대상물 주위에 설치된 벽의 면적의 합계

해설 국소방출방식

$$Q = X - Y \frac{a}{A}$$

여기서, Q : 방호공간 1$[m^3]$에 대한 할론소화약제의 양$[kg/m^3]$

X, Y : 수치(생략)

a : 방호대상물 주위에 설치된 벽의 면적의 합계$[m^2]$

A : 방호공간의 벽면적의 합계$[m^2]$

핵심
예제

3 ① 정답

04 다음은 할론소화설비의 수동기동장치 점검내용으로 옳지 않은 것은? [19년 2회]

① 방호구역마다 설치되어 있는지 점검한다.

② 방출지연스위치가 설치되어 있는지 점검한다.

③ 화재감지기와 연동되어 있는지 점검한다.

④ 조작부는 바닥으로부터 높이 0.8[m] 이상 1.5 [m] 이하의 위치에 설치되어 있는지 점검한다.

해설 할론소화설비의 기동장치
- 수동식
  수동식 기동장치의 부근에는 소화약제의 방출을 지연시킬 수 있는 비상스위치(자동복귀형 스위치로서 수동식 기동장치의 타이머를 순간 정지시키는 기능의 스위치를 말한다)를 설치하여야 한다.
  - 전역방출방식은 방호구역마다, 국소방출방식은 방호대상물마다 설치할 것
  - 해당 방호구역의 출입구 부분 등 조작을 하는 자가 쉽게 피난할 수 있는 장소에 설치할 것
  - 기동장치의 조작부는 바닥으로부터 높이 0.8[m] 이상 1.5[m] 이하의 위치에 설치하고, 보호판 등에 따른 보호장치를 설치할 것
  - 기동장치에는 그 가까운 곳의 보기 쉬운 곳에 "할론소화설비 기동장치"라고 표시한 표지를 할 것
  - 전기를 사용하는 기동장치에는 전원표시등을 설치할 것
  - 기동장치의 방출용 스위치는 음향경보장치와 연동하여 조작될 수 있는 것으로 할 것
- 자동식(자동화재탐지설비 감지기와 연동)
  자동식 기동장치는 자동화재탐지설비의 감지기의 작동과 연동하는 것으로서 다음 기준에 따라 설치하여야 한다.
  - 자동식 기동장치에는 수동으로도 기동할 수 있는 구조로 할 것
  - 전기식 기동장치로서 7병 이상의 저장용기를 동시에 개방하는 설비는 2병 이상의 저장용기에 전자개방밸브를 부착할 것
  - 가스압력식 기동장치의 설치기준

구 분	용기 및 밸브	용 적	CO_2 양	충전비	안전장치 작동압력 (내압시험압력)
설치기준	25[MPa] 이상	1[L] 이상	0.6[kg] 이상	1.5 이상	0.8배부터 내압시험압력 이하

05 **국소방출방식의 할론소화설비의 분사헤드 설치기준 중 다음 (   ) 안에 알맞은 것은?**

[18년 4회]

> 분사헤드의 방사압력은 할론 2402를 방사하는 것은 (㉠)[MPa] 이상, 할론 2402를 방출하는 분사헤드는 해당 소화약제가 (㉡)으로 분무되는 것으로 하여야 하며, 기준저장량의 소화약제를 (㉢)초 이내에 방사할 수 있는 것으로 할 것

① ㉠ 0.1, ㉡ 무상, ㉢ 10
② ㉠ 0.2, ㉡ 적상, ㉢ 10
③ ㉠ 0.1, ㉡ 무상, ㉢ 30
④ ㉠ 0.2, ㉡ 적상, ㉢ 30

해설 전역 · 국소방출방식의 할론소화설비의 분사헤드

약 제	방사압력	방사시간
할론 2402	(무상으로 분무) 0.1[MPa] 이상	
할론 1211	0.2[MPa] 이상	10초 이내
할론 1301	0.9[MPa] 이상	

핵심 예제

06 **할로겐화합물 및 불활성기체소화설비를 설치할 수 없는 장소의 기준 중 옳은 것은?(단, 소화성능이 인정되는 위험물은 제외한다)**

[18년 4회]

① 제1류 위험물 및 제2류 위험물 사용
② 제2류 위험물 및 제4류 위험물 사용
③ 제3류 위험물 및 제5류 위험물 사용
④ 제4류 위험물 및 제6류 위험물 사용

해설 할로겐화합물 및 불활성기체소화설비를 설치할 수 없는 장소
- 사람이 상주하는 곳으로 최대허용설계농도를 초과하는 장소
- 제3류 위험물 및 제5류 위험물을 사용하는 장소. 다만, 소화성능이 인정되는 위험물은 제외한다.

07 할로겐화합물 및 불활성기체소화설비의 화재안전기준상 저장용기 설치기준으로 틀린 것은?

[21년 1회]

① 온도가 40[°C] 이하이고 온도의 변화가 작은 곳에 설치할 것
② 용기 간의 간격은 점검에 지장이 없도록 3[cm] 이상의 간격을 유지할 것
③ 직사광선 및 빗물이 침투할 우려가 없는 곳에 설치할 것
④ 저장용기를 방호구역 외에 설치한 경우에는 방화문으로 구획된 실에 설치할 것

해설 소화약제의 저장용기
- 방호구역 외의 장소에 설치할 것. 다만, 방호구역 내에 설치할 경우에는 피난 및 조작이 용이하도록 피난구 부근에 설치하여야 한다.
- 온도가 55[°C] 이하이고 온도변화가 적은 곳에 설치할 것
- 직사광선 및 빗물이 침투할 우려가 없는 곳에 설치할 것
- 저장용기를 방호구역 외에 설치한 경우에는 방화문으로 구획된 실에 설치할 것
- 용기의 설치장소에는 해당 용기가 설치된 곳임을 표시하는 표지를 할 것
- 용기 간의 간격은 점검에 지장이 없도록 3[cm] 이상의 간격을 유지할 것
- 저장용기와 집합관을 연결하는 연결배관에는 체크밸브를 설치할 것. 다만, 저장용기가 하나의 방호구역만을 담당하는 경우에는 그러하지 아니하다.
- 재충전 또는 교체 시기 : 약제량 손실이 5[%]를 초과 또는 압력손실이 10[%] 초과 시(단, 불활성기체소화약제 : 압력손실이 5[%] 초과 시)

핵심
예제

08 할로겐화합물 및 불활성기체 저장용기의 설치장소 기준 중 다음 (   ) 안에 알맞은 것은?

[17년 4회]

> 할로겐화합물 및 불활성기체의 저장용기는 온도가 (   )[°C] 이하이고 온도의 변화가 작은 곳에 설치할 것

① 40
② 55
③ 60
④ 70

해설 7번 해설 참조

09 할로겐화합물 및 불활성기체 소화설비 중 약제의 저장용기 내에서 저장 상태가 기체 상태의 압축가스인 소화약제는?

[17년 2회]

① IG 541

② HCFC BLEND A

③ HFC-227ea

④ HFC-23

해설 불활성기체소화약제(저장 시 기체상태)

소화약제산출량(X) $= 2.303(V_S/S) \times \log_{10}[100/(100-C)]$

여기서, X : 공간체적당 더해진 소화약제의 부피[m³]

C : 체적에 따른 소화약제의 설계농도[%]

V_S : 20[℃]에서 소화약제의 비체적[m³/kg]

t : 방호구역의 최소예상온도[℃]

S : 소화약제별 선형상수($K_1 + K_2 \times t$)[m³/kg]

소화약제	K_1	K_2
IG-01	0.5685	0.00208
IG-100	0.7997	0.00293
IG-541	0.65799	0.00239
IG-55	0.6598	0.00242

체적에 따른 소화약제의 설계농도[%]는 상온에서 제조업체의 설계기준에서 정한 실험수치를 적용한다. 이 경우 설계농도는 소화농도[%]에 안전계수(A · C급 화재 1.2, B급 화재 1.3)를 곱한 값으로 할 것

10 할로겐화합물 및 불활성기체소화설비의 화재안전기준에 따른 할로겐화합물 및 불활성기체소화설비의 수동식 기동장치의 설치기준에 대한 설명으로 틀린 것은? [20년 4회]

① 5[kg] 이상의 힘을 가하여 기동할 수 있는 구조로 할 것
② 전기를 사용하는 기동장치에는 전원표시등을 설치할 것
③ 기동장치의 방출용스위치는 음향경보장치와 연동하여 조작될 수 있는 것으로 할 것
④ 해당 방호구역의 출입구 부근 등 조작을 하는 자가 쉽게 피난할 수 있는 장소에 설치할 것

해설 기동장치

• 수동식

수동식 기동장치의 부근에는 소화약제의 방출을 지연시킬 수 있는 비상스위치(자동복귀형 스위치로서 수동식 기동장치의 타이머를 순간 정치시키는 기능의 스위치를 말한다)를 설치하여야 한다.

 – 방호구역마다 설치할 것
 – 해당 방호구역의 출입구 부근 등 조작을 하는 자가 쉽게 피난할 수 있는 장소에 설치할 것
 – 기동장치의 조작부는 바닥으로부터 0.8[m] 이상 1.5[m] 이하의 위치에 설치하고, 보호판 등에 따른 보호장치를 설치할 것
 – 기동장치에는 가깝고 보기 쉬운 곳에 "할로겐화합물 및 불활성기체소화설비 기동장치"라는 표지를 할 것
 – 전기를 사용하는 기동장치에는 전원표시등을 설치할 것
 – 기동장치의 방출용 스위치는 음향경보장치와 연동하여 조작될 수 있는 것으로 할 것
 – 5[kg] 이하의 힘을 가하여 기동할 수 있는 구조로 설치할 것

• 자동식(자동화재탐지설비 감지기 작동과 연동)
 – 자동식 기동장치에 수동식 기동장치를 함께 설치할 것
 – 기계식, 전기식 또는 가스압력식에 따른 방법으로 기동하는 구조로 설치할 것

• 출입구에는 소화약제가 방출되고 있음을 나타내는 표시등을 설치할 것

핵심
예제

11 할로겐화합물 및 불활성기체소화설비의 분사헤드에 대한 설치기준 중 다음 (   ) 안에 알맞은 것은?(단, 분사헤드의 성능인증 범위 내에서 설치하는 경우는 제외한다) [17년 1회]

> 분사헤드의 설치높이는 방호구역의 바닥으로부터 최소 (㉠)[m] 이상 최대 (㉡)[m] 이하로 하여야 한다.

① ㉠ 0.2, ㉡ 3.7
② ㉠ 0.8, ㉡ 1.5
③ ㉠ 1.5, ㉡ 2.0
④ ㉠ 2.0, ㉡ 2.5

해설 분사헤드
- 분사헤드의 설치 높이 : 방호구역의 바닥으로부터 최소 0.2[m] 이상 최대 3.7[m] 이하(천장높이가 3.7[m]를 초과할 경우에는 추가로 다른 열의 분사헤드를 설치할 것)
- 분사헤드의 오리피스의 면적은 분사헤드가 연결되는 배관구경면적의 70[%]를 초과하여서는 아니된다.

12 할로겐화합물 및 불활성기체소화설비에 설치한 특정소방대상물 또는 그 부분에 대한 자동폐쇄장치의 설치기준 중 다음 (   ) 안에 알맞은 것은? [17년 1회]

> 개구부가 있거나 천장으로부터 (㉠)[m] 이상의 아랫부분 또는 바닥으로부터 해당 층의 높이의 (㉡) 이내의 부분에 통기구가 있어 할로겐화합물 및 불활성기체의 유출에 따라 소화효과를 감소시킬 우려가 있는 것은 할로겐화합물 및 불활성기체가 방사되기 전에 당해 개구부 및 통기구를 폐쇄할 수 있도록 할 것

① ㉠ 1, ㉡ 3분의 2
② ㉠ 2, ㉡ 3분의 2
③ ㉠ 1, ㉡ 2분의 1
④ ㉠ 2, ㉡ 2분의 1

해설 자동폐쇄장치 대상물
- 환기장치를 설치한 것은 할로겐화합물 및 불활성기체소화약제가 방사되기 전에 해당 환기장치가 정지할 수 있도록 할 것
- 개구부가 있거나 천장으로부터 1[m] 이상 아랫부분 또는 바닥으로부터 해당 층의 높이의 2/3 이내의 부분에 통기구가 있어 할로겐화합물 및 불활성기체소화약제가 유출에 따라 소화효과를 감소시킬 우려가 있는 것은 할로겐화합물 및 불활성기체소화약제가 방사되기 전에 당해 개구부 및 통기구를 폐쇄할 수 있도록 할 것
- 자동폐쇄장치는 방호구역 또는 대상물이 있는 구획의 밖에서 복구할 수 있는 구조로 하고, 그 위치를 표시하는 표지를 할 것

13 할론소화설비의 화재안전기준상 화재표시반의 설치기준이 아닌 것은? [21년 2회]

① 소화약제 방출지연 비상스위치를 설치할 것

② 소화약제의 방출을 명시하는 표시등을 설치할 것

③ 수동식 기동장치를 그 방출용스위치의 작동을 명시하는 표시등을 설치할 것

④ 자동식 기동장치는 자동·수동의 절환을 명시하는 표시등을 설치할 것

해설 **제어반 및 화재표시반**
할론소화설비의 제어반 및 화재표시반은 다음의 기준에 따라 설치하여야 한다. 다만, 자동화재탐지설비의 수신기의 제어반이 화재표시반의 기능을 가지고 있는 것은 화재표시반을 설치하지 아니할 수 있다.
- 제어반은 수동기동장치 또는 감지기에서의 신호를 수신하여 음향경보장치의 작동, 소화약제의 방출 또는 지연 기타의 제어기능을 가진 것으로 하고, 제어반에는 전원표시등을 설치할 것
- 화재표시반은 제어반에서의 신호를 수신하여 작동하는 기능을 가진 것으로 하되, 다음의 기준에 따라 설치할 것
  - 각 방호구역마다 음향경보장치의 조작 및 감지기의 작동을 명시하는 표시등과 이와 연동하여 작동하는 벨·버저 등의 경보기를 설치할 것. 이 경우 음향경보장치의 조작 및 감지기의 작동을 명시하는 표시등을 겸용할 수 있다.
  - 수동식 기동장치는 그 방출용스위치의 작동을 명시하는 표시등을 설치할 것
  - 소화약제의 방출을 명시하는 표시등을 설치할 것
  - 자동식 기동장치는 자동·수동의 절환을 명시하는 표시등을 설치할 것
- 제어반 및 화재표시반의 설치장소는 화재에 따른 영향, 진동 및 충격에 따른 영향 및 부식의 우려가 없고 점검에 편리한 장소에 설치할 것
- 제어반 및 화재표시반에는 해당회로도 및 취급설명서를 비치할 것

핵심 예제

11 분말소화설비

(1) 개 요

분말소화설비는 분말소화약제가 저장된 탱크에 질소가스나 CO_2가스의 압력에 의해 설치된 배관 내를 통하여 분사헤드에 의해 화원에 방사하여 소화하는 설비이다(동력원은 전력이나 내연기관을 필요로 하지 않고 자체의 축적된 가스압력에 의해 방사한다)

(2) 특 징

① 소화작용은 질식, 냉각, 부촉매작용으로 소화성능이 우수하다.

② 보관 시 변질의 위험이 없고 겨울철에도 성능이 떨어지지 않아 보관이 용이하며 반영구적이다.

③ 기기 등을 오염시키지 않고 인체에 무해하고 소화 후에도 간단히 제거할 수 있으며 가격이 저렴하다.

(3) 저장용기 설치장소

① 방호구역 외의 장소에 설치할 것. 다만, 방호구역 내에 설치할 경우에는 피난 및 조작이 용이하도록 피난구 부근에 설치하여야 한다.

② 온도가 40[℃] 이하이고 온도변화가 적은 곳에 설치할 것

③ 직사광선 및 빗물이 침투할 우려가 없는 곳에 설치할 것

④ 방화문으로 구획된 실에 설치할 것

⑤ 용기의 설치장소에는 해당 용기가 설치된 곳임을 표시하는 표지를 할 것

⑥ 용기 간의 간격은 점검에 지장이 없도록 3[cm] 이상 간격을 유지할 것

⑦ 저장용기와 집합관을 연결하는 연결배관에는 체크밸브를 설치할 것. 다만, 저장용기가 하나의 방호구역만을 담당하는 경우에는 그러하지 아니하다.

(4) 저장용기 설치기준

① 저장용기의 내용적은 다음 표를 따를 것

소화약제의 종별	제1종 분말	제2, 3종 분말	제4종 분말
충전비[L/kg]	0.8	1.0	1.25

② 저장용기의 안전밸브 작동압력

  ㉠ 가압식은 최고 사용압력의 1.8배 이하

  ㉡ 축압식은 용기의 내압시험압력의 0.8배 이하

③ 저장용기의 충전비는 0.8 이상으로 할 것

④ 청소장치 : 저장용기 및 배관의 잔류 소화약제를 처리할 수 있는 장치

⑤ 축압식 분말소화설비는 사용압력 범위를 표시한 지시압력계를 설치할 것

⑥ 저장용기의 정압작동장치 : 가압식 설비에서 약제저장용기의 내부압력이 설정압력으로 되었을 때 원(주)밸브를 개방시켜주는 장치

※ 차고나 주차장에 설치하는 분말소화설비의 소화약제로는 제3종 분말($NH_4H_2PO_4$: 인산염, 제일인산암모늄)이 적합하다.

(5) 분말소화약제의 가압용 가스용기

약제탱크에 부착, 약제를 혼합하여 이것을 유동화시켜 일정한 압력으로 약제를 방출하기 위한 용기

① 가압용 가스용기는 분말소화약제의 저장용기에 접속하여 설치할 것

② 전자개방밸브 부착

가압용 가스용기를 3병 이상 설치한 경우에는 2개 이상의 용기에 전자개방밸브 부착

③ 압력조정기 설치

가압용 가스용기에는 2.5[MPa] 이하의 압력에서 조정 가능한 압력조정기 설치

④ 가압용 또는 축압용 가스의 설치기준

종류	가스	질소(N_2)	이산화탄소(CO_2)
가압용		40[L/kg] 이상(35[℃] 1기압)	소화약제 1[kg]에 대하여 20[g]에 배관 청소에 필요량을 가산한 양 이상
축압용		10[L/kg] 이상(35[℃] 1기압)	소화약제 [1kg]에 대하여 20[g]에 배관 청소에 필요량을 가산한 양 이상

※ 배관의 청소에 필요한 양의 가스는 별도의 용기에 저장할 것

(6) 소화약제

① 차고 또는 주차장에 설치하는 분말소화설비의 소화약제는 제3종 분말로 해야 하며 분말소화약제의 저장량은 2 이상의 방호구역 또는 방호대상물이 있는 경우에는 각 방호구역 또는 방호대상물의 경우, 산출한 저장량 중 최대 것으로 할 수 있다.

② 전역방출방식

소화약제저장량[kg]

= 방호구역 체적[m^3] × 소화약제량[kg/m^3] + 개구부의 면적[m^2] × 가산량[kg/m^2]

※ 개구부의 면적은 자동폐쇄장치가 설치되어 있지 않는 면적이다.

소화약제 종별	제1종 분말	제2, 3종 분말	제4종 분말
방호구역의 체적당 약제량[kg/m^3]	0.60	0.36	0.24
자동폐쇄장치를 설치하지 않은 경우 가산량[kg/m^2]	4.5	2.7	1.8

③ 국소방출방식

$$Q = \left(X - Y\frac{a}{A}\right) \times 1.1$$

여기서, Q : 방호공간에 $1[m^3]$에 대한 분말소화약제의 양$[kg/m^3]$

a : 방호대상물의 주변에 설치된 벽면적의 합계$[m^2]$

A : 방호공간의 벽면적의 합계$[m^2]$

X 및 Y : 수치

소화약제의 종별	X의 수치	Y의 수치
제1종 분말	5.2	3.9
제2종 분말 또는 제3종 분말	3.2	2.4
제4종 분말	2.0	1.5

④ 호스릴방식

㉠ 약제저장량$[kg]$ = 노즐수 × 소화약제의 양

㉡ 하나의 노즐에 다음 표에 따른 양 이상으로 할 것

소화약제의 종별	소화약제의 양
제1종 분말	50[kg]
제2종 분말 또는 제3종 분말	30[kg]
제4종 분말	20[kg]

(7) 기동장치

① 수동식

수동식 기동장치 부근에 소화약제 방출을 지연시킬 수 있는 비상스위치(자동복귀형 스위치로서 수동식 기동장치의 타이머를 순간 정지시키는 기능의 스위치)를 설치하여야 한다.

• 가스압에 의한 기동장치

가스압력에 의해 가압용 가스용기의 용기밸브를 열어주는 장치

• 전기식에 의한 기동장치

기동용 가스용기를 사용하여 솔레노이드로서 전기적으로 스프링이 봉판을 파괴하여 방출배관을 통하여 용기밸브로 열어주는 장치

㉠ 전역방출방식은 방호구역마다(국소방출방식은 방호대상물마다) 설치할 것

㉡ 해당 방호구역의 출입구 부분 등 조작하는 자가 쉽게 피난할 수 있는 장소에 설치할 것

㉢ 기동장치 조작부는 바닥으로부터 높이 0.8[m] 이상 1.5[m] 이하의 위치에 설치한다.

㉣ 기동장치에는 가깝고 보기 쉬운 곳에 "분말소화설비 기동장치"라고 표시한 표지를 할 것

㉤ 기동장치의 방출용 스위치는 음향경보장치와 연동하여 조작될 수 있는 것으로 할 것

② 자동식

　㉠ 가스압력식 기동장치

　　감지기에 의한 화재를 감지하여 가스를 방출하여 용기밸브를 열어주는 구조의 장치이다.

　　　• 기동용 가스용기 및 해당 용기에 사용하는 밸브는 25[MPa] 이상의 압력에 견딜 수 있는 것으로 할 것

　　　• 기동용 가스용기에는 내압시험압력의 0.8배 내지 내압시험압력 이하에서 작동하는 안전장치를 설치할 것

　　　• 기동용 가스용기의 용적은 1[L] 이상으로 하고, 해당 용기에 저장하는 이산화탄소의 양은 0.6[kg] 이상으로 하며, 충전비는 1.5 이상으로 할 것

　㉡ 전기식 기동장치

　　　• 감지기에 의해 자동으로 감지하여 솔레노이드로 용기밸브를 개방시키는 장치이다.

　　　• 7병 이상의 저장용기를 동시에 개방하는 설비는 2병 이상의 저장용기에 전자 개방밸브를 부착할 것

③ 분말소화설비가 설치된 부분의 출입구 등의 보기 쉬운 곳에 소화약제의 방사를 표시하는 표시등을 설치하여야 한다.

(8) 배 관

① 배관은 전용으로 할 것

② 강관을 사용하는 경우의 배관은 아연도금에 따른 배관용 탄소강관이나 이와 동등 이상의 강도·내식성 및 내열성을 가진 것으로 할 것(다만, 축압식 분말소화설비에 사용하는 것 중 20[℃]에서 압력이 2.5[MPa] 이상 4.2[MPa] 이하인 것은 압력배관용 탄소강관 중 이음이 없는 스케줄 40 이상의 것 또는 이와 동등 이상의 강도를 가진 것으로서 아연도금으로 방식처리된 것을 사용하여야 한다)

③ 동관을 사용하는 경우의 배관은 고정압력 또는 최고사용압력의 1.5배 이상의 압력에 견딜 수 있는 것을 사용할 것

④ 저장용기 등으로부터 배관의 굴절부까지의 거리는 배관 내경의 20배 이상으로 할 것

⑤ 밸브류는 개폐위치 또는 개폐방향을 표시한 것으로 할 것

⑥ 주밸브에서 헤드까지의 배관의 분기는 방사량과 방사압력을 일정하기 위해서 전부 토너먼트방식으로 할 것

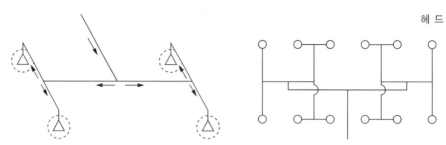

[헤드의 균등한 약제방출을 위한 토너먼트 배관 연결]

(9) 분사헤드

① 전역방출방식

　㉠ 방사된 소화약제가 방호구역의 전역에 균일하고 신속하게 확산할 수 있도록 할 것
　㉡ 소화약제 저장량을 30초 이내에 방사할 수 있는 것으로 할 것

② 국소방출방식

　㉠ 소화약제의 방사에 따라 가연물이 비산하지 아니하는 장소에 설치할 것
　㉡ 기준저장량의 소화약제를 30초 이내에 방사할 수 있는 것으로 할 것

③ 호스릴방식

　㉠ 화재 시 현저하게 연기가 찰 우려가 없는 장소에는 호스릴 분말소화설비를 설치할
　　수 있다.
　　• 지상 1층 및 피난층에 있는 부분으로서 지상에서 수동 또는 원격조작에 따라 개방할
　　　수 있는 개구부 유효면적의 합계가 바닥면적의 15[%] 이상이 되는 부분
　　• 전기설비가 설치된 부분 또는 다량의 화기를 사용하는 부분(해당 설비의 주위 5[m]
　　　이내의 부분을 포함)의 바닥면적이 해당 설비가 설치되어 있는 구획의 바닥면적의
　　　1/5 미만이 되는 부분
　㉡ 설치방법
　　• 방호대상물의 각 부분으로부터 하나의 호스접결구까지의 수평거리가 15[m] 이하가
　　　되도록 할 것
　　• 소화약제의 저장용기의 개방밸브는 호스릴 설치장소에서 수동으로 개폐할 수 있는
　　　것으로 할 것
　　• 소화약제의 저장용기는 호스릴을 설치하는 장소마다 설치할 것
　　• 하나의 노즐의 분당 방사량

소화약제의 종별	1분당 방사량
제1종 분말	45[kg]
제2종 분말 또는 제3종 분말	27[kg]
제4종 분말	18[kg]

• 저장용기에는 가까운 곳의 보기 쉬운 곳에 표시등을 설치하고, 이동식 분말소화설비가 있다는 뜻을 표시한 표지를 설치할 것

(10) 정압작동장치

① 기 능

15[MPa]의 압력으로 충전된 가압용 가스용기에서 1.5~2.0[MPa]로 감압하여 저장용기에 보내어 약제와 혼합하여 소정의 방사압력에 달하여(통상 15~30초) 주밸브를 개방시키기 위하여 설치하는 것(저장용기의 압력이 낮을 때는 열려 가스를 보내고 적정압력에 달하면 정지하는 구조)

② 종 류

㉠ 압력스위치에 의한 방식

㉡ 기계적인 방식

㉢ 시한릴레이 방식

01 분말소화약제 저장용기의 설치기준으로 틀린 것은? [17년 2회]

① 설치장소의 온도가 40[℃] 이하이고, 온도변화가 적은 곳에 설치할 것

② 용기 간의 간격은 점검에 지장이 없도록 5[cm] 이상의 간격을 유지할 것

③ 저장용기의 충전비는 0.8 이상으로 할 것

④ 저장용기에는 가압식은 최고사용압력의 1.8배 이하, 축압식은 용기의 내압시험압력의 0.8배 이하의 압력에서 작동하는 안전밸브를 설치할 것

해설 저장용기 설치장소

• 방호구역 외의 장소에 설치할 것. 다만, 방호구역 내에 설치할 경우에는 피난 및 조작이 용이하도록 피난구 부근에 설치하여야 한다.
• 온도가 40[℃] 이하이고 온도변화가 적은 곳에 설치할 것
• 직사광선 및 빗물이 침투할 우려가 없는 곳에 설치할 것
• 방화문으로 구획된 실에 설치할 것
• 용기의 설치장소에는 해당 용기가 설치된 곳임을 표시하는 표지를 할 것
• 용기 간의 간격은 점검에 지장이 없도록 3[cm] 이상 간격을 유지할 것
• 저장용기와 집합관을 연결하는 연결배관에는 체크밸브를 설치할 것. 다만, 저장용기가 하나의 방호구역만을 담당하는 경우에는 그러하지 아니하다.

저장용기 설치기준

• 저장용기의 내용적은 다음 표를 따를 것

소화약제의 종별	제1종 분말	제2, 3종 분말	제4종 분말
충전비[L/kg]	0.8	1.0	1.25

• 저장용기의 안전밸브 작동압력
 – 가압식은 최고 사용압력의 1.8배 이하
 – 축압식은 용기의 내압시험압력의 0.8배 이하
• 저장용기의 충전비는 0.8 이상으로 할 것
• 청소장치 : 저장용기 및 배관의 잔류 소화약제를 처리할 수 있는 장치
• 축압식 분말소화설비는 사용압력 범위를 표시한 지시압력계를 설치할 것
• 저장용기의 정압작동장치 : 가압식 설비에서 약제저장용기의 내부압력이 설정압력으로 되었을 때 원(주)밸브를 개방시켜주는 장치
※ 차고나 주차장에 설치하는 분말소화설비의 소화약제로는 제3종 분말($NH_4H_2PO_4$: 인산염, 제일인산 암모늄)이 적합하다.

1 ② **정답**

02 분말소화설비 분말소화약제의 저장용기의 설치기준 중 옳은 것은? [18년 11회]

① 저장용기에는 가압식은 최고사용압력의 0.8배 이하, 축압식은 용기의 내압시험 압력의 1.8배 이하의 압력에서 작동하는 안전밸브를 설치할 것
② 저장용기의 충전비는 0.8 이상으로 할 것
③ 저장용기 간의 간격은 점검에 지장이 없도록 5[cm] 이상의 간격을 유지할 것
④ 저장용기에는 저장용기의 내부압력이 설정압력으로 되었을 때 주밸브를 개방하는 압력 조정기를 설치할 것

해설 1번 해설 참조

03 분말소화설비에서 분말소화약제 1[kg]당 저장용기의 내용적 기준 중 틀린 것은? [19년 11회]

① 제1종 분말 : 0.8[L]
② 제2종 분말 : 1.0[L]
③ 제3종 분말 : 1.0[L]
④ 제4종 분말 : 1.8[L]

해설 1번 해설 참조

핵심
예제

04 주차장에 분말소화약제 120[kg]을 저장하려고 한다. 이때 필요한 저장용기의 최소 내용적 [L]은? [19년 1회]

① 96
② 120
③ 150
④ 180

해설 1번 해설 참조
제3종 분말(주차장, 차고)의 충전비 : 1.0

$$충전비 = \frac{용기의\ 내용적[L]}{약제의\ 중량[kg]}$$

∴ 내용적 = 충전비 × 약제의 중량 = 1.0[L/kg] × 120[kg] = 120[L]

05 차고 또는 주차장에 설치하는 분말소화설비의 소화약제로 옳은 것은?　[17년 4회]

① 제1종 분말　　　　　② 제2종 분말
③ 제3종 분말　　　　　④ 제4종 분말

해설　1번 해설 참조

06 분말소화설비의 화재안전기준상 차고 또는 주차장에 설치하는 분말소화설비의 소화약제는?　[20년 1·2회]

① 인산염을 주성분으로 한 분말
② 탄산수소칼륨을 주성분으로 한 분말
③ 탄산수소칼륨과 요소가 화합된 분말
④ 탄산수소나트륨을 주성분으로 한 분말

해설　1번 해설 참조

07 분말소화설비의 화재안전기준에 따라 분말소화약제의 가압용가스 용기에는 최대 몇 [MPa] 이하의 압력에서 조정이 가능한 압력조정기를 설치하여야 하는가?　[20년 1·2회]

① 1.5　　　　　② 2.0
③ 2.5　　　　　④ 3.0

해설　**분말소화약제의 가압용 가스용기**
약제탱크에 부착, 약제를 혼합하여 이것을 유동화시켜 일정한 압력으로 약제를 방출하기 위한 용기
• 가압용 가스용기는 분말소화약제의 저장용기에 접속하여 설치할 것
• 전자개방밸브 부착
　가압용 가스용기를 3병 이상 설치한 경우에는 2개 이상의 용기에 전자개방밸브 부착
• 압력조정기 설치
　가압용 가스용기에는 2.5[MPa] 이하의 압력에서 조정 가능한 압력조정기 설치
• 가압용 또는 축압용 가스의 설치기준

종류　　가스	질소(N_2)	이산화탄소(CO_2)
가압용	40[L/kg] 이상(35[℃] 1기압)	소화약제 1[kg]에 대하여 20[g]에 배관 청소에 필요량을 가산한 양 이상
축압용	10[L/kg] 이상(35[℃] 1기압)	소화약제 1[kg]에 대하여 20[g]에 배관 청소에 필요량을 가산한 양 이상

※ 배관의 청소에 필요한 양의 가스는 별도의 용기에 저장할 것

08 분말소화설비의 화재안전기준상 다음 ( ) 안에 알맞은 것은? [21년 2회]

분말소화약제의 가압용가스 용기에는 ( )의 압력에서 조정이 가능한 압력조정기를 설치하여야 한다.

① 2.5[MPa] 이하
② 2.5[MPa] 이상
③ 25[MPa] 이하
④ 25[MPa] 이상

해설   7번 해설 참조

09 다음 ( ) 안에 들어가는 기기로 옳은 것은? [19년 2회]

• 분말소화약제의 가압용가스 용기를 3병 이상 설치한 경우에는 2개 이상의 용기에 (㉠)를 부착하여야 한다.
• 분말소화약제의 가압용가스 용기에는 2.5[MPa] 이하의 압력에서 조정이 가능한 (㉡)를 설치하여야 한다.

① ㉠ 전자개방밸브, ㉡ 압력조정기
② ㉠ 전자개방밸브, ㉡ 정압작동장치
③ ㉠ 압력조정기, ㉡ 전자개방밸브
④ ㉠ 압력조정기, ㉡ 정압작동장치

해설   7번 해설 참조

10 분말소화설비의 화재안전기준상 분말소화설비의 가압용 가스로 질소가스를 사용하는 경우 질소가스는 소화약제 1[kg]마다 최소 몇 [L] 이상이어야 하는가?(단, 질소가스의 양은 35 [℃]에서 1기압의 압력상태로 환산한 것이다) [20년 3회]

① 10

② 20

③ 30

④ 40

해설   7번 해설 참조

11 분말소화약제의 가압용 가스 또는 축압용 가스의 설치기준 중 틀린 것은? [17년 4회]

① 가압용 가스에 이산화탄소를 사용하는 것의 이산화탄소는 소화약제 1[kg]에 대하여 20[g]에 배관의 청소에 필요한 양을 가산한 양 이상으로 할 것

② 가압용 가스에 질소가스를 사용하는 것의 질소가스는 소화약제 1[kg]마다 40[L](35[℃] 에서 1기압의 압력 상태로 환산한 것) 이상으로 할 것

③ 축압용 가스에 이산화탄소를 사용하는 것의 이산화탄소는 소화약제 1[kg]에 대하여 20[g]에 배관의 청소에 필요한 양을 가산한 양 이상으로 할 것

④ 축압용 가스에 질소가스를 사용하는 것의 질소가스는 소화약제 1[kg]마다 40[L](35[℃] 에서 1기압의 압력상태로 환산한 것) 이상으로 할 것

해설   7번 해설 참조

12 분말소화설비의 가압용 가스용기에 대한 설명으로 틀린 것은? [19년 1회]

① 가압용 가스용기를 3병 이상 설치한 경우에는 2개 이상의 용기에 전자개방밸브를 부착 할 것

② 가압용 가스용기에는 2.5[MPa] 이하의 압력에서 조정이 가능한 압력조정기를 설치 할 것

③ 가압용 가스에 질소가스를 사용하는 것의 질소가스는 소화약제 1[kg]마다 20[L](35[℃] 에서 1기압의 압력상태로 환산한 것) 이상으로 할 것

④ 축압용 가스에 질소가스를 사용하는 것의 질소가스는 소화약제 1[kg]에 대하여 10[L] (35[℃]에서 1기압의 압력상태로 환산한 것) 이상으로 할 것

해설   7번 해설 참조

10 ④   11 ④   12 ③   정답

13 자동화재탐지설비의 감지기의 작동과 연동하는 분말소화설비 자동식 기동장치의 설치기준 중 다음 ( ) 안에 알맞은 것은? [18년 4회]

- 전기식 기동장치로서 (㉠)병 이상의 저장용기를 동시에 개방하는 설비는 2병 이상의 저장용기에 전자개방밸브를 부착할 것
- 가스압력식 기동장치의 기동용 가스용기 및 해당 용기에 사용하는 밸브는 (㉡)[MPa] 이상의 압력에 견딜 수 있는 것으로 할 것

① ㉠ 3, ㉡ 2.5
② ㉠ 7, ㉡ 2.5
③ ㉠ 3, ㉡ 25
④ ㉠ 7, ㉡ 25

해설 자동식
- 가스압력식 기동장치
  감지기에 의한 화재를 감지하여 가스를 방출하여 용기밸브를 열어주는 구조의 장치이다.
  – 기동용 가스용기 및 해당 용기에 사용하는 밸브는 25[MPa] 이상의 압력에 견딜 수 있는 것으로 할 것
  – 기동용 가스용기에는 내압시험압력의 0.8배 내지 내압시험압력 이하에서 작동하는 안전장치를 설치할 것
  – 기동용 가스용기의 용적은 1[L] 이상으로 하고, 해당 용기에 저장하는 이산화탄소의 양은 0.6[kg] 이상으로 하며, 충전비는 1.5 이상으로 할 것
- 전기식 기동장치
  – 감지기에 의해 자동으로 감지하여 솔레노이드로 용기밸브를 개방시키는 장치이다.
  – 7병 이상의 저장용기를 동시에 개방하는 설비는 2병 이상의 저장용기에 전자 개방밸브를 부착할 것

14 분말소화약제의 가압용 가스용기의 설치기준 중 틀린 것은? [18년 1회]

① 분말소화약제의 저장용기에 접속하여 설치하여야 한다.
② 가압용 가스는 질소가스 또는 이산화탄소로 하여야 한다.
③ 가압용 가스용기를 3병 이상 설치한 경우에 있어서는 2개 이상의 용기에 전자개방밸브를 부착하여야 한다.
④ 가압용 가스용기에는 2.5[MPa] 이상의 압력에서 압력 조정이 가능한 압력조정기를 설치하여야 한다.

해설 13번 해설 참조

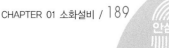

15 분말소화설비의 화재안전기준상 제1종 분말을 사용한 전역방출방식 분말소화설비에서 방호구역의 체적 1[m³]에 대한 소화약제의 양은 몇 [kg]인가?

[21년 1회]

① 0.24

② 0.36

③ 0.60

④ 0.72

해설 전역방출방식

소화약제저장량[kg]

= 방호구역 체적[m³] × 소화약제량[kg/m³] + 개구부의 면적[m²] × 가산량[kg/m²]

※ 개구부의 면적은 자동폐쇄장치가 설치되어 있지 않는 면적이다.

소화약제 종별	제1종 분말	제2, 3종 분말	제4종 분말
방호구역의 체적당 약제량[kg/m³]	0.60	0.36	0.24
자동폐쇄장치를 설치하지 않은 경우 가산량[kg/m²]	4.5	2.7	1.8

16 전역방출방식의 분말소화설비에서 방호구역의 개구부에 자동폐쇄장치를 설치하지 아니한 경우 개구부의 면적 1[m²]에 대한 분말소화약제의 가산량으로 잘못 연결된 것은?

[19년 4회]

① 제1종 분말 – 4.5[kg]

② 제2종 분말 – 2.7[kg]

③ 제3종 분말 – 2.5[kg]

④ 제4종 분말 – 1.8[kg]

해설 15번 해설 참조

17 분말소화설비의 화재안전기준상 수동식 기동장치의 부근에 설치하는 비상스위치에 대한 설명으로 옳은 것은? [18년 1회, 21년 2회]

① 자동복귀형 스위치로서 수동식 기동장치의 타이머를 순간정지 시키는 기능의 스위치를 말한다.

② 자동복귀형 스위치로서 수동식 기동장치가 수신기를 순간정지 시키는 기능의 스위치를 말한다.

③ 수동복귀형 스위치로서 수동식 기동장치의 타이머를 순간정지 시키는 기능의 스위치를 말한다.

④ 수동복귀형 스위치로서 수동식 기동장치가 수신기를 순간정지 시키는 기능의 스위치를 말한다.

해설 수동식

수동식 기동장치 부근에 소화약제 방출을 지연시킬 수 있는 비상스위치(자동복귀형 스위치로서 수동식 기동장치의 타이머를 순간 정지시키는 기능의 스위치)를 설치하여야 한다.
- 전역방출방식은 방호구역마다(국소방출방식은 방호대상물마다) 설치할 것
- 해당 방호구역의 출입구 부분 등 조작하는 자가 쉽게 피난할 수 있는 장소에 설치할 것
- 기동장치 조작부는 바닥으로부터 높이 0.8[m] 이상 1.5[m] 이하의 위치에 설치한다.
- 기동장치에는 가깝고 보기 쉬운 곳에 "분말소화설비 기동장치"라고 표시한 표지를 할 것
- 기동장치의 방출용 스위치는 음향경보장치와 연동하여 조작될 수 있는 것으로 할 것

18 분말소화설비의 화재안전기준상 배관에 관한 기준으로 틀린 것은? [21년 1회]

① 배관은 전용으로 할 것

② 배관은 모두 스케줄 40 이상으로 할 것

③ 동관을 사용하는 경우의 배관은 고정압력 또는 최고사용압력의 1.5배 이상의 압력에 견딜 수 있는 것을 사용할 것

④ 밸브류는 개폐위치 또는 개폐방향을 표시한 것으로 할 것

해설 배 관

- 배관은 전용으로 할 것
- 강관을 사용하는 경우의 배관은 아연도금에 따른 배관용 탄소강관이나 이와 동등 이상의 강도 · 내식성 및 내열성을 가진 것으로 할 것(다만, 축압식 분말소화설비에 사용하는 것 중 20[℃]에서 압력이 2.5[MPa] 이상 4.2[MPa] 이하인 것은 압력배관용 탄소강관 중 이음이 없는 스케줄 40 이상의 것 또는 이와 동등 이상의 강도를 가진 것으로서 아연도금으로 방식처리된 것을 사용하여야 한다)
- 동관을 사용하는 경우의 배관은 고정압력 또는 최고사용압력의 1.5배 이상의 압력에 견딜 수 있는 것을 사용할 것
- 저장용기 등으로부터 배관의 굴절부까지의 거리는 배관 내경의 20배 이상으로 할 것
- 밸브류는 개폐위치 또는 개폐방향을 표시한 것으로 할 것
- 주밸브에서 헤드까지의 배관의 분기는 방사량과 방사압력을 일정하기 위해서 전부 토너먼트방식으로 할 것

19 분말소화설비의 화재안전기준에 따른 분말소화설비의 배관과 선택밸브의 설치기준에 대한 내용으로 틀린 것은? [20년 4회]

① 배관은 겸용으로 설치할 것
② 선택밸브는 방호구역 또는 방호대상물마다 설치할 것
③ 동관은 고정압력 또는 최고사용압력의 1.5배 이상의 압력에 견딜 수 있는 것을 사용할 것
④ 강관은 아연도금에 따른 배관용탄소강관이나 이와 동등 이상의 강도·내식성 및 내열성을 가진 것을 사용할 것

해설 18번 해설 참조

20 분말소화설비의 화재안전기준상 분말소화설비의 배관으로 동관을 사용하는 경우에는 최고사용압력의 최소 몇 배 이상의 압력에 견딜 수 있는 것을 사용하여야 하는가? [20년 3회]

① 1   ② 1.5
③ 2   ④ 2.5

해설 18번 해설 참조

21 국소방출방식의 분말소화설비 분사헤드는 기준 저장량의 소화약제를 몇 초 이내에 방사할 수 있는 것이어야 하는가? [17년 2회]

① 60   ② 30
③ 20   ④ 10

해설 분사헤드
• 전역방출방식
 – 방사된 소화약제가 방호구역의 전역에 균일하고 신속하게 확산할 수 있도록 할 것
 – 소화약제 저장량을 30초 이내에 방사할 수 있는 것으로 할 것
• 국소방출방식
 – 소화약제의 방사에 따라 가연물이 비산하지 아니하는 장소에 설치할 것
 – 기준저장량의 소화약제를 30초 이내에 방사할 수 있는 것으로 할 것

19 ① 20 ② 21 ② 정답

22 전역방출방식의 분말소화설비에 있어서 방호구역이 용적이 500[m³]일 때 적합한 분사헤드의 수는?(단, 제1종 분말이며, 체적 1[m³]당 소화약제의 양은 0.60[kg]이며, 분사헤드 1개의 분당 표준방사량은 18[kg]이다) [18년 2회]

① 17개 　　　　　　　　　　② 30개

③ 34개 　　　　　　　　　　④ 134개

해설　헤드 수 $= 500[\text{m}^3] \times 0.6[\text{kg/m}^3] \div 18[\text{kg}] \div 0.5(30초 \ 이내)$
$= 33.33 \Rightarrow 34개$

23 화재 시 연기가 찰 우려가 없는 장소로서 호스릴 분말소화설비를 설치할 수 있는 기준 중 다음 ( ) 안에 알맞은 것은? [18년 2회, 19년 2회]

- 지상 1층 및 피난층에 있는 부분으로서 지상에서 수동 또는 원격조작에 따라 개방할 수 있는 개구부의 유효면적의 합계가 바닥면적의 (㉠)[%] 이상이 되는 부분
- 전기설비가 설치되어 있는 부분 또는 다량의 화기를 사용하는 부분(해당 설비의 주위 5[m] 이내의 부분을 포함한다)의 바닥면적이 해당 설비가 설치되어 있는 구획의 바닥면적의 (㉡) 미만이 되는 부분

① ㉠ 15, ㉡ $\frac{1}{5}$ 　　　　　　② ㉠ 15, ㉡ $\frac{1}{2}$

③ ㉠ 20, ㉡ $\frac{1}{5}$ 　　　　　　④ ㉠ 20, ㉡ $\frac{1}{2}$

해설　**호스릴방식**
화재 시 현저하게 연기가 찰 우려가 없는 장소에는 호스릴 분말소화설비를 설치할 수 있다.
- 지상 1층 및 피난층에 있는 부분으로서 지상에서 수동 또는 원격조작에 따라 개방할 수 있는 개구부의 유효면적의 합계가 바닥면적의 15[%] 이상이 되는 부분
- 전기설비가 설치되어 있는 부분 또는 다량의 화기를 사용하는 부분(해당 설비의 주위 5[m] 이내의 부분을 포함)의 바닥면적이 해당 설비가 설치되어 있는 구획의 바닥면적의 1/5 미만이 되는 부분

24 분말소화설비의 저장용기에 설치된 밸브 중 잔압 방출 시 개방·폐쇄 상태로 옳은 것은?

[17년 1회]

① 가스도입밸브 – 폐쇄
② 주밸브(방출밸브) – 개방
③ 배기밸브 – 폐쇄
④ 클리닝밸브 – 개방

해설 잔압 방출 시 개방·폐쇄 상태

밸 브	가스도입밸브	주밸브	배기밸브	클리닝밸브
상 태	폐 쇄	폐 쇄	개 방	폐 쇄

CHAPTER 02 피난구조설비

1 피난구조설비

(1) 개 요

화재가 발생하였을 때 소방대상물에 상주하는 사람들을 안전한 장소로 피난시킬 수 있는 기계·기구 또는 설비를 말한다.

(2) 피난구조설비의 종류

① 피난기구

피난사다리, 완강기, 간이완강기, 구조대, 미끄럼대, 피난교, 피난용 트랩, 공기안전매트, 다수인 피난장비, 승강식 피난기 등

② 인명구조기구

방열복, 방화복(안전모, 보호장갑 및 안전화 포함), 공기호흡기, 인공소생기

③ 유도등

피난유도선, 피난구유도등, 통로유도등, 객석유도등, 유도표지

④ 기 타

비상조명등 및 휴대용 비상조명등

2 피난기구의 종류

(1) 피난사다리

화재 시 긴급대피에 사용하는 사다리로서 고정식·올림식 및 내림식 사다리를 말한다.

① 고정식 사다리

항시 사용 가능한 상태로 소방대상물에 고정되어 사용되는 사다리(수납식·접는식·신축식을 포함)

㉠ 수납식 : 횡봉이 종봉 내에 수납되어 사용하는 때에 횡봉을 꺼내어 사용할 수 있는 구조

㉡ 접는식 : 사다리 하부를 접을 수 있는 구조

㉢ 신축식 : 사다리 하부를 신축할 수 있는 구조

② 올림식 사다리

소방대상물 등에 기대어 세워서 사용하는 사다리

③ 내림식 사다리

평상시에는 접어둔 상태로 두었다가 사용하는 때에 소방대상물 등에 걸어 내려 사용하는 사다리(하향식 피난구용 내림식 사다리를 포함)

㉠ 하향식 피난구용 내림식 사다리

하향식 피난구 해치(피난사다리를 항상 사용가능한 상태로 넣어 두는 장치를 말함)에 격납하여 보관되다가 사용하는 때에 사다리의 돌자 등이 소방대상물과 접촉되지 아니하는 내림식 사다리

④ 설치 및 정비

㉠ 금구는 전면측면에서 수직, 사다리 하단은 수평이 되도록 할 것

㉡ 피난사다리의 횡봉과 벽 사이는 10[cm] 이상 떨어지도록 할 것

㉢ 피난사다리는 금속제 구조이며 2개 이상의 종봉 및 횡봉으로 구성되어야 한다.

㉣ 피난사다리의 종봉 간격은 안 치수가 30[cm] 이상 50[cm] 이하여야 한다.

㉤ 피난사다리의 횡봉은 지름 14[mm] 이상 35[mm] 이하의 원형 단면이거나 이와 비슷한 손으로 잡을 수 있는 형태의 단면일 것

㉥ 횡봉은 종봉에 동일한 간격으로 부착한 것이어야 하며 그 간격은 25[cm] 이상 35[cm] 이하

(2) 완강기

① 정 의

사용자의 몸무게에 따라 자동적으로 내려올 수 있는 기구로 사용자가 교대로 연속적으로 사용할 수 있는 것

② 용어 정의

㉠ 최대사용하중 : 완강기, 간이완강기 및 지지대를 사용함에 있어서 당해 완강기, 간이완강기 및 지지대에 가할 수 있는 최대하중

㉡ 속도조절기 : 완강기의 강하속도가 일정 범위로 조절되는 장치

㉢ 속도조절기의 연결부 : 지지대와 속도조절기를 연결하는 부분

㉣ 화재 시 피난용으로 사용되는 완강기와 간이완강기를 소방대상물에 고정 설치해 줄 수 있는 기구

③ 구조 및 기능(완강기, 간이완강기)

완강기 및 간이완강기의 공통사항

㉠ 속도조절기·속도조절기의 연결부·로프·연결 금속구 및 벨트로 구성

㉡ 강하 시 사용자를 심하게 선회시키지 않아야 한다.

ⓒ 속도조절기의 조건
- 견고하고 내구성이 있어야 한다.
- 평상시 분해, 청소 등을 하지 않아도 작동에 지장이 없어야 한다.
- 강하 시 발생하는 열에 의해 기능에 이상이 없고 로프가 손상되지 않아야 한다.
- 속도조절기는 사용 중 분해·손상·변형되지 않고 조절기의 이탈이 생기지 않도록 덮개를 씌워야 한다.
- 풀리 등으로부터 로프가 노출되지 않는 구조여야 한다.

ⓡ 기능에 이상이 생길 수 있는 모래나 기타 이물질이 들어가지 않도록 견고한 덮개로 덮여 있어야 한다.

ⓜ 와이어로프는 지름이 3[mm] 이상 또는 안전계수(와이어 파단하중[N]을 최대 사용하중[N]으로 나눈 값)가 5 이상이어야 하며 전체 길이에 걸쳐 균일한 구조여야 한다.

ⓗ 벨트의 너비는 45[mm] 이상이어야 하고 벨트의 최소 원주길이는 55[cm] 이상 65[cm] 이하여야 하며 최대 원주길이는 160[cm] 이상 180[cm] 이하여야 하고 최소 원주길이 부분에는 너비 100[mm], 두께 10[mm] 이상의 충격보호재를 덧씌워야 한다.

④ 설치기준
ⓐ 개구부의 크기 : 세로 80[cm], 가로 50[cm] 이상. 또 개구부의 창의 개폐구조로는 돌출창, 미닫이 창문 및 위아래로 올리는 창은 피하는 것이 좋다.

ⓑ 부착금구하중 > 최대사용자수 × 390[kg] + 완강기 무게

⑤ 최대사용하중 및 최대사용자수
ⓐ 최대사용하중은 1,500[N] 이상의 하중이어야 한다.

ⓑ 최대사용자수는 최대사용하중을 1,500[N]으로 나누어 얻은 값(1 미만 수는 버릴 것)이다.

ⓒ 최대사용자수는 상당하는 수의 벨트가 있어야 한다.

⑥ 강 도
ⓐ 완강기 및 간이완강기의 강도(벨트 강도는 제외)는 최대사용자수에 3,900[N]을 곱해 얻은 값의 정하중을 가하는 시험에 속도조절기, 속도조절기의 연결부 및 연결 금속구는 분해·파손 또는 현저한 변형이 생기지 않아야 한다(완강기의 지지대는 연직방향으로 최대사용자수에 5,000[N]을 곱한 하중을 가하는 경우 파괴·균열 및 현저한 변형이 없을 것).

ⓑ 벨트 강도는 늘어뜨린 방향으로 1개에 대해 6,500[N]의 인장하중을 가하는 시험에서 끊어지거나 현저한 변형이 생기지 않아야 한다.

ⓒ 충격강하시험 : 속도조절기로부터 강하 측의 로프를 25[cm] 인출해 강하 방향과 정반대 방향으로 당겨 올리고 벨트에 최대사용하중에 상당하는 하중을 가진 모형을 장착해 충격강하시험을 5회 반복

    ⓔ 낙하시험 : 속도조절기를 1.5[m] 높이로부터 낙하시키는 것을 5회 반복

$$※ 낙하시간 (t) = \sqrt{\frac{d}{g/2}}$$

    여기서, d : 거리[m]

            g : 중력가속도(9.8[m/s^2])

            t : 낙하시간[s]

(3) 구조대

① 개요 : 비상시 건축물의 창, 발코니 등에서 지상까지 포지 등을 사용하며 자루형태로 만든 것으로서 화재 시 사용자가 그 내부에 들어가서 내려옴으로써 대피할 수 있는 피난 기구로 경사강하식, 수직강하식으로 구분된다.

② 경사강하식 구조대

  ㉠ 구 성

    • 상부설치금구

    • 하부지지장치

    • 보호장치

    • 유도 로프

    • 수납함

    • 포대 본체

  ㉡ 구 조

    • 연속으로 활강할 수 있는 구조로 안전하고 쉽게 사용할 수 있어야 한다.

    • 입구틀 및 취부틀의 입구는 지름 50[cm] 이상 구체가 통과할 수 있어야 한다.

    • 포지는 사용 시 수직 방향으로 현저하게 늘어나지 않아야 한다.

    • 포지, 지지틀, 취부틀, 그 밖의 부속장치 등은 견고하게 부착되어야 한다.

    • 구조대 본체는 강하 방향으로 봉합부가 설치되지 않아야 한다.

    • 구조대 본체의 활강부는 낙하방지를 위해 포를 2중 구조로 하거나 망목 변의 길이가 8[cm] 이하인 망을 설치해야 한다.

    • 손잡이는 출구 부근에 좌우 각 3개 이상 균일한 간격으로 견고하게 부착해야 한다.

    • 구조대 본체 끝부분에는 길이 4[m] 이상, 지름 4[mm] 이상의 유도선을 부착해야 하며 유도선 끝에는 중량 3[N](300[g]) 이상의 모래주머니 등을 설치해야 한다.

    • 땅에 닿을 때 충격을 받는 부분에는 완충장치로서 받침포 등을 부착해야 한다.

③ 수직강하식 구조대

   ⊙ 개요 : 개구부에서 수직으로 포대는 하강하고 그 속으로 하강 피난하는 구조대로서 포대의 협축작용에 의한 마찰로 감속시키는 방식과 나선형 또는 사행하강에 의해서 감속시키는 방식이 있으며 하부지지장치, 유도로프는 필요 없다.

   ⊙ 구 조

- 구조대는 안전하고 쉽게 사용할 수 있는 구조이어야 한다.
- 구조대의 포지는 외부포지와 내부포지로 구성하되, 외부포지와 내부포지의 사이에 충분한 공기층을 두어야 한다. 다만, 건물내부의 별실에 설치하는 것은 외부포지를 설치하지 아니할 수 있다.
- 입구틀 및 취부틀의 입구는 지름 50[cm] 이상의 구체가 통과할 수 있는 것이어야 한다.
- 구조대는 연속하여 강하할 수 있는 구조이어야 한다.
- 포지는 사용 시 수직방향으로 현저하게 늘어나지 아니하여야 한다.
- 포지, 지지틀, 취부틀 그 밖의 부속장치 등은 견고하게 부착되어야 한다.

④ 보호망

낙하방지를 위해 보호망을 사용한 경우, 보호망의 인장하중은 3[kN](300[kg]) 이상

(4) 미끄럼대

미끄럼대는 소방대상물의 3층에 설치하는 피난기구로서 사용할 때 이외는 하단을 위로 올려 놓는 반고정식, 범포제로 평상시에는 수납하여 놓아두는 수납식이 있다.

(5) 피난용 트랩

소방대상물의 외벽 또는 지하층의 내벽에 설치하는 것

구 분	디딤폭	유효폭	구 조	적재하중
기 준	1.2[m] 이상	50[cm] 이상	강재·알루미늄재의 내화구조	130[kg] 이상

(6) 피난교

피난교는 소방대상물의 옥상 또는 중간층으로부터 인접한 건축물 등에 가교를 설치하여 상호 간 피난할 수 있는 것

구 분	경 사	폭	난간높이	난간간격	적재하중
기 준	1/5 미만 (1/5 이상 : 계단식)	60[cm] 이상	1.1[m] 이상	18[cm] 이하	350[kg] 이상

3 피난기구 설치기준

(1) 적응성

층 별 설치장소별 구분	지하층	1층	2층	3층	4층 이상 10층 이하
1. 노유자시설	피난용 트랩	미끄럼대 구조대 피난교 다수인 피난장비 승강식 피난기	미끄럼대 구조대 피난교 다수인 피난장비 승강식 피난기	미끄럼대 구조대 피난교 다수인 피난장비 승강식 피난기	피난교 다수인 피난장비 승강식 피난기
2. 의료시설·근린생 활시설 중 입원실이 있는 의원·접골원· 조산원	피난용 트랩	–	–	미끄럼대 구조대 피난교 피난용 트랩 다수인 피난장비 승강식 피난기	구조대 피난교 피난용 트랩 다수인 피난장비 승강식 피난기
3. 다중이용업소의 안 전관리에 관한 특별 법 시행령 제2조에 따른 다중이용업소 로서 영업장의 위치 가 4층 이하인 다중 이용업소	–	–	미끄럼대 피난사다리 구조대 완강기 다수인 피난장비 승강식 피난기	미끄럼대 피난사다리 구조대 완강기 다수인 피난장비 승강식 피난기	미끄럼대 피난사다리 구조대 완강기 다수인 피난장비 승강식 피난기
4. 그 밖의 것	피난사다리 피난용 트랩	–	–	미끄럼대 피난사다리 구조대 완강기 피난교 피난용 트랩 간이완강기 공기안전매트 다수인 피난장비 승강식 피난기	피난사다리 구조대 완강기 피난교 간이완강기 공기안전매트 다수인 피난장비 승강식 피난기

비고 : 간이완강기의 적응성은 숙박시설의 3층 이상에 있는 객실에, 공기안전매트의 적응성은 공동주택에 한한다.

(2) 설치개수기준

층마다 설치하되 아래 기준에 의하여 설치하여야 한다.

소방대상물	설치기준(1개 이상)
숙박시설·노유자시설 및 의료시설	바닥면적 500[m²]마다
위락시설·문화 및 집회시설, 운동시설·판매시설	바닥면적 800[m²]마다
계단실형 아파트	각 세대마다
그 밖의 용도의 층	바닥면적 1,000[m²]마다

※ 숙박시설(휴양콘도미니엄은 제외)은 추가로 객실마다 완강기 또는 둘 이상의 간이완강기를 설치할 것

(3) 설치된 피난기구 외 추가설치 대상

대상물 구분	추가 피난기구
숙박시설(휴양 콘도미니엄 제외)	객실마다 완강기 또는 2 이상의 간이완강기
공동주택 구역마다	공기안전매트 1개 이상

(4) 설치기준

① 피난기구는 계단·피난구, 기타 피난시설로부터 적당한 거리에 있는 안전한 구조로 된 피난 또는 소화활동상 유효한 개구부(가로 0.5[m] 이상, 세로 1[m] 이상인 것. 이 경우, 개구부 하단이 바닥에서 1.2[m] 이상이면 발판 등을 설치해야 하고 밀폐된 창문은 쉽게 파괴할 수 있는 파괴장치를 비치해야 한다)에 고정해 설치하거나 필요할 때 신속하고 유효하게 설치할 수 있는 상태로 둘 것

② 피난기구를 설치하는 개구부는 서로 동일 직선상이 아닌 위치에 있을 것. 다만, 피난교·피난용 트랩·간이완강기·아파트에 설치되는 피난기구(다수인 피난장비는 제외), 기타 피난상 지장이 없는 것에서는 그러하지 아니하다.

③ 피난기구는 소방대상물의 기둥·바닥·보 기타 구조상 견고한 부분에 볼트 조임·매입·용접, 기타 방법으로 견고하게 부착할 것

④ 4층 이상 층에 피난사다리(하향식 피난구용 내림식 사다리는 제외)를 설치하는 경우에는 금속성 고정 사다리를 설치하고, 당해 고정사다리에는 쉽게 피난할 수 있는 구조의 노대를 설치할 것

⑤ 미끄럼대는 안전한 강하속도를 유지하고, 전락방지를 위한 안전조치를 할 것

⑥ 구조대의 길이는 피난상 지장이 없고 안정한 강하속도를 유지할 수 있는 길이로 할 것

(5) 다수인 피난장비 설치기준

① 사용 시에 보관실 외측 문이 먼저 열리고 탑승기가 외측으로 자동으로 전개될 것

② 하강 시에 탑승기가 건물 외벽이나 돌출물에 충돌하지 않도록 설치할 것

③ 상·하층에 설치할 경우에는 탑승기의 하강경로가 중첩되지 않도록 할 것

④ 하강 시에는 안전하고 일정한 속도를 유지하도록 하고 전복, 흔들림, 경로이탈 방지를 위한 안전조치를 할 것

⑤ 보관실의 문에는 오작동 방지조치를 하고, 문 개방 시에는 당해 소방대상물에 설치된 경보설비와 연동하여 유효한 경보음을 발하도록 할 것

(6) 승강식 피난기 및 하향식 피난구용 내림식 사다리 설치기준

① 대피실의 면적은 2[m²](2세대 이상일 경우에는 3[m²]) 이상으로 하고, 하강구(개구부) 규격은 직경 60[cm] 이상일 것
② 착지점과 하강구는 상호 수평거리 15[cm] 이상의 간격을 둘 것
③ 대피실 내에는 비상조명등을 설치할 것
④ 대피실에는 층의 위치표시와 피난기구 사용설명서 및 주의사항 표지판을 부착할 것
⑤ 대피실 출입문이 개방되거나, 피난기구 작동 시 해당 층 및 직하층 거실에 설치된 표시등 및 경보장치가 작동되고, 감시제어반에서는 피난기구의 작동을 확인할 수 있어야 할 것

(7) 올림식 사다리의 구조

① 상부지지점(끝 부분으로부터 60[cm] 이내의 임의의 부분으로 한다)에 미끄러지거나 넘어지지 아니하도록 하기 위하여 안전장치를 설치하여야 한다.
② 하부지지점에는 미끄러짐을 막는 장치를 설치하여야 한다.
③ 신축하는 구조인 것은 사용할 때 자동적으로 작동하는 축제방지장치를 설치하여야 한다.
④ 접어지는 구조인 것은 사용할 때 자동적으로 작동하는 접힘방지장치를 설치하여야 한다.

(8) 내림식 사다리의 구조

① 사용 시 소방대상물로부터 10[cm] 이상의 거리를 유지하기 위한 유효한 돌자를 횡봉의 위치마다 설치하여야 한다. 다만, 그 돌자를 설치하지 아니하여도 사용 시 소방대상물에서 10[cm] 이상의 거리를 유지할 수 있는 것은 그러하지 아니하다.
② 종봉의 끝 부분에는 가변식 걸고리 또는 걸림장치(하향식 피난구용 내림식 사다리는 해치 등에 고정할 수 있는 장치를 말함)가 부착되어 있어야 한다.
③ ②의 규정에 의한 걸림장치 등은 쉽게 이탈하거나 파손되지 아니하는 구조이어야 한다.
④ 하향식 피난구용 내림식 사다리는 사다리를 접거나 천천히 펼쳐지게 하는 완강장치를 부착할 수 있다.

(9) 피난기구설치 제외대상

① 해당 층 제외(층 제외)가 되는 경우
　㉠ 주요구조부가 내화구조로 되어 있을 것
　㉡ 실내에 면하는 부분의 마감이 불연재료·준불연재료 또는 난연재료로 되어 있고 방화구획이 규정에 적합하게 구획되어 있을 것
　㉢ 거실의 각 부분으로부터 직접 복도로 쉽게 통할 수 있어야 할 것
　㉣ 복도에 2 이상의 특별피난계단 또는 피난계단이 적합하게 설치되어 있어야 할 것
　㉤ 복도의 어느 부분에서도 2 이상의 방향으로 각각 다른 계단에 도달할 수 있어야 할 것

② 옥상의 직하층 또는 최상층(관람집회 및 운동시설 또는 판매시설은 제외)에서 다음의 경우

ㄱ 주요구조부가 내화구조로 되어 있을 것

ㄴ 면적이 $1,500[m^2]$ 이상이어야 할 것

ㄷ 옥상으로 쉽게 통할 수 있는 창 또는 출입구가 설치되어 있어야 할 것

ㄹ 옥상이 소방사다리차가 쉽게 통행할 수 있는 도로(폭 $6[m]$ 이상의 것) 또는 공지(공원 또는 광장 등)에 면하여 설치되어 있거나 옥상으로부터 피난층 또는 지상으로 통하는 2 이상의 피난계단 또는 특별피난계단이 규정에 적합하게 설치되어 있어야 할 것

③ 주요구조부가 내화구조이고 지하층을 제외한 층수가 4층 이하이며 소방사다리차가 쉽게 통행할 수 있는 도로 또는 공지에 면하는 부분에 개구부가 2 이상 설치되어 있는 층(문화집회 및 운동시설·판매시설 및 영업시설 또는 노유자시설 용도로 사용되는 층으로서 그 층의 바닥면적이 $1,000[m^2]$ 이상인 것은 제외)

④ 편복도형 아파트 또는 발코니 등을 통해 인접 세대로 피난할 수 있는 구조로 되어 있는 계단실형 아파트

⑤ 주요구조부가 내화구조로서 거실의 각 부분으로 직접 복도로 피난할 수 있는 학교(강의실 용도로 사용되는 층에 한한다)

⑥ 건축물의 옥상 부분으로서 거실에 해당하지 않고 층수로 산정된 층으로 사람이 근무하거나 거주하지 않는 장소

⑦ 무인공장 또는 자동창고로서 사람의 출입이 금지된 장소(관리를 위하여 일시적으로 출입하는 장소를 포함한다)

(10) 피난기구설치 감소 기준

① 피난기구의 1/2 감소할 수 있는 경우

ㄱ 주요구조부가 내화구조로 되어 있을 것

ㄴ 직통계단인 피난계단 또는 특별피난계단이 2 이상 설치되어 있을 것

② 주요구조부가 내화구조이고 다음 기준에 적합한 건널 복도가 설치되어 있는 층에는 피난기구수에서 해당 건널 복도수의 2배수를 뺀 수로 한다.

ㄱ 내화구조 또는 철골구조로 되어 있을 것

ㄴ 건널 복도 양단 출입구에 자동폐쇄장치를 한 갑종방화문(방화 셔터는 제외)이 설치되어 있을 것

ㄷ 피난·통행 또는 운반전용 용도일 것

(11) 특정소방대상물의 용도 및 장소별로 설치하여야 할 인명구조 기구

특정소방대상물	인명구조기구의 종류	설치수량
지하층을 포함하는 층수가 7층 이상인 관광호텔 및 5층 이상인 병원	방열복 또는 방화복(안전모, 보호장갑 및 안전화 포함) 공기호흡기 인공소생기	각 2개 이상 비치할 것 (다만, 병원의 경우에는 인공소생기를 설치하지 않을 수 있다)
• 문화 및 집회시설 중 수용인원 100명 이상의 영화상영관 • 판매시설 중 대규모 점포 • 운수시설 중 지하역사 • 지하가 중 지하상가	공기호흡기	층마다 2개 이상 비치할 것 (다만, 각 층마다 갖추어 두어야 할 공기호흡기 중 일부를 직원이 상주하는 인근 사무실에 갖추어 둘 수 있다)
물분무 등 소화설비 중 이산화탄소소화설비를 설치하여야 하는 특정소방대상물	공기호흡기	이산화탄소소화설비가 설치된 장소의 출입구 외부 인근에 1대 이상 비치할 것

01 인명구조기구의 종류가 아닌 것은? [18년 1회]

① 방열복

② 구조대

③ 공기호흡기

④ 인공소생기

> **해설** **피난구조설비의 종류**
> • 피난기구 : 피난사다리, 완강기, 간이완강기, 구조대, 미끄럼대, 피난교, 피난용 트랩, 공기안전매트, 다수인 피난장비, 승강식 피난기 등
> • 인명구조기구 : 방열복, 방화복(안전모, 보호장갑 및 안전화 포함), 공기호흡기, 인공소생기
> • 유도등 : 피난유도선, 피난구유도등, 통로유도등, 객석유도등, 유도표지
> • 기타 : 비상조명등 및 휴대용 비상조명등

02 고정식 사다리의 구조에 따른 분류로 틀린 것은? [18년 1회]

① 굽히는 식

② 수납식

③ 접는식

④ 신축식

> **해설** **피난사다리**
> • 고정식 사다리 : 항시 사용 가능한 상태로 소방대상물에 고정되어 사용되는 사다리(수납식 · 접는식 · 신축식을 포함)
>   – 수납식 : 횡봉이 종봉 내에 수납되어 사용하는 때에 횡봉을 꺼내어 사용할 수 있는 구조
>   – 접는식 : 사다리 하부를 접을 수 있는 구조
>   – 신축식 : 사다리 하부를 신축할 수 있는 구조
> • 올림식 사다리 : 소방대상물 등에 기대어 세워서 사용하는 사다리
> • 내림식 사다리 : 평상시에는 접어둔 상태로 두었다가 사용하는 때에 소방대상물 등에 걸어 내려 사용하는 사다리(하향식 피난구용 내림식 사다리를 포함)
>   – 하향식 피난구용 내림식 사다리 : 하향식 피난구 해치(피난사다리를 항상 사용가능한 상태로 넣어 두는 장치를 말함)에 격납하여 보관되다가 사용하는 때에 사다리의 돌자 등이 소방대상물과 접촉되지 아니하는 내림식 사다리

03 완강기의 형식승인 및 제품검사의 기술기준상 완강기 및 간이완강기의 구성으로 적합한 것은? [20년 3회]

① 속도조절기, 속도조절기의 연결부, 하부지지장치, 연결금속구, 벨트
② 속도조절기, 속도조절기의 연결부, 로프, 연결금속구, 벨트
③ 속도조절기, 가로봉 및 세로봉, 로프, 연결금속구, 벨트
④ 속도조절기, 가로봉 및 세로봉, 로프, 하부지지장치, 벨트

> **해설** 완강기 및 간이완강기의 구성 : 속도조절기, 속도조절기의 연결부, 로프, 연결금속구, 벨트

04 다음과 같은 소방대상물의 부분에 완강기를 설치할 경우 부착 금속구의 부착위치로서 가장 적합한 위치는? [18년 2회]

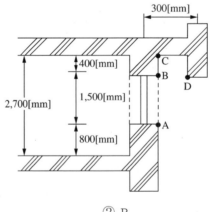

① A
② B
③ C
④ D

> **해설** 설치기준
> • 개구부의 크기 : 세로 80[cm], 가로 50[cm] 이상. 또 개구부의 창의 개폐구조로는 돌출창, 미닫이 창문 및 위아래로 올리는 창은 피하는 것이 좋다.
> • 부착금구하중 > 최대사용자수×390[kg] + 완강기 무게
> ※ 완강기를 설치할 경우 부착 금속구의 부착위치는 하강 시 장애물이 없는 D가 적합하다.

3 ② 4 ④ **정답**

05 완강기의 최대사용하중은 몇 [N] 이상의 하중이어야 하는가? [17년 1회, 20년 1·2회]

① 800

② 1,000

③ 1,200

④ 1,500

해설 **최대사용하중 및 최대사용자수**
- 최대사용하중은 1,500[N] 이상의 하중이어야 한다.
- 최대사용자수는 최대사용하중을 1,500[N]으로 나누어 얻은 값(1 미만 수는 버릴 것)이다.
- 최대사용자수는 상당하는 수의 벨트가 있어야 한다.

핵심
예제

06 완강기의 최대사용자수 기준 중 다음 (   ) 안에 알맞은 것은? [18년 2회]

최대사용자수(1회에 강하할 수 있는 사용자의 최대수)는 최대사용하중을 (   )[N]으로 나누어서 얻은 값으로 한다.

① 250

② 500

③ 780

④ 1,500

해설 5번 해설 참조

07 지상으로부터 높이 30[m]가 되는 창문에서 구조대용 유도 로프의 모래주머니를 자연 낙하 시킨 경우 지상에 도달할 때까지 걸리는 시간[초]은? [19년 4회]

① 2.5

② 5

③ 7.5

④ 10

해설

낙하시간 $(t) = \sqrt{\dfrac{d}{g/2}}$

여기서, d : 거리[m]

g : 중력가속도(9.8[m/s²])

t : 낙하시간[s]

∴ 낙하시간 $t = \sqrt{\dfrac{d}{g/2}} = \sqrt{\dfrac{30}{9.8/2}} ≒ 2.47[s]$

08 완강기와 간이완강기를 소방대상물에 고정 설치해 줄 수 있는 지지대의 강도시험기준 중 ( ) 안에 알맞은 것은? [17년 4회]

> 지지대는 연직방향을 최대사용자수에 ( )[N]을 곱한 하중을 가하는 경우 파괴·균열 및 현저한 변형이 없어야 한다.

① 250

② 750

③ 1,500

④ 5,000

해설 완강기 및 간이완강기의 강도(벨트 강도는 제외)는 최대사용자수에 3,900[N]을 곱해 얻은 값의 정하중을 가하는 시험에 속도조절기, 속도조절기의 연결부 및 연결 금속구는 분해·파손 또는 현저한 변형이 생기지 않아야 한다(완강기의 지지대는 연직방향으로 최대사용자수에 5,000[N]을 곱한 하중을 가하는 경우 파괴·균열 및 현저한 변형이 없을 것).

7 ① 8 ④ **정답**

09 구조대의 형식승인 및 제품검사의 기술기준상 수직강하식 구조대의 구조기준 중 틀린 것은?

[20년 3회]

① 구조대는 연속하여 강하할 수 있는 구조이어야 한다.

② 구조대는 안전하고 쉽게 사용할 수 있는 구조이어야 한다.

③ 입구틀 및 취부틀의 입구는 지름 40[cm] 이하의 구체가 통과할 수 있는 것이어야 한다.

④ 구조대의 포지는 외부포지와 내부포지로 구성하되, 외부포지와 내부포지의 사이에 충분한 공기층을 두어야 한다.

해설 수직강하식 구조대의 구조
- 구조대는 안전하고 쉽게 사용할 수 있는 구조이어야 한다.
- 구조대의 포지는 외부포지와 내부포지로 구성하되, 외부포지와 내부포지의 사이에 충분한 공기층을 두어야 한다. 다만, 건물내부의 별실에 설치하는 것은 외부포지를 설치하지 아니할 수 있다.
- 입구틀 및 취부틀의 입구는 지름 50[cm] 이상의 구체가 통과할 수 있는 것이어야 한다.
- 구조대는 연속하여 강하할 수 있는 구조이어야 한다.
- 포지는 사용 시 수직방향으로 현저하게 늘어나지 아니하여야 한다.
- 포지, 지지틀, 취부틀 그 밖의 부속장치 등은 견고하게 부착되어야 한다.

핵심
예제

10 수직강하식 구조대가 구조적으로 갖추어야 할 조건으로 옳지 않은 것은?(단, 건물 내부의 별실에 설치하는 경우는 제외한다)

[19년 1회]

① 구조대의 포지는 외부포지와 내부포지로 구성한다.

② 포지는 사용 시 충격을 흡수하도록 수직방향으로 현저하게 늘어나야 한다.

③ 구조대는 연속하여 강하할 수 있는 구조이어야 한다.

④ 입구틀 및 취부틀의 입구는 지름 50[cm] 이상의 구체가 통과할 수 있어야 한다.

해설 9번 해설 참조

11 구조대의 형식승인 및 제품검사의 기술기준에 따른 경사하강식 구조대의 구조에 대한 설명으로 틀린 것은? [20년 4회]

① 구조대 본체는 강하방향으로 봉합부가 설치되어야 한다.

② 연속하여 활강할 수 있는 구조로 안전하고 쉽게 사용할 수 있어야 한다.

③ 땅에 닿을 때 충격을 받는 부분에는 완충장치로서 받침포 등을 부착하여야 한다.

④ 입구틀 및 취부틀의 입구는 지름 50[cm] 이상의 구체가 통과할 수 있어야 한다.

> **해설** 경사강하식 구조대의 구조
> • 연속으로 활강할 수 있는 구조로 안전하고 쉽게 사용할 수 있어야 한다.
> • 입구틀 및 취부틀의 입구는 지름 50[cm] 이상 구체가 통과할 수 있어야 한다.
> • 포지는 사용 시 수직 방향으로 현저하게 늘어나지 않아야 한다.
> • 포지, 지지틀, 취부틀, 그 밖의 부속장치 등은 견고하게 부착되어야 한다.
> • 구조대 본체는 강하 방향으로 봉합부가 설치되지 않아야 한다.
> • 구조대 본체의 활강부는 낙하방지를 위해 포를 2중 구조로 하거나 망목 변의 길이가 8[cm] 이하인 망을 설치해야 한다.
> • 손잡이는 출구 부근에 좌우 각 3개 이상 균일한 간격으로 견고하게 부착해야 한다.
> • 구조대 본체 끝부분에는 길이 4[m] 이상, 지름 4[mm] 이상의 유도선을 부착해야 하며 유도선 끝에는 중량 3[N](300[g]) 이상의 모래주머니 등을 설치해야 한다.
> • 땅에 닿을 때 충격을 받는 부분에는 완충장치로서 받침포 등을 부착해야 한다.

핵심예제

12 경사강하식 구조대의 구조 기준 중 틀린 것은? [17년 4회]

① 구조대 본체는 강하방향으로 봉합부가 설치되어야 한다.

② 손잡이는 출구 부근에 좌우 각 3개 이상 균일한 간격으로 견고하게 부착하여야 한다.

③ 구조대 본체의 끝부분에는 길이 4[m] 이상, 지름 4[mm] 이상의 유도선을 부착하여야 하며 유도선 끝에는 중량 3[N](300[g]) 이상의 모래주머니 등을 설치하여야 한다.

④ 본체의 포지는 하부 지지장치에 인장력이 균등하게 걸리도록 부착하여야 하며 하부 지지장치는 쉽게 조작할 수 있어야 한다.

> **해설** 11번 해설 참조

13 노유자시설의 3층에 적응성을 가진 피난기구가 아닌 것은? [17년 2회]

① 미끄럼대

② 피난교

③ 다수인 피난장비

④ 간이완강기

해설 피난기구의 적응성

층 별 설치장소별 구분	지하층	1층	2층	3층	4층 이상 10층 이하
1. 노유자시설	피난용 트랩	미끄럼대 구조대 피난교 다수인 피난장비 승강식 피난기	미끄럼대 구조대 피난교 다수인 피난장비 승강식 피난기	미끄럼대 구조대 피난교 다수인 피난장비 승강식 피난기	피난교 다수인 피난장비 승강식 피난기
2. 의료시설·근린 생활시설 중 입 원실이 있는 의 원·접골원·조 산원	피난용 트랩	–	–	미끄럼대 구조대 피난교 피난용 트랩 다수인 피난장비 승강식 피난기	구조대 피난교 피난용 트랩 다수인 피난장비 승강식 피난기
3. 다중이용업소의 안전관리에 관 한 특별법 시행 령 제2조에 따 른 다중이용업 소로서 영업장 의 위치가 4층 이하인 다중이 용업소	–	–	미끄럼대 피난사다리 구조대 완강기 다수인 피난장비 승강식 피난기	미끄럼대 피난사다리 구조대 완강기 다수인 피난장비 승강식 피난기	미끄럼대 피난사다리 구조대 완강기 다수인 피난장비 승강식 피난기
4. 그 밖의 것	피난사다리 피난용 트랩	–	–	미끄럼대 피난사다리 구조대 완강기 피난교 피난용 트랩 간이완강기 공기안전매트 다수인 피난장비 승강식 피난기	피난사다리 구조대 완강기 피난교 간이완강기 공기안전매트 다수인 피난장비 승강식 피난기

핵심
예제

14 피난기구의 화재안전기준상 노유자시설의 4층 이상 10층 이하에서 적응성이 있는 피난기구가 아닌 것은? [19년 1회, 21년 2회]

① 피난교
② 다수인 피난장비
③ 승강식 피난기
④ 미끄럼대

> **해설** 13번 해설 참조

15 피난기구의 화재안전기준상 의료시설에 구조대를 설치해야 할 층이 아닌 것은? [21년 1회]

① 2 ② 3
③ 4 ④ 5

> **해설** 13번 해설 참조

16 피난기구의 화재안전기준에 따라 숙박시설·노유자시설 및 의료시설로 사용되는 층에 있어서는 그 층의 바닥면적이 몇 [m²]마다 피난기구를 1개 이상 설치해야 하는가? [20년 4회]

① 300 ② 500
③ 800 ④ 1,000

> **해설** 피난기구 설치기준
> 층마다 설치하되 아래 기준에 의하여 설치하여야 한다.
>
> | 소방대상물 | 설치기준(1개 이상) |
> |---|---|
> | 숙박시설·노유자시설 및 의료시설 | 바닥면적 500[m²]마다 |
> | 위락시설·문화 및 집회시설, 운동시설·판매시설 | 바닥면적 800[m²]마다 |
> | 계단실형 아파트 | 각 세대마다 |
> | 그 밖의 용도의 층 | 바닥면적 1,000[m²]마다 |
>
> ※ 숙박시설(휴양콘도미니엄은 제외)은 추가로 객실마다 완강기 또는 둘 이상의 간이완강기를 설치할 것

17 피난기구 설치기준으로 옳지 않은 것은?

① 피난기구는 소방대상물의 기둥·바닥·보 기타 구조상 견고한 부분에 볼트조임·매입·용접 기타의 방법으로 견고하게 부착할 것

② 2층 이상의 층에 피난사다리(하향식 피난구용 내림식 사다리는 제외한다)를 설치하는 경우에는 금속성 고정사다리를 설치하고, 피난에 방해되지 않도록 노대는 설치되지 않아야 할 것

③ 승강식 피난기 및 하향식 피난구용 내림식 사다리는 설치경로가 설치층에서 피난층까지 연계될 수 있는 구조로 설치할 것. 다만, 건축물의 구조 및 설치 여건 상 불가피한 경우에는 그러하지 아니 한다.

④ 승강식 피난기 및 하향식 피난구용 내림식 사다리의 하강구 내측에는 기구의 연결 금속구 등이 없어야 하며 전개된 피난기구는 하강구 수평투영면적 공간 내의 범위를 침범하지 않는 구조이어야 할 것. 단, 직경 60[cm] 크기의 범위를 벗어난 경우이거나, 직하층의 바닥 면으로부터 높이 50[cm] 이하의 범위는 제외한다.

해설 **피난기구의 설치기준**
- 피난기구는 계단·피난구, 기타 피난시설로부터 적당한 거리에 있는 안전한 구조로 된 피난 또는 소화활동상 유효한 개구부(가로 0.5[m] 이상, 세로 1[m] 이상인 것. 이 경우, 개구부 하단이 바닥에서 1.2[m] 이상이면 발판 등을 설치해야 하고 밀폐된 창문은 쉽게 파괴할 수 있는 파괴장치를 비치해야 한다)에 고정해 설치하거나 필요할 때 신속하고 유효하게 설치할 수 있는 상태로 둘 것
- 피난기구를 설치하는 개구부는 서로 동일 직선상이 아닌 위치에 있을 것. 다만, 피난교·피난용 트랩·간이완강기·아파트에 설치되는 피난기구(다수인 피난장비는 제외), 기타 피난상 지장이 없는 것에서는 그러하지 아니하다.
- 피난기구는 소방대상물의 기둥·바닥·보 기타 구조상 견고한 부분에 볼트 조임·매입·용접, 기타 방법으로 견고하게 부착할 것
- 4층 이상 층에 피난사다리(하향식 피난구용 내림식 사다리는 제외)를 설치하는 경우에는 금속성 고정 사다리를 설치하고, 당해 고정사다리에는 쉽게 피난할 수 있는 구조의 노대를 설치할 것
- 미끄럼대는 안전한 강하속도를 유지하고, 전락방지를 위한 안전조치를 할 것
- 구조대의 길이는 피난상 지장이 없고 안정한 강하속도를 유지할 수 있는 길이로 할 것

18 다음 중 피난사다리 하부지지점에 미끄럼방지장치를 설치하는 것은? [19년 2회]

① 내림식 사다리
② 올림식 사다리
③ 수납식 사다리
④ 신축식 사다리

해설   **올림식 사다리의 구조**
- 상부지지점(끝 부분으로부터 60[cm] 이내의 임의의 부분으로 한다)에 미끄러지거나 넘어지지 아니하도록 하기 위하여 안전장치를 설치하여야 한다.
- 하부지지점에는 미끄러짐을 막는 장치를 설치하여야 한다.
- 신축하는 구조인 것은 사용할 때 자동적으로 작동하는 축제방지장치를 설치하여야 한다.
- 접어지는 구조인 것은 사용할 때 자동적으로 작동하는 접힘방지장치를 설치하여야 한다.

19 내림식 사다리의 구조기준 중 다음 (   ) 안에 공통으로 들어갈 내용은? [17년 2회]

사용 시 소방대상물로부터 (   )[cm] 이상의 거리를 유지하기 위한 유효한 돌자를 횡봉의 위치마다 설치하여야 한다. 다만, 그 돌자를 설치하지 아니하여도 사용 시 소방대상물에서 (   )[cm] 이상의 거리를 유지할 수 있는 것은 그러하지 아니하다.

① 15   ② 10
③ 7   ④ 5

해설   **내림식 사다리의 구조**
- 사용 시 소방대상물로부터 10[cm] 이상의 거리를 유지하기 위한 유효한 돌자를 횡봉의 위치마다 설치하여야 한다. 다만, 그 돌자를 설치하지 아니하여도 사용 시 소방대상물에서 10[cm] 이상의 거리를 유지할 수 있는 것은 그러하지 아니하다.
- 종봉의 끝 부분에는 가변식 걸고리 또는 걸림장치(하향식 피난구용 내림식 사다리는 해치 등에 고정할 수 있는 장치를 말함)가 부착되어 있어야 한다.
- 규정에 의한 걸림장치 등은 쉽게 이탈하거나 파손되지 아니하는 구조이어야 한다.
- 하향식 피난구용 내림식 사다리는 사다리를 접거나 천천히 펼쳐지게 하는 완강장치를 부착할 수 있다.

20 다수인 피난장비 설치기준 중 틀린 것은?   [18년 14회]

① 사용 시에 보관실 외측 문이 먼저 열리고 탑승기가 외측으로 자동으로 전개될 것

② 보관실의 문은 상시 개방상태를 유지하도록 할 것

③ 하강 시에 탑승기가 건물 외벽이나 돌출물에 충돌하지 않도록 설치할 것

④ 피난층에는 해당 층에 설치된 피난기구가 착지에 지장이 없도록 충분한 공간을 확보할 것

> **해설** 다수인 피난장비 설치기준
> • 사용 시에 보관실 외측 문이 먼저 열리고 탑승기가 외측으로 자동으로 전개될 것
> • 하강 시에 탑승기가 건물 외벽이나 돌출물에 충돌하지 않도록 설치할 것
> • 상·하층에 설치할 경우에는 탑승기의 하강경로가 중첩되지 않도록 할 것
> • 하강 시에는 안전하고 일정한 속도를 유지하도록 하고 전복, 흔들림, 경로이탈 방지를 위한 안전조치를 할 것
> • 보관실의 문에는 오작동 방지조치를 하고, 문 개방 시에는 당해 소방대상물에 설치된 경보설비와 연동하여 유효한 경보음을 발하도록 할 것

핵심
예제

21 주요구조부가 내화구조이고 건널 복도가 설치된 층의 피난기구 수의 설치 감소방법으로 적합한 것은?   [19년 14회]

① 피난기구를 설치하지 아니할 수 있다.

② 피난기구의 수에서 $\frac{1}{2}$을 감소한 수로 한다.

③ 원래의 수에서 건널 복도 수를 더한 수로 한다.

④ 피난기구의 수에서 해당 건널 복도의 수의 2배의 수를 뺀 수로 한다.

> **해설** 피난기구설치 감소 기준
> • 피난기구의 1/2 감소할 수 있는 경우
>   – 주요구조부가 내화구조로 되어 있을 것
>   – 직통계단인 피난계단 또는 특별피난계단이 2 이상 설치되어 있을 것
> • 주요구조부가 내화구조이고 다음 기준에 적합한 건널 복도가 설치되어 있는 층에는 피난기구수에서 해당 건널 복도수의 2배수를 뺀 수로 한다.
>   – 내화구조 또는 철골구조로 되어 있을 것
>   – 건널 복도 양단 출입구에 자동폐쇄장치를 한 갑종방화문(방화 셔터는 제외)이 설치되어 있을 것
>   – 피난·통행 또는 운반전용 용도일 것

22 피난기구를 설치하여야 할 소방대상물 중 피난기구의 2분의 1을 감소할 수 있는 조건이 아닌 것은?

[20년 1·2회]

① 주요구조부가 내화구조로 되어 있다.

② 특별피난계단이 2 이상 설치되어 있다.

③ 소방구조용(비상용) 엘리베이터가 설치되어 있다.

④ 직통계단인 피난계단이 2 이상 설치되어 있다.

해설 21번 해설 참조

23 인명구조기구의 화재안전기준상 특정소방대상물의 용도 및 장소별로 설치하여야 할 인명구조기구 종류의 기준 중 다음 (   ) 안에 알맞은 것은?

[21년 1회]

특정소방대상물	인명구조기구의 종류
물분무 등 소화설비 중 ( )를 설치하여야 하는 특정소방대상물	공기호흡기

① 분말소화설비

② 할론소화설비

③ 이산화탄소소화설비

④ 할로겐화합물 및 불활성기체소화설비

해설 특정소방대상물의 용도 및 장소별로 설치하여야 할 인명구조 기구

특정소방대상물	인명구조기구의 종류	설치수량
지하층을 포함하는 층수가 7층 이상인 관광호텔 및 5층 이상인 병원	방열복 또는 방화복(안전모, 보호장갑 및 안전화 포함) 공기호흡기 인공소생기	각 2개 이상 비치할 것(다만, 병원의 경우에는 인공소생기를 설치하지 않을 수 있다)
• 문화 및 집회시설 중 수용인원 100명 이상의 영화상영관 • 판매시설 중 대규모 점포 • 운수시설 중 지하역사 • 지하가 중 지하상가	공기호흡기	층마다 2개 이상 비치할 것(다만, 각 층마다 갖추어 두어야 할 공기호흡기 중 일부를 직원이 상주하는 인근 사무실에 갖추어 둘 수 있다)
물분무 등 소화설비 중 이산화탄소소화설비를 설치하여야 하는 특정소방대상물	공기호흡기	이산화탄소소화설비가 설치된 장소의 출입구 외부 인근에 1대 이상 비치할 것

24 특정소방대상물의 용도 및 장소별로 설치하여야 할 인명구조기구 종류의 기준 중 다음 (   ) 안에 알맞은 것은?

[18년 4회]

특정소방대상물	인명구조기구의 종류
물분무 등 소화설비 중 ( )를 설치하여야 하는 특정소방대상물	공기호흡기

① 이산화탄소소화설비

② 분말소화설비

③ 할론소화설비

④ 할로겐화합물 및 불활성기체소화설비

해설 23번 해설 참조

핵심
예제

25 특정소방대상물의 용도 및 장소별로 설치해야 할 인명구조기구의 기준으로 틀린 것은?

[17년 1회]

① 지하가 중 지하상가는 인공소생기를 층마다 2개 이상 비치할 것

② 판매시설 중 대규모 점포는 공기호흡기를 층마다 2개 이상 비치할 것

③ 지하층을 포함하는 층수가 7층 이상인 관광호텔은 방열복 또는 방화복, 공기호흡기, 인공소생기를 각 2개 이상 비치할 것

④ 물분무 등 소화설비 중 이산화탄소소화설비를 설치해야 하는 특정소방대상물은 공기호흡기를 이산화탄소소화설비가 설치된 장소의 출입구 외부 인근에 1대 이상 비치할 것

해설 23번 해설 참조

CHAPTER 03 소화용수설비

1 소화용수설비

(1) 개 요

화재 진압 시 필요한 물을 공급하거나 저장하는 설비로 상수도 소화용수설비, 소화수조·저수조, 기타 소화용수설비가 있다.

(2) 상수도 소화용수설비 설치

① 상수도 소화용수설비의 설치대상
  ㉠ 연면적 5,000[m³] 이상인 것
  ㉡ 가스시설로서 지상에 노출된 탱크 저장용량의 합계가 100[t] 이상인 것
② 상수도 소화용수설비 설치기준
  ㉠ 호칭지름이 75[mm] 이상인 수도배관에 호칭지름이 100[mm] 이상인 소화전을 접속할 것
  ㉡ 소화전은 소방자동차 등의 진입이 쉬운 도로변 또는 공지에 설치할 것
  ㉢ 소화전은 특정소방대상물의 수평투영면의 각 부분으로부터 140[m] 이하가 되도록 설치할 것

(3) 소화수조 저수조설비

① 도로에 설치된 공설 소화전 및 지하수조와 지상수조의 저수조로서 대규모의 건축물의 화재 시 건축물화재의 확대를 방지하기 위하여 소방대가 사용하도록 설치하는 소방용 수리를 말한다.
② 상수도 소화용수설비를 설치해야 하는 특정소방대상물의 대지경계선으로부터 180[m] 이내에 지름 75[mm] 이상인 상수도용 배수관이 설치되지 않은 지역의 경우에는 화재안전기준에 따른 소화수조 또는 저수조를 설치해야 한다.

(4) 소화수조 등

① 소화수조, 저수조의 채수구 또는 흡수관의 투입구는 소방차가 2[m] 이내의 지점까지 접근할 수 있는 위치에 설치할 것

② 소화수조 또는 저수조의 저수량은 소방대상물의 연면적을 다음 표에 의한 기준면적으로 나누어 얻은 수(소수점 이하의 수는 1로 본다)에 20[m^3]를 곱한 양 이상이 되도록 할 것

[소방대상물의 기준면적]

소방대상물의 구분	기준면적[m^2]
1층 및 2층의 바닥면적의 합계가 15,000[m^2] 이상인 소방대상물	7,500
그 밖의 소방대상물	12,500

③ 소화수조 또는 저수조의 흡수관 투입구 또는 채수구 설치

　㉠ 지하에 설치하는 소화용수설비의 흡수관 투입구는 그 한 변이 0.6[m] 이상이거나 직경이 0.6[m] 이상인 것으로 하고 소요수량이 80[m^3] 미만인 것을 1개 이상, 80[m^3] 이상인 것은 2개 이상을 설치해야 하며 "흡관투입구"라고 표시한 표지를 할 것

　㉡ 소화용수설비에 설치하는 채수구

　　• 채수구는 다음 표에 따라 소방용 호스 또는 소방용 흡수관에 사용하는 구경 65[mm] 이상의 나사식 결합 금속구를 설치할 것

소요수량	20[m^3] 이상 40[m^3] 미만	40[m^3] 이상 100[m^3] 미만	100[m^3] 이상
채수구수	1개	2개	3개

　　• 채수구는 지면으로부터 높이가 0.5[m] 이상 1[m] 이하의 위치에 설치하고 "채수구"라 표시한 표지를 할 것

④ 소화용수설비를 설치하여야 할 특정소방대상물에서 있어서 유수의 양이 0.8[m^3/min] 이상인 유수를 사용할 수 있는 경우에는 소화수조를 설치하지 아니할 수 있다.

(5) 가압송수장치

① 소화수조 또는 저수조가 지표면으로부터의 깊이(수조내부바닥까지 길이)가 4.5[m] 이상인 지하에 있는 경우에는 표에 의하여 가압송수장치를 설치할 것

[소화용수량과 가압송수장치 분당 양수량]

소요수량	20[m^3] 이상 40[m^3] 미만	40[m^3] 이상 100[m^3] 미만	100[m^3] 이상
가압송수장치의 1분당 양수량	1,100[L] 이상	2,200[L] 이상	3,300[L] 이상

② 소화수조가 옥상 또는 옥탑의 부분에 설치된 경우에는 지상에 설치된 채수구에서의 압력이 0.15[MPa] 이상일 것

③ 전동기 또는 내열기관에 따른 펌프를 이용하는 가압송수장치의 설치기준
　㉠ 펌프의 토출측에는 압력계를 체크밸브 이전에 펌프토출측 플랜지에서 가까운 곳에 설치하고, 흡입측에는 연성계 또는 진공계를 설치할 것. 다만, 수원의 수위가 펌프의 위치보다 높거나 수직회전축 펌프의 경우에는 연성계 또는 진공계를 설치하지 아니할 수 있다.
　㉡ 가압송수장치에는 정격부하운전 시 펌프의 성능을 시험하기 위한 배관을 설치할 것
　㉢ 가압송수장치에는 체절운전 시 수온의 상승을 방지하기 위한 순환배관을 설치할 것
　㉣ 기동장치로는 보호판을 부착한 기동스위치를 채수구 직근에 설치할 것
　㉤ 수원의 수위가 펌프보다 낮은 위치에 있는 가압송수장치에는 다음의 기준에 따른 물올림장치를 설치할 것
　　• 물올림장치에는 전용의 탱크를 설치할 것
　　• 탱크의 유효수량은 100[L] 이상으로 하되, 구경 15[mm] 이상의 급수배관에 따라 해당 탱크에 물이 계속 보급되도록 할 것
　㉥ 내연기관을 사용하는 경우에는 다음의 기준에 적합한 것으로 할 것
　　• 내연기관의 기동은 채수구의 위치에서 원격조작으로 가능하고 기동을 명시하는 적색등을 설치할 것
　　• 제어반에 따라 내연기관의 기동이 가능하고 상시 충전되어 있는 축전지설비를 갖출 것
　㉦ 가압송수장치에는 "소화용수설비펌프"라고 표시한 표지를 할 것. 이 경우 그 가압송수장치를 다른 설비와 겸용하는 때에는 그 겸용되는 설비의 이름을 표시한 표지를 함께 하여야 한다.
　㉧ 가압송수장치는 부식 등으로 인한 펌프의 고착을 방지할 수 있도록 다음의 기준에 적합한 것으로 할 것. 다만, 충압펌프는 제외한다.
　　• 임펠러는 청동 또는 스테인리스 등 부식에 강한 재질을 사용할 것
　　• 펌프축은 스테인리스 등 부식에 강한 재질을 사용할 것

01   상수도소화용수설비의 화재안전기준상 소화전은 구경(호칭지름)이 최소 얼마 이상의 수도배관에 접속하여야 하는가?   [21년 1회]

① 50[mm] 이상의 수도배관

② 75[mm] 이상의 수도배관

③ 85[mm] 이상의 수도배관

④ 100[mm] 이상의 수도배관

해설   상수도 소화용수설비 설치
- 상수도 소화용수설비의 설치대상
  - 연면적 5,000[m³] 이상인 것
  - 가스시설로서 지상에 노출된 탱크 저장용량의 합계가 100[t] 이상인 것
- 상수도 소화용수설비 설치기준
  - 호칭지름이 75[mm] 이상인 수도배관에 호칭지름이 100[mm] 이상인 소화전을 접속할 것
  - 소화전은 소방자동차 등의 진입이 쉬운 도로변 또는 공지에 설치할 것
  - 소화전은 특정소방대상물의 수평투영면의 각 부분으로부터 140[m] 이하가 되도록 설치할 것

02   다음은 상수도소화용수설비의 설치기준에 관한 설명이다. ( ) 안에 들어갈 내용으로 알맞은 것은?   [19년 1회]

> 호칭지름 75[mm] 이상의 수도배관에 호칭지름 ( )[mm] 이상의 소화전을 접속할 것

① 50   ② 80

③ 100   ④ 125

해설   1번 해설 참조

03   상수도소화용수설비의 화재안전기준상 소화전은 특정소방대상물의 수평투영면의 각 부분으로부터 몇 [m] 이하가 되도록 설치하여야 하는가?   [18년 2회, 19년 2회, 20년 3회, 21년 1회]

① 70   ② 100

③ 140   ④ 200

해설   1번 해설 참조

04 상수도소화용수설비의 화재안전기준에 따라 호칭지름 75[mm] 이상의 수도배관에 호칭지름 100[mm] 이상의 소화전을 접속한 경우 상수도소화용수설비 소화전의 설치기준으로 맞는 것은? [20년 4회]

① 특정소방대상물의 수평투영면의 각 부분으로부터 80[m] 이하가 되도록 설치할 것
② 특정소방대상물의 수평투영면의 각 부분으로부터 100[m] 이하가 되도록 설치할 것
③ 특정소방대상물의 수평투영면의 각 부분으로부터 120[m] 이하가 되도록 설치할 것
④ 특정소방대상물의 수평투영면의 각 부분으로부터 140[m] 이하가 되도록 설치할 것

해설 1번 해설 참조

05 상수도 소화용수설비의 설치기준 중 다음 (   ) 알맞은 것은? [17년 1회, 4회]

호칭지름 (㉠)[mm] 이상의 수도배관에 호칭지름 (㉡)[mm] 이상의 소화전을 접속하여야 하며, 소화전은 특정소방대상물의 수평투영면의 각 부분으로부터 (㉢)[m] 이하가 되도록 설치할 것

① ㉠ 65, ㉡ 100, ㉢ 120
② ㉠ 65, ㉡ 100, ㉢ 140
③ ㉠ 75, ㉡ 100, ㉢ 120
④ ㉠ 75, ㉡ 100, ㉢ 140

해설 1번 해설 참조

4 ④ 5 ④ 정답

06 소화용수설비와 관련하여 다음 설명 중 괄호 안에 들어갈 항목으로 옳게 짝지어진 것은?

[19년 1회]

> 상수도소화용수설비를 설치하여야 하는 특정소방대상물은 다음 각 목의 어느 하나와 같다.
> 다만, 상수도소화용수설비를 설치하여야 하는 특정소방대상물의 대지 경계선으로부터 (㉠)
> [m] 이내에 지름 (㉡)[mm] 이상인 상수도용 배수관이 설치되지 않은 지역의 경우에는 화재안
> 전기준에 따른 소화수조 또는 저수조를 설치하여야 한다.

① ㉠ : 150 ㉡ : 75

② ㉠ : 150 ㉡ : 100

③ ㉠ : 180 ㉡ : 75

④ ㉠ : 180 ㉡ : 100

해설 소화수조 저수조설비

- 도로에 설치된 공설 소화전 및 지하수조와 지상수조의 저수조로서 대규모의 건축물의 화재 시 건축물
  화재의 확대를 방지하기 위하여 소방대가 사용하도록 설치하는 소방용 수리를 말한다.
- 상수도 소화용수설비를 설치해야 하는 특정소방대상물의 대지경계선으로부터 180[m] 이내에 지름
  75[mm] 이상인 상수도용 배수관이 설치되지 않은 지역의 경우에는 화재안전기준에 따른 소화수조
  또는 저수조를 설치해야 한다.

핵심
예제

07 소화수조 및 저수조의 화재안전기준상 연면적이 40,000[m²]인 특정소방대상물에 소화용
수설비를 설치하는 경우 소화수조의 최소 저수량은 몇 [m³]인가?(단, 지상 1층 및 2층의
바닥면적 합계가 15,000[m²] 이상인 경우이다)

[21년 2회]

① 53.3

② 60

③ 106.7

④ 120

해설 소방대상물의 기준면적

소방대상물의 구분	기준면적[m²]
1층 및 2층의 바닥면적의 합계가 15,000[m²] 이상인 소방대상물	7,500
그 밖의 소방대상물	12,500

소화수조 최소 저수면적 $= \dfrac{40,000[\text{m}^2]}{7,500[\text{m}^2]} = 5.333$(소수점 이하 절상) $= 6$

소화수조 최소 저수량 $6 \times 20[\text{m}^3] = 120[\text{m}^3]$

08 소화용수설비에 설치하는 채수구의 설치기준 중 다음 (   ) 안에 알맞은 것은? [18년 4회]

> 채수구는 지면으로부터의 높이가 (㉠)[m] 이상 (㉡)[m] 이하의 위치에 설치하고 "채수구" 라고 표시한 표지를 할 것

① ㉠ 0.5 ㉡ 1.0
② ㉠ 0.5 ㉡ 1.5
③ ㉠ 0.8 ㉡ 1.0
④ ㉠ 0.8 ㉡ 1.5

해설　소화수조 또는 저수조의 흡수관 투입구 또는 채수구 설치

- 지하에 설치하는 소화용수설비의 흡수관 투입구는 그 한 변이 0.6[m] 이상이거나 직경이 0.6[m] 이상인 것으로 하고 소요수량이 80[m³] 미만인 것을 1개 이상, 80[m³] 이상인 것은 2개 이상을 설치해야 하며 "흡관투입구"라고 표시한 표지를 할 것
- 소화용수설비에 설치하는 채수구
  - 채수구는 다음 표에 따라 소방용 호스 또는 소방용 흡수관에 사용하는 구경 65[mm] 이상의 나사식 결합 금속구를 설치할 것

소요수량	20[m³] 이상 40[m³] 미만	40[m³] 이상 100[m³] 미만	100[m³] 이상
채수구수	1개	2개	3개

  - 채수구는 지면으로부터 높이가 0.5[m] 이상 1[m] 이하의 위치에 설치하고 "채수구"라 표시한 표지를 할 것

09 소화용수설비에서 소화수조의 소요수량이 20[m³] 이상 40[m³] 미만인 경우에 설치하여야 하는 채수구의 개수는? [18년 2회, 19년 4회]

① 1개
② 2개
③ 3개
④ 4개

해설　8번 해설 참조

8 ① 9 ① **정답**

10 소화수조 및 저수조의 화재안전기준에 따라 소화용수설비에 설치하는 채수구의 수는 소요 수량이 40[m³] 이상 100[m³] 미만인 경우 몇 개를 설치해야 하는가? [20년 1·2회]

① 1
② 2
③ 3
④ 4

해설 8번 해설 참조

11 소화용수설비인 소화수조가 옥상 또는 옥탑부근에 설치된 경우에는 지상에 설치된 채수구 에서의 압력이 최소 몇 [MPa] 이상이 되어야 하는가? [17년 4회, 18년 4회, 19년 1회]

① 0.8
② 0.13
③ 0.15
④ 0.25

해설 가압송수장치
• 소화수조 또는 저수조가 지표면으로부터의 깊이(수조내부바닥까지 길이)가 4.5[m] 이상인 지하에 있는 경우에는 표에 의하여 가압송수장치를 설치할 것

[소화용수량과 가압송수장치 분당 양수량]

소요수량	20[m³] 이상 40[m³] 미만	40[m³] 이상 100[m³] 미만	100[m³] 이상
가압송수장치의 1분당 양수량	1,100[L] 이상	2,200[L] 이상	3,300[L] 이상

• 소화수조가 옥상 또는 옥탑의 부분에 설치된 경우에는 지상에 설치된 채수구에서의 압력이 0.15[MPa] 이상일 것

핵심 예제

12 소화수조 및 저수조의 가압송수장치 설치기준 중 다음 (   ) 안에 알맞은 것은? [17년 2회]

소화수조가 옥상 또는 옥탑의 부분에 설치된 경우에는 지상에 설치된 채수구에서의 압력이 (   )[MPa] 이상이 되도록 하여야 한다.

① 0.1
② 0.15
③ 0.17
④ 0.25

해설 11번 해설 참조

13 소화용수설비 중 소화수조 및 저수조에 대한 설명으로 틀린 것은? [19년 2회]

① 소화수조, 저수조의 채수구 또는 흡수관투입구는 소방차가 2[m] 이내의 지점까지 접근할 수 있는 위치에 설치할 것

② 지하에 설치하는 소화용수설비의 흡수관투입구는 그 한 변이 0.6[m] 이상이거나 직경이 0.6[m] 이상인 것으로 할 것

③ 채수구는 지표면으로부터 높이가 0.5[m] 이상 1.0[m] 이하의 위치에 설치하고 "채수구"라고 표시한 표지를 할 것

④ 소화수조가 옥상 또는 옥탑의 부분에 설치된 경우에는 지상에 설치된 채수구에서의 압력이 0.1[MPa] 이상이 되도록 할 것

해설 11번 해설 참조

핵심예제

14 소화수조 및 저수조의 화재안전기준에 따라 소화용수설비를 설치하여야 할 특정소방대상물에 있어서 유수의 양이 최소 몇 [m³/min] 이상인 유수를 사용할 수 있는 경우에 소화수조를 설치하지 아니할 수 있는가? [20년 1·2회]

① 0.8   ② 1

③ 1.5   ④ 2

해설 소화용수설비를 설치하여야 할 특정소방대상물에 있어서 유수의 양이 0.8[m³/min] 이상인 유수를 사용할 수 있는 경우에는 소화수조를 설치하지 아니할 수 있다.

CHAPTER 04 소화활동설비

1 제연설비

(1) 개 요

화재 발생 시 발생되는 연기가 피난통로인 계단, 복도 등에 유입되어 인명의 질식사를 유발하므로 연기로부터 안전하게 보호하고 피난할 수 있도록 함과 동시에 소화활동을 원활히 하고자 하는 설비를 말한다.

(2) 종 류

① 밀폐제연방식

화재 시 발생하는 연기를 밀폐하여 연기의 외부유출을 막고, 외부의 신선한 공기의 유입을 막아 제연하는 방식

② 자연제연방식

화재 시 온도상승에 의해 비해 발생한 부력 또는 외부 공기의 흡출효과에 의하여 화재구역 상부에 설치된 창 또는 전용의 제연구로 연기를 옥외로 배출하는 방식

③ 스모크타워 제연방식

전용샤프트를 설치하여 건물 내·외부의 온도차와 화재 시 발생되는 열기에 의한 밀도차이를 이용(굴뚝효과)하여 지붕 외부의 루프모니터를 이용하여 옥외로 배출·환기시키는 방식

④ 기계제연방식

㉠ 제1종 기계제연방식 : 제연팬으로 급기와 배기를 동시에 행하는 제연방식

㉡ 제2종 기계제연방식 : 제연팬으로 급기를 하고 자연배기를 하는 제연방식

㉢ 제3종 기계제연방식 : 제연팬으로 배기를 하고 자연급기를 하는 제연방식

(3) 제연구역

① 기 준

㉠ 하나의 제연구역의 면적은 1,000[m²] 이내로 할 것

㉡ 거실과 통로(복도 포함)는 상호 제연구획할 것

㉢ 통로상의 제연구역은 보행 중심선의 길이가 60[m]를 초과하지 아니할 것

ㄹ 하나의 제연구역은 직경 60[m] 원 내에 들어갈 수 있을 것

ㅁ 하나의 구역은 2개 이상 층에 미치지 아니하도록 할 것. 다만, 층의 구분이 불분명한 부분은 그 부분을 다른 부분과 별도로 제연구획해야 한다.

② 구획의 기준

ㄱ 재질은 내화재료 또는 불연재로 할 것

ㄴ 제연경계의 폭은 0.6[m] 이상이고 수직거리는 2[m] 이내로 할 것

ㄷ 경계벽은 배연 시 기류에 의하여 그 하단이 쉽게 흔들리지 아니할 것

③ 제연방식

ㄱ 예상제연구역에 대해서는 화재 시 연기 배출과 동시에 공기 유입이 될 수 있게 하고 배출구역이 거실인 경우에는 통로에 공기가 동시에 유입될 수 있도록 해야 한다.

ㄴ 통로와 인접한 거실의 바닥면적이 50[m²] 미만으로 구획되고 그 거실에 통로가 인접한 경우에는 화재 시 그 거실에서 직접 배출하지 않고 인접한 통로의 배출로 갈음할 수 있다. 다만, 그 거실이 다른 거실의 피난을 위한 경유거실인 경우에는 그 거실에서 직접 배출해야 한다.

ㄷ 통로의 주요구조부가 내화구조이며 마감이 불연재료 또는 난연재료로 처리되고 가연성 내용물이 없는 경우에는 그 통로는 예상제연구역으로 간주하지 않을 수 있다.

④ 배출량 및 배출방식

ㄱ 배출량 산정 시 고려사항

• 예상 제연구역의 수직거리

• 예상 제연구역의 바닥면적

• 제연설비의 배출방식

ㄴ 거실바닥면적이 400[m²] 미만인 제연구역의 배출량

• 바닥면적 50[m²] 미만인 예상제연구역을 통로배출방식으로 하는 경우

• 바닥면적은 1[m²]당 1[m³/min] 이상으로 하되 예상제연구역 전체에 대한 최저 배출량은 5,000[m³/h] 이상으로 할 것. 다만, 예상제연구역이 다른 거실의 피난을 위한 경유거실인 경우에는 그 예상 제연구역의 배출량은 이 기준량의 1.5배 이상으로 해야 한다.

통로길이 40[m] 이하		통로길이 40~60[m] 이하	
수직거리	배출량	수직거리	배출량
2[m] 이하	25,000[m³/h]	2[m] 이하	30,000[m³/h]
2[m] 초과 2.5[m] 이하	30,000[m³/h]	2[m] 초과 2.5[m] 이하	35,000[m³/h]
2.5[m] 초과 3[m] 이하	35,000[m³/h]	2.5[m] 초과 3[m] 이하	40,000[m³/h]
3[m] 초과	45,000[m³/h]	3[m] 초과	50,000[m³/h]

ⓒ 거실바닥면적이 $400[m^2]$ 이상인 제연구역의 배출량

직경 40[m] 원의 범위 안에 있는 경우	40,000[m³/h]
직경 40[m] 원의 범위를 초과하는 경우	45,000[m³/h]
예상제연구역이 통로인 경우의 배출량	45,000[m³/h]

⑤ 공기유입

　㉠ 예상제연구역에 대한 공기유입

　　• 유입 풍도를 경유한 강제유입

　　• 자연유입방식

　　• 인접한 제연구역 또는 통로에 유입되는 공기(가압 결과를 일으키는 경우 포함)가 해당 구역으로 유입되는 방식으로 할 수 있다.

　㉡ 예상제연구역에 설치되는 공기유입 기준

　　• 바닥면적 $400[m^2]$ 미만인 거실의 예상제연구역에는 바닥 외의 장소에 설치하고 공기 유입구와 배출구 간의 직선거리 5[m] 이상으로 할 것

　　• 바닥면적 $400[m^2]$ 이상인 거실의 예상제연구역에는 바닥으로부터 1.5[m] 이하의 높이에 설치하고 그 주변 2[m] 이내에는 가연성 내용물이 없도록 할 것

　㉢ 인접한 제연구역 또는 통로에 유입되는 공기유입 등

　　• 각 유입구는 자동폐쇄될 것

　　• 해당 구역에 설치된 유입풍도가 제연구획 부분을 지나는 곳에 설치된 댐퍼는 자동폐쇄될 것

　㉣ 공기유입 등

순간풍속	5[m/s] 이하
유입구 크기	배출량 1[m³/min]당 35[cm²] 이상
유입구 구조	하향 60° 이내로 분출
공기유입량	배출량 이상

⑥ 배출기 및 배출풍도

　㉠ 배출기

　　• 배출기의 배출능력은 배출량 이상이 되도록 할 것

　　• 배출기와 배출풍도의 접속 부분에 사용하는 캔버스는 내열성(석면재료 제외)이 있을 것

　　• 전동기 부분과 배풍기 부분은 분리해 설치하고 배풍기 부분은 유효 내열처리할 것

　㉡ 배출풍도

구 분	풍 속
배출기의 흡입측 풍속	15[m/s] 이하
배출측 풍속	20[m/s] 이하
유입풍도 내 풍속	20[m/s] 이하

ⓒ 배출풍도 크기에 따른 강판 두께 기준

풍도 단면의 긴변 또는 직경의 크기	강판 두께
450[mm] 이하	0.5[mm]
450[mm] 초과 750[mm] 이하	0.6[mm]
750[mm] 초과 1,500[mm] 이하	0.8[mm]
1,500[mm] 초과 2,250[mm] 이하	1.0[mm]
2,250[mm] 초과	1.2[mm]

※ 배출구 설치 시 예상제연구역의 각 부분으로부터 하나의 배출구까지의 수평거리 : 10[m] 이내

⑦ 댐퍼의 종류

ⓐ 방염댐퍼 : 연기감지기에 의해 연기가 검출 시 자동적으로 폐쇄되는 댐퍼로서 전자식
이나 전동기에 의해 작동된다(수동으로 복구)

ⓑ 방화댐퍼 : 방화구획으로 결정된 방화벽이나 슬래브에 관통하는 덕트 내부에 설치하
는 것으로 화재 발생 시 연기감지기에 의해 또는 퓨즈메탈의 용융과 동시에 자동적으
로 닫혀 연소를 방지하는 댐퍼이다.

ⓒ 풍량조절댐퍼 : 덕트 속의 풍량조절 및 개폐에 사용하는 댐퍼이다.

ⓓ 퓨즈댐퍼 : 폐쇄형 헤드의 퓨즈블 링크의 작동원리와 같이 온도에 의해서 퓨즈가
용융되어서 자동적으로 폐쇄되는 댐퍼

ⓔ 모터댐퍼 : 모터에 의해 기계적으로 폐쇄되는 댐퍼로서 자동으로 복구시킬 수 있다.

⑧ 제연설비 설치제외

제연설비를 설치해야 할 특정소방대상물 중 화장실·목욕실·주차장·발코니를 설치한
숙박시설(가족호텔 및 휴양 콘도미니엄에 한함)의 객실과 사람이 상주하지 않는 기계실·
전기실·공조실·50[m²] 미만 창고 등으로 사용되는 부분에 대해서는 배출구·공기유
입구의 설치 및 배출량 산정에서 이를 제외한다.

2 특별피난계단의 계산실 및 부속실 제연설비

(1) 제연방식

① 제연구역에 옥외의 신선한 공기를 공급하여 제연구역의 기압을 제연구역 이외의 옥내(이
하 "옥내"라 한다)보다 높게 하되 일정한 기압의 차이(이하 "차압"이라 한다)를 유지하게
함으로써 옥내로부터 제연구역 내로 연기가 침투하지 못하도록 할 것

② 피난을 위하여 제연구역의 출입문이 일시적으로 개방되는 경우 방연풍속을 유지하도록
옥외의 공기를 제연구역 내로 보충 공급하도록 할 것

③ 출입문이 닫히는 경우 제연구역의 과압을 방지할 수 있는 유효한 조치를 하여 차압을
유지할 것

(2) 제연구역선정

① 계단실 및 그 부속실을 동시에 제연하는 것
② 부속실만을 단독으로 제연하는 것
③ 계단실 단독 제연하는 것
④ 비상용 승강기 승강장 단독 제연하는 것

(3) 차압 등

① 제연구역과 옥내와의 사이에 유지하여야 하는 최소차압은 40[Pa](옥내에 스프링클러설비가 설치된 경우에는 12.5[Pa]) 이상으로 하여야 한다.
② 제연설비가 가동되었을 경우 출입문의 개방에 필요한 힘은 110[N] 이하로 하여야 한다.
③ 출입문이 일시적으로 개방되는 경우 개방되지 아니하는 제연구역과 옥내와의 차압은 ①의 기준에 따른 차압의 70[%] 미만이 되어서는 아니 된다.
④ 계단실과 부속실을 동시에 제연하는 경우 부속실의 기압은 계단실과 같게 하거나 계단실의 기압보다 낮게 할 경우에는 부속실과 계단실의 압력 차이는 5[Pa] 이하가 되도록 하여야 한다.

(4) 급기량

급기량은 다음 각 호의 양을 합한 양 이상이 되어야 한다.
① 기준에 따른 차압을 유지하기 위하여 제연구역에 공급하여야 할 공기량. 이 경우 제연구역에 설치된 출입문(창문을 포함한다. 이하 "출입문 등"이라 한다)의 누설량과 같아야 한다.
② 기준에 따른 보충량(피난을 위하여 제연구역의 출입문이 일시적으로 개방되는 경우 방연풍속을 유지하도록 옥외의 공기를 제연구역 내로 보충 공급하도록 할 것)

(5) 누설량

급기량의 기준에 따른 누설량은 제연구역의 누설량을 합한 양으로 한다. 이 경우 출입문이 2개소 이상인 경우에는 각 출입문의 누설틈새면적을 합한 것으로 한다.

(6) 보충량

급기량의 기준에 따른 보충량은 부속실(또는 승강장)의 수가 20 이하는 1개 층 이상, 20을 초과하는 경우에는 2개 층 이상의 보충량으로 한다.

(7) 방연풍속

방연풍속은 제연구역 선정방식에 따라 다음 표의 기준에 따라야 한다.

제연구역		방연풍속
계단실 및 그 부속실을 동시에 제연하는 것 또는 계단실만 단독으로 제연하는 것		0.5[m/s] 이상
부속실만 단독으로 제연하는 것 또는 비상용 승강기의 승강장만 단독으로 제연하는 것	부속실 또는 승강장이 면하는 옥내가 거실인 경우	0.7[m/s] 이상
	부속실 또는 승강장이 면하는 옥내가 복도로서 그 구조가 방화구조(내화시간이 30분 이상인 구조를 포함한다)인 것	0.5[m/s] 이상

(8) 누설틈새면적

① 출입문의 틈새면적

$$A = (L/l) \times A_d$$

여기서, A : 출입문의 틈새[m²]

L : 출입문 틈새의 길이[m]. 다만, L의 수치가 l의 수치 이하인 경우에는 l의 수치로 할 것

l : 외여닫이문이 설치되어 있는 경우에는 5.6, 쌍여닫이문이 설치되어 있는 경우에는 9.2, 승강기의 출입문이 설치되어 있는 경우에는 8.0으로 할 것

A_d : 외여닫이문으로 제연구역의 실내 쪽으로 열리도록 설치하는 경우에는 0.01, 제연구역의 실외 쪽으로 열리도록 설치하는 경우에는 0.02, 쌍여닫이문의 경우에는 0.03, 승강기의 출입문에 대하여는 0.06으로 할 것

② 창문의 틈새면적

    ㉠ 여닫이식 창문으로서 창틀에 방수패킹이 없는 경우

       틈새면적[m²] = $2.55 \times 10^{-4} \times$ 틈새의 길이[m]

    ㉡ 여닫이식 창문으로서 창틀에 방수패킹이 있는 경우

       틈새면적[m²] = $3.61 \times 10^{-5} \times$ 틈새의 길이[m]

    ㉢ 미닫이식 창문이 설치되어 있는 경우

       틈새면적[m²] = $1.00 \times 10^{-4} \times$ 틈새의 길이[m]

③ 제연구역으로부터 누설하는 공기가 승강기의 승강로를 경유하여 승강로의 외부로 유출하는 유출면적은 승강로 상부의 승강로와 기계실 사이의 개구부 면적을 합한 것을 기준으로 할 것

(9) 유입공기의 배출

① 유입공기는 화재층의 제연구역과 면하는 옥내로부터 옥외로 배출되도록 하여야 한다. 다만, 직통계단식 공동주택의 경우에는 그러하지 아니하다.

② 배출방식

ㄱ 수직풍도에 따른 배출(옥상으로 직통하는 전용의 배출용 수직풍도를 설치하여 배출하는 것)
- 자연배출식 : 굴뚝효과에 따라 배출하는 것
- 기계배출식 : 수직풍도의 상부에 전용의 배출용 송풍기를 설치하여 강제로 배출하는 것. 단, 지하층만을 제연하는 경우 배출용 송풍기의 설치위치는 배출된 공기로 인하여 피난 및 소화활동에 지장을 주지 아니하는 곳에 설치하여야 한다.

ㄴ 배출구에 따른 배출
건물의 옥내와 면하는 외벽마다 옥외와 통하는 배출구를 설치하여 배출하는 것

ㄷ 제연설비에 따른 배출
거실제연설비가 설치되어 있고 당해 옥내로부터 옥외로 배출하여야 하는 유입공기의 양을 거실제연설비의 배출량에 합하여 배출하는 경우 유입공기의 배출은 당해 거실제연설비에 따른 배출로 갈음할 수 있다.

(10) 수직풍도에 따른 배출

① 수직풍도는 내화구조로 할 것

② 수직풍도의 내부면은 두께 0.5[mm] 이상의 아연도금강판 또는 동등 이상의 내식성·내열성이 있는 것으로 마감되는 접합부에 대하여는 통기성이 없도록 조치할 것

③ 각 층의 옥내와 면하는 수직풍도의 관통부에 설치하는 배출댐퍼의 기준

ㄱ 배출댐퍼는 두께 1.5[mm] 이상의 강판 또는 이와 동등 이상의 성능이 있는 것으로 설치하여야 하며 비내식성 재료의 경우에는 부식방지 조치를 할 것

ㄴ 평상시 닫힌 구조로 기밀상태를 유지할 것

ㄷ 개폐여부를 당해 장치 및 제어반에서 확인할 수 있는 감지기능을 내장하고 있을 것

ㄹ 구동부의 작동상태와 닫혀 있을 때의 기밀상태를 수시로 점검할 수 있는 구조일 것

ㅁ 풍도의 내부마감상태에 대한 점검 및 댐퍼의 정비가 가능한 이·탈착구조로 할 것

ㅂ 화재층의 옥내에 설치된 화재감지기의 동작에 따라 당해 층의 댐퍼가 개방될 것

ㅅ 개방 시의 실제개구부(개구율을 감안한 것을 말한다)의 크기는 수직풍도의 내부단면적과 같도록 할 것

ㅇ 댐퍼는 풍도 내의 공기흐름에 지장을 주지 않도록 수직풍도의 내부로 돌출하지 않게 설치할 것

④ 수직풍도의 내부단면적

　　㉠ 자연배출식의 경우 다음 식에 따라 산출하는 수치 이상으로 할 것. 다만, 수직풍도의 길이가 100[m]를 초과하는 경우에는 산출수치의 1.2배 이상의 수치를 기준으로 하여야 한다.

$$A_P = \frac{Q_N}{2}$$

여기서, A_P : 수직풍도의 내부단면적[m^2]

　　　　Q_N : 수직풍도가 담당하는 1개 층의 제연구역의 출입문(옥내와 면하는 출입문을 말한다) 1개의 면적[m^2]과 방연풍속[m/s]을 곱한 값[m^3/s]

　　㉡ 송풍기를 이용한 기계배출식의 경우 풍속 15[m/s] 이하로 할 것

⑤ 기계배출식에 따라 배출하는 경우의 배출용 송풍기

　　㉠ 열기류에 노출되는 송풍기 및 그 부품들은 250[℃] 온도에서 1시간 이상 가동상태를 유지할 것

　　㉡ 송풍기의 풍량은 ④의 ㉠기준에 따른 Q_N에 여유량을 더한 양을 기준으로 할 것

　　㉢ 송풍기는 옥내화재감지기의 동작에 따라 연동할 것

(11) 배출구에 따른 배출

① 배출구에는 다음의 기준에 적합한 장치(이하 "개폐기"라 한다)를 설치할 것

　　㉠ 빗물과 이물질이 유입하지 아니하는 구조로 할 것

　　㉡ 옥외쪽으로만 열리도록 하고 옥외의 풍압에 따라 자동으로 닫히도록 할 것

② 개폐기의 개구면적은 다음 식에 따라 산출한 수치 이상으로 할 것

$A_o = Q_N/2.5$

여기서, A_o : 개폐기의 개구면적[m^2]

　　　　Q_N : 수직풍도가 담당하는 1개 층의 제연구역의 출입문(옥내와 면하는 출입문을 말한다) 1개의 면적[m^2]과 방연풍속[m/s]을 곱한 값[m^3/s]

(12) 급기구 설치기준

① 급기용 수직풍도와 직접 면하는 벽체 또는 천장(당해 수직풍도와 천장 급기구 사이의 풍도를 포함한다)에 고정하되, 급기되는 기류흐름이 출입문으로 인하여 차단되거나 방해되지 아니하도록 옥내와 면하는 출입문으로부터 가능한 먼 위치에 설치할 것

② 계단실과 그 부속실을 동시에 제연하거나 또는 계단실만을 제연하는 경우 급기구는 계단실 매 3개층 이하의 높이마다 설치할 것. 다만, 계단실의 높이가 31[m] 이하로서 계단실만을 제연하는 경우에는 하나의 계단실에 하나의 급기구만을 설치할 수 있다.

③ 급기구의 댐퍼설치기준

㉠ 급기댐퍼는 두께 1.5[mm] 이상의 강판 또는 이와 동등 이상의 강도가 있는 것으로 설치하여야 하며, 비내식성 재료의 경우에는 부식방지조치를 할 것

㉡ 자동차압・과압조절형 댐퍼를 설치하는 경우 차압범위의 수동설정기능과 설정범위의 차압이 유지되도록 개구율을 자동조절하는 기능이 있을 것

㉢ 자동차압・과압조절형 댐퍼는 옥내와 면하는 개방된 출입문이 완전히 닫히기 전에 개구율을 자동감소시켜 과압을 방지하는 기능이 있을 것

㉣ 자동차압・과압조절형 댐퍼는 주위온도 및 습도의 변화에 의해 기능이 영향을 받지 아니하는 구조일 것

㉤ 자동차압・과압조절형이 아닌 댐퍼는 개구율을 수동으로 조절할 수 있는 구조로 할 것

㉥ 옥내에 설치된 화재감지기에 따라 모든 제연구역의 댐퍼가 개방되도록 할 것. 다만, 둘 이상의 특정소방대상물이 지하에 설치된 주차장으로 연결되어 있는 경우에는 주차장에서 하나의 특정소방대상물의 제연구역으로 들어가는 입구에 설치된 제연용 연기감지기의 작동에 따라 특정소방대상물의 해당 수직풍도에 연결된 모든 제연구역의 댐퍼가 개방되도록 할 것

(13) 급기풍도의 설치기준

① 내화구조일 것

② 수직풍도의 내부면은 두께 0.5[mm] 이상의 아연도금강판 또는 동등 이상의 내식성・내열성이 있는 것으로 마감되는 접합부에 대하여는 통기성이 없도록 조치할 것

③ 수직풍도 이외의 풍도로서 금속판으로 설치하는 풍도는 다음 각 목의 기준에 적합할 것

㉠ 풍도는 아연도금강판 또는 이와 동등 이상의 내식성・내열성이 있는 것으로 하며, 불연재료(석면재료를 제외한다)인 단열재로 유효한 단열처리를 하고, 강판의 두께는 풍도의 크기에 따라 다음 표에 따른 기준 이상으로 할 것. 다만, 방화구획이 되는 전용실에 급기송풍기와 연결되는 덕트는 단열이 필요 없다.

풍도 단면의 긴변 또는 직경의 크기	강판두께
450[mm] 이하	0.5[mm]
450[mm] 초과 750[mm] 이하	0.6[mm]
750[mm] 초과 1,500[mm] 이하	0.8[mm]
1,500[mm] 초과 2,250[mm] 이하	1.0[mm]
2,250[mm] 초과	1.2[mm]

㉡ 풍도에서의 누설량은 급기량의 10[%]를 초과하지 아니할 것

④ 풍도는 정기적으로 풍도 내부를 청소할 수 있는 구조로 설치할 것

　※ 급기송풍기의 송풍능력은 송풍기가 담당하는 제연구역에 대한 급기량의 1.15배 이상
　　으로 할 것

(14) 외기취입구

① 외기를 옥외로부터 취입하는 경우, 취입구는 연기 또는 공해물질 등으로 오염된 공기를
취입하지 않는 위치에 설치해야 하며, 배기구 등(유입공기, 주방 조리대의 배출공기
또는 화장실의 배출공기 등을 배출하는 배기구)으로부터 수평거리 5[m] 이상, 수직거리
1[m] 이상 낮은 위치에 설치할 것

② 취입구를 옥상에 설치하는 경우에는 옥상 외곽면으로부터 수평거리 5[m] 이상, 외곽면
상단으로부터 하부로 수직거리 1[m] 이하의 위치에 설치할 것

③ 취입구는 취입공기가 옥외 바람 속도와 방향의 영향을 받지 않는 구조로 할 것

(15) 비상전원

① 점검에 편리하고 화재 및 침수 등의 재해로 인한 피해를 받을 우려가 없는 곳에 설치
할 것

② 제연설비를 유효하게 20분(층수가 30층 이상 49층 이하는 40분, 50층 이상은 60분)
이상 작동할 수 있도록 할 것

③ 상용전원으로부터 전력의 공급이 중단된 때에는 자동으로 비상전원으로부터 전력을 공
급받을 수 있도록 할 것

④ 비상전원의 설치장소는 다른 장소와 방화구획 할 것. 이 경우 그 장소에는 비상전원의
공급에 필요한 기구나 설비 외의 것(열병합발전설비에 필요한 기구나 설비는 제외한다)
을 두어서는 아니 된다.

⑤ 비상전원을 실내에 설치하는 때에는 그 실내에 비상조명등을 설치할 것

핵/심/예/제

01 제연설비의 화재안전기준상 제연설비의 설치장소 기준 중 하나의 제연구역의 면적은 최대 몇 [m²] 이내로 하여야 하는가? [20년 3회]

① 700

② 1,000

③ 1,300

④ 1,500

해설 제연구역 기준
- 하나의 제연구역의 면적은 1,000[m²] 이내로 할 것
- 거실과 통로(복도 포함)는 상호 제연구획할 것
- 통로상의 제연구역은 보행 중심선의 길이가 60[m]를 초과하지 아니할 것
- 하나의 제연구역은 직경 60[m] 원 내에 들어갈 수 있을 것
- 하나의 구역은 2개 이상 층에 미치지 아니하도록 할 것. 다만, 층의 구분이 불분명한 부분은 그 부분을 다른 부분과 별도로 제연구획해야 한다.

02 제연설비의 설치장소에 따른 제연구획의 구획기준으로 틀린 것은? [19년 4회]

① 거실과 통로는 상호 제연구획 할 것

② 하나의 제연구역의 면적은 600[m²] 이내로 할 것

③ 하나의 제연구역은 직경 60[m] 원 내에 들어갈 수 있을 것

④ 하나의 제연구역은 2개 이상 층에 미치지 아니하도록 할 것

해설 1번 해설 참조

03 제연설비 설치장소의 제연구역 구획 기준으로 틀린 것은? [17년 1회]

① 하나의 제연구역의 면적은 1,000[m²] 이내로 할 것

② 하나의 제연구역은 직경 60[m] 원 내에 들어갈 수 있을 것

③ 하나의 제연구역은 3개 이상 층이 미치지 아니하도록 할 것

④ 통로상의 제연구역은 보행중심선의 길이가 60[m]를 초과하지 아니할 것

해설 1번 해설 참조

04 거실 제연설비 설계 중 배출량 선정에 있어서 고려하지 않아도 되는 사항은? [19년 2회]

① 예상 제연구역의 수직거리
② 예상 제연구역의 바닥면적
③ 제연설비의 배출방식
④ 자동식소화설비 및 피난구조설비의 설치 유무

해설 배출량 산정 시 고려사항
• 예상 제연구역의 수직거리
• 예상 제연구역의 바닥면적
• 제연설비의 배출방식

05 제연설비의 배출량 기준 중 다음 (   ) 안에 알맞은 것은? [18년 1회]

> 거실의 바닥면적이 400[m²] 미만으로 구획된 예상제연구역에 대한 배출량은 바닥면적 1[m²]당
> (㉠)[m³/min] 이상으로 하되, 예상제연구역 전체에 대한 최저 배출량은 (㉡)[m³/h] 이상으
> 로 하여야 한다. 다만, 예상제연구역이 다른 거실의 피난을 위한 경유거실인 경우에는 그
> 예상제연구역의 배출량은 이 기준량의 (㉢)배 이상으로 하여야 한다.

① ㉠ 0.5, ㉡ 10,000, ㉢ 1.5
② ㉠ 1, ㉡ 5,000, ㉢ 1.5
③ ㉠ 1.5, ㉡ 15,000, ㉢ 2
④ ㉠ 2, ㉡ 5,000, ㉢ 2

해설 거실바닥면적이 400[m²] 미만인 제연구역의 배출량
• 바닥면적 50[m²] 미만인 예상제연구역을 통로배출방식으로 하는 경우
• 바닥면적은 1[m²]당 1[m³/min] 이상으로 하되 예상제연구역 전체에 대한 최저 배출량은 5,000[m³/h]
  이상으로 할 것. 다만, 예상제연구역이 다른 거실의 피난을 위한 경유거실인 경우에는 그 예상 제연구
  역의 배출량은 이 기준량의 1.5배 이상으로 해야 한다.

통로길이 40[m] 이하		통로길이 40~60[m] 이하	
수직거리	배출량	수직거리	배출량
2[m] 이하	25,000[m³/h]	2[m] 이하	30,000[m³/h]
2[m] 초과 2.5[m] 이하	30,000[m³/h]	2[m] 초과 2.5[m] 이하	35,000[m³/h]
2.5[m] 초과 3[m] 이하	35,000[m³/h]	2.5[m] 초과 3[m] 이하	40,000[m³/h]
3[m] 초과	45,000[m³/h]	3[m] 초과	50,000[m³/h]

06 예상제연구역 바닥면적 400[m²] 미만 거실의 공기유입구와 배출구 간의 직선거리 기준으로 옳은 것은?(단, 제연경계에 의한 구획을 제외한다) [19년 1회]

① 2[m] 이상 확보되어야 한다.

② 3[m] 이상 확보되어야 한다.

③ 5[m] 이상 확보되어야 한다.

④ 10[m] 이상 확보되어야 한다.

해설 예상제연구역에 설치되는 공기유입 기준
- 바닥면적 400[m²] 미만인 거실의 예상제연구역에는 바닥 외의 장소에 설치하고 공기 유입구와 배출구 간의 직선거리 5[m] 이상으로 할 것
- 바닥면적 400[m²] 이상인 거실의 예상제연구역에는 바닥으로부터 1.5[m] 이하의 높이에 설치하고 그 주변 2[m] 이내에는 가연성 내용물이 없도록 할 것

핵심
예제

07 제연설비의 화재안전기준상 유입풍도 및 배출풍도에 관한 설명으로 맞는 것은?

[20년 1·2회]

① 유입풍도 안의 풍속은 25[m/s] 이하로 한다.

② 배출풍도는 석면재료와 같은 내열성의 단열재로 유효한 단열 처리를 한다.

③ 배출풍도와 유입풍도의 아연도금강판 최소 두께는 0.45[mm] 이상으로 하여야 한다.

④ 배출기의 흡입측 풍도 안의 풍속은 15[m/s] 이하로 하고 배출측 풍속은 20[m/s] 이하로 한다.

해설 배출기
- 배출기의 배출능력은 배출량 이상이 되도록 할 것
- 배출기와 배출풍도의 접속 부분에 사용하는 캔버스는 내열성(석면재료 제외)이 있을 것
- 전동기 부분과 배풍기 부분은 분리해 설치하고 배풍기 부분은 유효 내열처리할 것

배출풍도

구 분	풍 속
배출기의 흡입측 풍속	15[m/s] 이하
배출측 풍속	20[m/s] 이하
유입풍도 내 풍속	20[m/s] 이하

08 제연설비의 화재안전기준상 제연풍도의 설치기준으로 틀린 것은? [21년 1회]

① 배출기의 전동기 부분과 배풍기 부분은 분리하여 설치할 것

② 배출기와 배출풍도의 접속 부분에 사용하는 캔버스는 내열성이 있는 것으로 할 것

③ 배출기의 흡입측 풍도 안의 풍속은 20[m/s] 이하로 할 것

④ 유입풍도 안의 풍속은 20[m/s] 이하로 할 것

해설 7번 해설 참조

09 제연설비의 화재안전기준상 배출구 설치 시 예상제연구역의 각 부분으로부터 하나의 배출구까지의 수평거리는 최대 몇 [m] 이내가 되어야 하는가? [19년 2회, 20년 3회]

① 5

② 10

③ 15

④ 20

해설 배출구 설치 시 예상제연구역의 각 부분으로부터 하나의 배출구까지의 수평거리 : 10[m] 이내

10 특별피난계단의 계단실 및 부속실 제연설비의 차압 등에 관한 기준 중 옳은 것은?

[18년 1회]

① 제연설비가 가동되었을 경우 출입문의 개방에 필요한 힘은 130[N] 이하로 하여야 한다.

② 제연구역과 옥내와의 사이에 유지하여야 하는 최소차압은 40[Pa](옥내에 스프링클러 설비가 설치된 경우에는 12.5[Pa]) 이상으로 하여야 한다.

③ 피난을 위하여 제연구역의 출입문이 일시적으로 개방되는 경우 개방되지 아니하는 제 연구역과 옥내와의 차압은 기준 차압의 60[%] 미만이 되어서는 아니 된다.

④ 계단실과 부속실을 동시에 제연하는 경우 부속실의 기압은 계단실과 같게 하거나 계단 실의 기압보다 낮게 할 경우에는 부속실과 계단실의 압력차이는 10[Pa] 이하가 되도록 하여야 한다.

해설 차압 등

① 제연구역과 옥내와의 사이에 유지하여야 하는 최소차압은 40[Pa](옥내에 스프링클러설비가 설치 된 경우에는 12.5[Pa]) 이상으로 하여야 한다.

② 제연설비가 가동되었을 경우 출입문의 개방에 필요한 힘은 110[N] 이하로 하여야 한다.

③ 출입문이 일시적으로 개방되는 경우 개방되지 아니하는 제연구역과 옥내와의 차압은 ①의 기준에 따른 차압의 70[%] 미만이 되어서는 아니 된다.

④ 계단실과 부속실을 동시에 제연하는 경우 부속실의 기압은 계단실과 같게 하거나 계단실의 기압보 다 낮게 할 경우에는 부속실과 계단실의 압력 차이는 5[Pa] 이하가 되도록 하여야 한다.

핵심
예제

11 특별피난계단의 계단실 및 부속실 제연설비의 화재안전기준상 차압 등에 관한 기준 중 다음 괄호 안에 알맞은 것은?

[18년 2회, 21년 2회]

제연설비가 가동되었을 경우 출입문의 개방에 필요한 힘은 (   )[N] 이하로 하여야 한다.

① 12.5

② 40

③ 70

④ 110

해설 10번 해설 참조

안심Touch

12 **특별피난계단의 계단실 및 부속실 제연설비의 안전기준에 대한 내용으로 틀린 것은?**

[19년 II회]

① 제연구역과 옥내와의 사이에 유지하여야 하는 최소차압은 40[Pa] 이상으로 하여야 한다.

② 제연설비가 가동되었을 경우 출입문의 개방에 필요한 힘은 110[N] 이상으로 하여야 한다.

③ 계단실과 부속실을 동시에 제연하는 경우 부속실의 기압은 계단실과 같게 하거나 계단실의 기압보다 낮게 할 경우에는 부속실과 계단실의 압력차이는 5[Pa] 이하가 되도록 하여야 한다.

④ 계단실 및 그 부속실을 동시에 제연하거나 또는 계단실만 단독으로 제연할 때의 방연풍속은 0.5[m/s] 이상이어야 한다.

> **해설** 10번 해설 참조

핵심
예제

13 **특별피난계단의 계단실 및 부속실 제연설비의 수직풍도에 따른 배출기준 중 각 층의 옥내와 면하는 수직풍도의 관통부에 설치하여야 하는 배출댐퍼 설치기준으로 틀린 것은?**

[18년 I회]

① 화재층의 옥내에 설치된 화재감지기의 동작에 따라 당해 층의 댐퍼가 개방될 것

② 풍도의 배출댐퍼는 이·탈착구조가 되지 않도록 설치할 것

③ 개폐여부를 당해 장치 및 제어반에서 확인할 수 있는 감지기능을 내장하고 있을 것

④ 배출댐퍼는 두께 1.5[mm] 이상의 강판 또는 이와 동등 이상의 성능이 있는 것으로 설치하여야 하며 비 내식성 재료의 경우에는 부식방지 조치를 할 것

> **해설** 각 층의 옥내와 면하는 수직풍도의 관통부에 설치하는 배출댐퍼의 기준
> • 배출댐퍼는 두께 1.5[mm] 이상의 강판 또는 이와 동등 이상의 성능이 있는 것으로 설치하여야 하며 비내식성 재료의 경우에는 부식방지 조치를 할 것
> • 평상시 닫힌 구조로 기밀상태를 유지할 것
> • 개폐여부를 당해 장치 및 제어반에서 확인할 수 있는 감지기능을 내장하고 있을 것
> • 구동부의 작동상태와 닫혀 있을 때의 기밀상태를 수시로 점검할 수 있는 구조일 것
> • 풍도의 내부마감상태에 대한 점검 및 댐퍼의 정비가 가능한 이·탈착구조로 할 것
> • 화재층의 옥내에 설치된 화재감지기의 동작에 따라 당해 층의 댐퍼가 개방될 것
> • 개방 시의 실제개구부(개구율을 감안한 것을 말한다)의 크기는 수직풍도의 내부단면적과 같도록 할 것
> • 댐퍼는 풍도 내의 공기흐름에 지장을 주지 않도록 수직풍도의 내부로 돌출하지 않게 설치할 것

14 특별피난계단의 계단실 및 부속실 제연설비의 비상전원은 제연설비를 유효하게 최소 몇 분 이상 작동할 수 있도록 하여야 하는가?(단, 층수가 30층 이상 49층 이하인 경우이다)

[17년 1회]

① 20
② 30
③ 40
④ 60

해설 비상전원
- 점검에 편리하고 화재 및 침수 등의 재해로 인한 피해를 받을 우려가 없는 곳에 설치할 것
- 제연설비를 유효하게 20분(층수가 30층 이상 49층 이하는 40분, 50층 이상은 60분) 이상 작동할 수 있도록 할 것
- 상용전원으로부터 전력의 공급이 중단된 때에는 자동으로 비상전원으로부터 전력을 공급받을 수 있도록 할 것
- 비상전원의 설치장소는 다른 장소와 방화구획 할 것. 이 경우 그 장소에는 비상전원의 공급에 필요한 기구나 설비 외의 것(열병합발전설비에 필요한 기구나 설비는 제외한다)을 두어서는 아니 된다.
- 비상전원을 실내에 설치하는 때에는 그 실내에 비상조명등을 설치할 것

핵심
예제

15 건축물의 층수가 40층인 특별피난계단의 계단실 및 부속실 제연설비의 비상전원은 몇 분 이상 유효하게 작동할 수 있어야 하는가?

[17년 2회]

① 20
② 30
③ 40
④ 60

해설 14번 해설 참조

3 연결송수관설비

(1) 개 요

옥내소화전설비, 스프링클러설비 등 주소화설비를 도와주는 소화설비이다. 이 설비는 스프링클러설비가 설치된 건축물에 있어서 건축물의 외벽에 송수구를 설치하여 호스를 사용하여 소화할 수 없는 장소에 소방차의 물을 공급받아 소화할 수 있는 설비이다.

(2) 종 류

① 건식설비방식

건축물, 외벽이나 화단벽에 설치된 송수구로부터 건축물의 층별 설치된 방수구까지의 배관 내에 물이 들어가 있지 않는 설비방식으로 화재 시 소방차에 의해서 물을 공급받아 소화하는 것이다.

② 습식설비방식

송수구로부터 층별 설치된 방수구까지의 배관 내에 물이 상시 들어있는 방식으로서 높이 31[m] 이상인 건축물 또는 11층 이상의 건축물에 설치하며 습식 방식은 옥내소화전설비의 입상관과 같이 연결하여 사용한다.

(3) 송수구

소화설비에 소화용수를 보급하기 위하여 건물 외벽 또는 구조물의 외벽에 설치하는 관을 말한다.

① 소방차가 쉽게 접근할 수 있고 잘 보이는 장소에 설치할 것
② 지면으로부터 높이가 0.5[m] 이상 1[m] 이하의 위치에 설치할 것
③ 송수구는 화재층으로부터 지면으로 떨어지는 유리창 등이 송수 및 그 밖의 소화작업에 지장을 주지 아니하는 장소에 설치할 것
④ 송수구로부터 연결송수관설비의 주배관에 이르는 연결배관에 개폐밸브를 설치한 때에는 그 개폐상태를 쉽게 확인 및 조작할 수 있는 옥외 또는 기계실 등의 장소에 설치할 것. 이 경우 개폐밸브에는 급수개폐밸브 작동표시스위치를 설치하여야 한다.
⑤ 구경 65[mm]의 쌍구형으로 할 것
⑥ 송수구에는 그 가까운 곳의 보기 쉬운 곳에 송수압력범위를 표시한 표지를 할 것
⑦ 송수구는 연결송수관의 수직배관마다 1개 이상을 설치할 것
⑧ 송수구의 부근에 자동배수밸브 및 체크밸브를 설치 순서
  ㉠ 습식 : 송수구 → 자동배수밸브 → 체크밸브
  ㉡ 건식 : 송수구 → 자동배수밸브 → 체크밸브 → 자동배수밸브
⑨ 가까운 곳의 보기 쉬운 곳에 "연결송수관설비 송수구"라고 표시한 표지를 설치할 것

(4) 배 관

① 주배관의 구경은 100[mm] 이상의 것으로 할 것

② 지면으로부터의 높이가 31[m] 이상인 특정소방대상물 또는 지상 11층 이상인 특정소방대상물에 있어서는 습식 설비로 할 것

③ 연결송수관설비의 배관은 주배관의 구경이 100[mm] 이상인 옥내소화전설비·스프링클러설비 또는 물분무 등 소화설비의 배관과 겸용할 수 있다.

④ 가지배관 : 65[mm] 이상

(5) 가압송수장치

① 지표면에서 최상층 방수구의 높이가 70[m] 이상의 특정소방대상물에는 연결송수관설비의 가압송수장치를 설치하여야 한다.

② 펌프의 토출량은 2,400[L/min](계단식 아파트 : 1,200[L/mm]) 이상이 되는 것으로 할 것. 다만, 해당 층에 설치된 방수구가 3개 초과(5개 이상은 5개)하는 경우에는 1개마다 800[L/min](계단식 아파트 : 400[L/mm])를 가산한 양이 될 것

③ 펌프의 양정은 최상층에 설치된 노즐 끝부분의 압력이 0.35[MPa] 이상일 것

(6) 내연기관을 사용하는 경우

① 내연기관 기동 시 기동을 명시하는 적색등을 설치

② 자동기동 및 수동기동이 가능하고 상시 충전되어 있는 축전지설비를 갖출 것

층 구분	30층 미만	30층 이상 49층 이하	50층 이상
연료량(작동시간)	20분 이상	40분 이상	60분 이상

(7) 방수구

① 설 치

㉠ 연결송수관설비의 방수구는 그 소방대상물의 층마다 설치할 것

㉡ 아파트 또는 바닥면적이 1,000[m²] 미만인 층 : 계단으로부터 5[m] 이내에 설치

㉢ 바닥면적 1,000[m²] 이상인 층(아파트 제외) : 각 계단으로부터 5[m] 이내에 설치 그 방수구로부터 그 층의 각 부분까지의 거리가 다음의 기준을 초과하는 경우에는 그 기준 이하가 되도록 방수구를 추가하여 설치할 것

ⓐ 지하가(터널은 제외), 지하층의 바닥면적의 합계가 3,000[m²] 이상 : 수평거리 25[m]

ⓑ ⓐ에 해당하지 아니하는 것 : 수평거리 50[m]

ⓔ 11층 이상의 부분에 설치하는 방수구는 쌍구형으로 할 것. 다만, 다음의 어느 하나에 해당하는 층에는 단구형으로 설치할 수 있다.
- 아파트용도로 사용되는 층
- 스프링클러설비가 유효하게 설치되어 있고 방수구가 2개 이상 설치된 층

② 설치예외
  ㉠ 아파트의 1층 및 2층
  ㉡ 소방차의 접근이 가능하고 소방대원이 소방차로부터 각 부분에 쉽게 도달할 수 있는 피난층
  ㉢ 송수구가 부설된 옥내소화전을 설치한 특정소방대상물(집회장·관람장·백화점·도매시장·소매시장·판매시설·공장·창고시설 또는 지하가를 제외)로서 다음의 어느 하나에 해당하는 층
  - 지하층을 제외한 층수가 4층 이하이고 연면적이 6,000[m²] 미만인 특정소방대상물의 지상층
  - 지하층의 층수가 2 이하인 특정소방대상물의 지하층

③ 설치위치
  바닥으로부터 0.5[m] 이상 1[m] 이하

(8) 방수기구함

① 방수기구함은 피난층과 가장 가까운 층을 기준으로 3개 층마다 설치하되, 그 층의 방수구마다 보행거리 5[m] 이내에 설치할 것
② 방수기구함에는 길이 15[m]의 호스와 방사형 관창의 비치기준
  ㉠ 호스는 방수구에 연결하였을 때 그 방수구가 담당하는 구역의 각 부분에 유효하게 물이 뿌려질 수 있는 개수 이상을 비치할 것
  ㉡ 방사형 관창은 단구형 방수구의 경우에는 1개, 쌍구형 방수구의 경우에는 2개 이상 비치할 것

4 연결살수설비

(1) 송수구

① 소방차가 쉽게 접근할 수 있고 노출된 장소에 설치할 것. 이 경우 가연성 가스의 저장·취급시설에 설치하는 연결살수설비의 송수구는 그 방호대상물로부터 20[m] 이상 거리를 두거나 방호대상물에 면하는 부분이 높이 1.5[m] 이상 폭 2.5[m] 이상의 철근콘크리트벽으로 가려진 장소에 설치하여야 한다.

② 송수구는 구경 65[mm]의 쌍구형으로 할 것. 다만 하나의 송수구역에 부착하는 살수헤드의 수가 10개 이하인 것은 단구형의 것으로 할 수 있다.

③ 송수구는 지면으로부터 높이가 0.5[m] 이상 1[m] 이하의 위치에 설치할 것

④ 송수구로부터 주배관에 이르는 연결배관에는 개폐밸브를 설치하지 아니 할 것. 다만, 스프링클러설비·물분무소화설비·포소화설비 또는 연결송수관설비의 배관과 겸용하는 경우에는 그러하지 아니하다.

⑤ 송수구의 부근에는 "연결살수설비송수구"라고 표시한 표지와 송수구역 일람표를 설치할 것. 다만, 선택밸브를 설치한 경우에는 그러하지 아니하다.

⑥ 송수구 부근의 설치기준

  ㉠ 폐쇄형 헤드사용 : 송수구 → 자동배수밸브 → 체크밸브

  ㉡ 개방형 헤드사용 : 송수구 → 자동배수밸브

⑦ 개방형 헤드를 사용하는 연결살수설비에 있어서 하나의 송수구역에 설치하는 살수헤드의 수는 10개 이하가 되도록 할 것

(2) 헤 드

① 건축물에 설치하는 연결살수설비의 헤드 설치기준

  ㉠ 천장 또는 반자의 실내에 면하는 부분에 설치할 것

  ㉡ 천장 또는 반자의 각 부분으로부터 하나의 살수헤드까지의 수평거리(다만, 살수헤드의 부착면과 바닥과의 높이가 2.1[m] 이하인 부분은 살수헤드의 살수분포에 따른 거리로 할 수 있다)

  • 연결살수설비전용 헤드의 경우 : 3.7[m] 이하

  • 스프링클러 헤드의 경우 : 2.3[m] 이하

② 폐쇄형 스프링클러 헤드 설치

  ㉠ 헤드의 설치장소의 주위온도에 따른 표시온도

설치장소의 최고 주위온도	표시온도
39[℃] 미만	79[℃] 미만
39[℃] 이상 64[℃] 미만	79[℃] 이상 121[℃] 미만
64[℃] 이상 106[℃] 미만	121[℃] 이상 162[℃] 미만
106[℃] 이상	162[℃] 이상

  ㉡ 살수가 방해되지 아니하도록 스프링클러 헤드로부터 반경 60[cm] 이상의 공간을 보유할 것. 다만, 벽과 스프링클러 헤드 간의 공간은 10[cm] 이상으로 한다.

  ㉢ 스프링클러 헤드와 그 부착면(상향식 헤드의 경우에는 그 헤드의 직상부의 천장·반자 또는 이와 비슷한 것을 말한다)과의 거리는 30[cm] 이하로 할 것

   ㄹ 습식 연결살수설비 외의 설비에는 상향식 스프링클러 헤드를 설치할 것. 다만, 다음
      의 어느 하나에 해당하는 경우에는 그러하지 아니하다.
- 드라이펜던트 스프링클러 헤드를 사용하는 경우
- 스프링클러 헤드의 설치장소가 동파의 우려가 없는 곳인 경우
- 개방형 스프링클러 헤드를 사용하는 경우

   ㅁ 측벽형 스프링클러 헤드를 설치하는 경우 긴변의 한쪽 벽에 일렬로 설치(폭이 4.5[m]
      이상 9[m] 이하인 실은 긴변의 양쪽에 각각 일렬로 설치하되 마주보는 스프링클러
      헤드가 나란히꼴이 되도록 설치)하고 3.6[m] 이내마다 설치할 것

③ 가연성가스의 저장·취급시설에 설치하는 경우

   ㄱ 연결살수설비 전용의 개방형 헤드를 설치할 것

   ㄴ 가스저장탱크·가스홀더 및 가스발생기의 주변에 설치하되 헤드 상호 간의 거리는
      3.7[m] 이하로 할 것

   ㄷ 헤드의 살수범위는 가스저장탱크·가스홀더 및 가스발생기 몸체의 중간 윗부분의
      모든 부분이 포함되도록 하여야 하고 살수된 물이 흘러내리면서 살수범위에 포함되
      지 아니한 부분에도 모두 적셔질 수 있도록 할 것

④ 연소 우려가 있는 개구부의 헤드

   ㄱ 상하좌우에 2.5[m] 간격, 개구부의 폭이 2.5[m] 이하인 경우에는 그 중앙에 설치

   ㄴ 개구부 내측면으로부터의 직선거리는 15[cm] 이하가 되도록 할 것. 이 경우, 사람이
      항상 출입하는 개구부로서 통행에 지장이 있을 때는 개구부의 상부 또는 측면(개구부
      의 폭이 9[m] 이하인 경우)에 설치하되 헤드 상호 간의 간격은 1.2[m] 이하로 설치

⑤ 설치제외

   ㄱ 상점(판매시설과 운수시설을 말하며, 바닥면적이 150[m²] 이상인 지하층에 설치된
      것을 제외한다)으로서 주요구조부가 내화구조 또는 방화구조로 되어 있고 바닥면적
      이 500[m²] 미만으로 방화구획되어 있는 소방대상물 또는 그 부분

   ㄴ 계단실(특별피난계단의 부속실을 포함한다)·경사로·승강기의 승강로·파이프덕
      트·목욕실·수영장(관람석 부분을 제외한다)·화장실·직접 외기에 개방되어 있는
      복도 기타 이와 유사한 장소

   ㄷ 통신기기실·전자기기실·기타 이와 유사한 장소

   ㄹ 발전실·변전실·변압기·기타 이와 유사한 전기설비가 설치되어 있는 장소

   ㅁ 병원의 수술실·응급처치실·기타 이와 유사한 장소

   ㅂ 천장과 반자 양쪽이 불연재료로 되어 있는 경우로서 그 사이의 거리 및 구조가 다음의
      어느 하나에 해당하는 부분
- 천장과 반자 사이의 거리가 2[m] 미만인 부분
- 천장과 반자 사이의 벽이 불연재료이고 천장과 반자 사이의 거리가 2[m] 이상으로
   서 그 사이에 가연물이 존재하지 아니하는 부분

ⓐ 천장·반자 중 한쪽이 불연재료로 되어있고 천장과 반자 사이의 거리가 1[m] 미만인 부분

ⓞ 천장 및 반자가 불연재료 외의 것으로 되어있고 천장과 반자 사이의 거리가 0.5[m] 미만인 부분

ⓩ 펌프실·물탱크실 그 밖의 이와 비슷한 장소

ⓩ 현관 또는 로비 등으로서 바닥으로부터 높이가 20[m] 이상인 장소

ⓚ 냉장창고 영하의 냉장실 또는 냉동창고의 냉동실

ⓣ 고온의 노가 설치된 장소 또는 물과 격렬하게 반응하는 물품의 저장 또는 취급장소

(3) 배 관

① 연결살수설비 전용헤드를 사용하는 경우에는 다음 표에 따른 구경 이상으로 할 것

배관에 부착하는 살수헤드의 개수	1개	2개	3개	4개 또는 5개	6개 이상 10개 이하
배관의 구경[mm]	32	40	50	65	80

② 개방형 헤드를 사용하는 연결살수설비의 수평주행배관은 헤드를 향하여 상향으로 1/100 이상의 기울기로 설치하고 주배관 중 낮은 부분에는 자동배수밸브를 설치할 것

③ 가지배관은 교차배관 또는 주배관에서 분기되는 지점을 기점으로 한쪽 가지배관에 설치되는 헤드의 개수는 8개 이하로 할 것

④ 교차배관의 설치기준

㉠ 교차배관은 가지배관과 수평으로 설치하거나 또는 가지배관 밑에 설치하고, 최소구경이 40[mm] 이상이 되도록 할 것

㉡ 폐쇄형 헤드를 사용하는 연결살수설비의 청소구는 주배관 또는 교차배관(교차배관을 설치하는 경우에 한한다) 끝에 40[mm] 이상 크기의 개폐밸브를 설치하고, 호스접결이 가능한 나사식 또는 고정배수 배관식으로 할 것. 이 경우 나사식의 개폐밸브는 옥내소화전 호스접결용의 것으로 하고, 나사보호용의 캡으로 마감하여야 한다.

㉢ 폐쇄형 헤드를 사용하는 연결살수설비에 하향식 헤드를 설치하는 경우에는 가지배관으로부터 헤드에 이르는 헤드접속배관은 가지관상부에서 분기할 것

⑤ 배관에 설치하는 행거의 기준

㉠ 가지배관에는 헤드의 설치지점 사이마다 1개 이상의 행거를 설치하되, 헤드 간의 거리가 3.5[m]를 초과하는 경우에는 3.5[m] 이내마다 1개 이상 설치할 것. 이 경우 상향식 헤드와 행거 사이에는 8[cm] 이상의 간격을 두어야 한다.

㉡ 교차배관에는 가지배관과 가지배관 사이마다 1개 이상의 행거를 설치하되, 가지배관 사이의 거리가 4.5[m]를 초과하는 경우에는 4.5[m] 이내마다 1개 이상 설치할 것

㉢ 수평주행배관에는 4.5[m] 이내마다 1개 이상 설치할 것

5 지하구의 화재안전기준

(1) 용어 정의

① 지하구 : 영 별표 2 제28호에서 규정한 지하구
② 제어반 : 설비, 장치 등의 조작과 확인을 위해 제어용 계기류, 스위치 등을 금속제 외함에 수납한 것
③ 분전반 : 분기개폐기·분기과전류차단기 그 밖에 배선용기기 및 배선을 금속제 외함에 수납한 것
④ 방화벽 : 화재 시 발생한 열, 연기 등의 확산을 방지하기 위하여 설치하는 벽
⑤ 분기구 : 전기, 통신, 상하수도, 난방 등의 공급시설의 일부를 분기하기 위하여 지하구의 단면 또는 형태를 변화시키는 부분
⑥ 환기구 : 지하구의 온도, 습도의 조절 및 유해가스를 배출하기 위해 설치되는 것으로 자연환기구와 강제환기구로 구분된다.
⑦ 작업구 : 지하구의 유지관리를 위하여 자재, 기계기구의 반·출입 및 작업자의 출입을 위하여 만들어진 출입구
⑧ 케이블접속부 : 케이블이 지하구 내에 포설되면서 발생하는 직선 접속 부분을 전용의 접속재로 접속한 부분
⑨ 특고압 케이블 : 사용전압이 7,000[V]를 초과하는 전로에 사용하는 케이블을 말한다.
⑩ 분기배관 : 배관 측면에 구멍을 뚫어 둘 이상의 관로가 생기도록 가공한 배관으로서 확관형 분기배관과 비확관형 분기배관을 말한다.
⑪ 확관형 분기배관 : 배관의 측면에 조그만 구멍을 뚫고 소성가공으로 확관시켜 배관 용접 이음자리를 만들거나 배관 용접이음자리에 배관이음쇠를 용접 이음한 배관
⑫ 비확관형 분기배관 : 배관의 측면에 분기호칭내경 이상의 구멍을 뚫고 배관이음쇠를 용접 이음한 배관

(2) 소화기구 및 자동소화장치

① 소화기구는 다음 각 호의 기준에 따라 설치하여야 한다.
　㉠ 소화기의 능력단위는 A급 화재는 개당 3단위 이상, B급 화재는 개당 5단위 이상 및 C급 화재에 적응성이 있는 것으로 할 것
　㉡ 소화기 한대의 총중량은 사용 및 운반의 편리성을 고려하여 7[kg] 이하로 할 것
　㉢ 소화기는 사람이 출입할 수 있는 출입구(환기구, 작업구를 포함) 부근에 5개 이상 설치할 것
　㉣ 소화기는 바닥면으로부터 1.5[m] 이하의 높이에 설치할 것
　㉤ 소화기의 상부에 "소화기"라고 표시한 조명식 또는 반사식의 표지판을 부착하여 사용자가 쉽게 알 수 있도록 할 것

② 지하구 내 발전실·변전실·송전실·변압기실·배전반실·통신기기실·전산기기실·기타 이와 유사한 시설이 있는 장소 중 바닥면적이 300[m²] 미만인 곳에는 유효설치 방호체적 이내의 가스·분말·고체에어로졸·캐비닛형 자동소화장치를 설치하여야 한다. 다만 해당 장소에 물분무등소화설비를 설치한 경우에는 설치하지 않을 수 있다.

③ 제어반 또는 분전반마다 가스·분말·고체에어로졸 자동소화장치 또는 유효설치 방호체적 이내의 소공간용 소화용구를 설치하여야 한다.

④ 케이블접속부(절연유를 포함한 접속부에 한정)마다 다음 각 호의 어느 하나에 해당하는 자동소화장치를 설치하되 소화성능이 확보될 수 있도록 방호공간을 구획하는 등 유효한 조치를 하여야 한다.

   ㉠ 가스·분말·고체에어로졸 자동소화장치

   ㉡ 중앙소방기술심의위원회의 심의를 거쳐 소방청장이 인정하는 자동소화장치

(3) 자동화재탐지설비

① 감지기는 다음 각 호에 따라 설치하여야 한다.

   ㉠ 감지기 중 먼지·습기 등의 영향을 받지 않고 발화지점(1[m] 단위)과 온도를 확인할 수 있는 것을 설치할 것

   ㉡ 지하구 천장의 중심부에 설치하되 감지기와 천장 중심부 하단과의 수직거리는 30[cm] 이내로 할 것. 다만, 형식승인 내용에 설치방법이 규정되어 있거나, 중앙기술심의위원회의 심의를 거쳐 제조사 시방서에 따른 설치방법이 지하구 화재에 적합하다고 인정되는 경우에는 형식승인 내용 또는 심의결과에 의한 제조사 시방서에 따라 설치할 수 있다.

   ㉢ 발화지점이 지하구의 실제거리와 일치하도록 수신기 등에 표시할 것

   ㉣ 공동구 내부에 상수도용 또는 냉·난방용 설비만 존재하는 부분은 감지기를 설치하지 않을 수 있다.

② 발신기, 지구음향장치 및 시각경보기는 설치하지 않을 수 있다.

(4) 유도등

사람이 출입할 수 있는 출입구(환기구, 작업구를 포함)에는 해당 지하구 환경에 적합한 크기의 피난구유도등을 설치하여야 한다.

(5) 연소방지설비

① 배관의 설치기준

   ㉠ 배관용 탄소강관(KS D 3507) 또는 압력배관용 탄소강관(KS D 3562)이나 이와 같은 수준 이상의 강도·내부식성 및 내열성을 가진 것으로 하여야 한다.

ⓛ 급수배관(송수구로부터 연소방지설비 헤드에 급수하는 배관을 말한다. 이하 같다)은 전용으로 하여야 한다.

ⓒ 배관의 구경은 다음 각 목의 기준에 적합한 것이어야 한다.

• 연소방지설비전용헤드를 사용하는 경우에는 다음 표에 따른 구경 이상으로 할 것

하나의 배관에 부착하는 살수헤드의 개수	1개	2개	3개	4개 또는 5개	6개 이상
배관의 구경[mm]	32	40	50	65	80

• 개방형 스프링클러 헤드를 사용하는 경우에는 기준에 따를 것

ⓔ 교차배관은 가지배관과 수평으로 설치하거나 또는 가지배관 밑에 설치하고, 그 구경은 제3호에 따르되, 최소구경이 40[mm] 이상이 되도록 할 것

ⓜ 배관에 설치되는 행거는 다음 각 목의 기준에 따라 설치하여야 한다.

ⓐ 가지배관에는 헤드의 설치지점 사이마다 1개 이상의 행거를 설치하되, 헤드 간의 거리가 3.5[m]를 초과하는 경우에는 3.5[m] 이내마다 1개 이상 설치할 것. 이 경우 상향식헤드와 행거 사이에는 8[cm] 이상의 간격을 두어야 한다.

ⓑ 교차배관에는 가지배관과 가지배관 사이마다 1개 이상의 행거를 설치하되, 가지배관 사이의 거리가 4.5[m]를 초과하는 경우에는 4.5[m] 이내마다 1개 이상 설치할 것

ⓒ ⓐ와 ⓑ의 수평주행배관에는 4.5[m] 이내마다 1개 이상 설치할 것

ⓗ 확관형 분기배관을 사용할 경우에는 소방청장이 정하여 고시한 기준에 적합한 것으로 설치하여야 한다.

※ 연소확대 방지설비에서 수평주행배관의 구경은 100[mm] 이상의 것으로 하되 연소확대방지설비 전용헤드 및 스프링클러 헤드(방수헤드)를 향해 상향으로 1/1,000 이상 기울기로 설치하여야 한다. -개정 전 수평배관 참고

② 헤드의 설치기준

ⓛ 천장 또는 벽면에 설치할 것

ⓒ 헤드 간의 수평거리는 연소방지설비 전용헤드의 경우에는 2[m] 이하, 스프링클러 헤드의 경우에는 1.5[m] 이하로 할 것

ⓒ 소방대원의 출입이 가능한 환기구・작업구마다 지하구의 양쪽방향으로 살수헤드를 설정하되, 한쪽 방향의 살수구역의 길이는 3[m] 이상으로 할 것. 다만, 환기구 사이의 간격이 700[m]를 초과할 경우에는 700[m] 이내마다 살수구역을 설정하되, 지하구의 구조를 고려하여 방화벽을 설치한 경우에는 그렇지 않다.

ⓔ 연소방지설비 전용헤드를 설치할 경우에는 기준에 적합한 '살수헤드'를 설치할 것

③ 송수구의 설치기준

    ㉠ 소방차가 쉽게 접근할 수 있는 노출된 장소에 설치하되, 눈에 띄기 쉬운 보도 또는 차도에 설치할 것

    ㉡ 송수구는 구경 65[mm]의 쌍구형으로 할 것

    ㉢ 송수구로부터 1[m] 이내에 살수구역 안내표지를 설치할 것

    ㉣ 지면으로부터 높이가 0.5[m] 이상 1[m] 이하의 위치에 설치할 것

    ㉤ 송수구의 가까운 부분에 자동배수밸브(또는 직경 5[mm]의 배수공)를 설치할 것. 이 경우 자동배수밸브는 배관안의 물이 잘 빠질 수 있는 위치에 설치하되, 배수로 인하여 다른 물건 또는 장소에 피해를 주지 않아야 한다.

    ㉥ 송수구로부터 주배관에 이르는 연결배관에는 개폐밸브를 설치하지 아니할 것

    ㉦ 송수구에는 이물질을 막기 위한 마개를 씌워야 한다.

(6) 연소방지재

지하구 내에 설치하는 케이블·전선 등에는 다음 각 호의 기준에 따라 연소방지재를 설치하여야 한다. 다만, 케이블·전선 등을 다음 제1호의 난연성능 이상을 충족하는 것으로 설치한 경우에는 연소방지재를 설치하지 않을 수 있다.

① 연소방지재는 한국산업표준(KS C IEC 60332-3-24)에서 정한 난연성능 이상의 제품을 사용하되 다음 각 목의 기준을 충족하여야 한다.

    ㉠ 시험에 사용되는 연소방지재는 시료(케이블 등)의 아래쪽(점화원으로부터 가까운 쪽)으로부터 30[cm] 지점부터 부착 또는 설치되어야 한다.

    ㉡ 시험에 사용되는 시료(케이블 등)의 단면적은 325[mm^2]로 한다.

    ㉢ 시험성적서의 유효기간은 발급 후 3년으로 한다.

② 연소방지재는 다음 각 목에 해당하는 부분에 ①과 관련된 시험성적서에 명시된 방식으로 시험성적서에 명시된 길이 이상으로 설치하되, 연소방지재 간의 설치 간격은 350[m]를 넘지 않도록 하여야 한다.

    ㉠ 분기구

    ㉡ 지하구의 인입부 또는 인출부

    ㉢ 절연유 순환펌프 등이 설치된 부분

    ㉣ 기타 화재발생 위험이 우려되는 부분

(7) 방화벽

방화벽은 다음 각 호에 따라 설치하고 항상 닫힌 상태를 유지하거나 자동폐쇄장치에 의하여 화재 신호를 받으면 자동으로 닫히는 구조로 하여야 한다.

① 내화구조로서 홀로 설 수 있는 구조일 것
② 방화벽의 출입문은 갑종방화문으로 설치할 것
③ 방화벽을 관통하는 케이블·전선 등에는 국토교통부 고시(내화구조의 인정 및 관리기준)에 따라 내화충전 구조로 마감할 것
④ 방화벽은 분기구 및 국사·변전소 등의 건축물과 지하구가 연결되는 부위(건축물로부터 20[m] 이내)에 설치할 것
⑤ 자동폐쇄장치를 사용하는 경우에는 기준에 적합한 것으로 설치할 것

(8) 무선통신보조설비

무선통신보조설비의 무전기접속단자는 방재실과 공동구의 입구 및 연소방지설비 송수구가 설치된 장소(지상)에 설치하여야 한다.

(9) 기존 지하구에 대한 특례

「화재예방, 소방시설 설치·유지 및 안전관리에 관한 법률」 제11조에 따라 기존 지하구에 설치하는 소방시설 등에 대해 강화된 기준을 적용하는 경우에는 다음 각 호의 설치·유지 관련 특례를 적용한다.

① 특고압 케이블이 포설된 송·배전 전용의 지하구(공동구를 제외한다)에는 온도 확인 기능 없이 최대 700[m]의 경계구역을 설정하여 발화지점(1[m] 단위)을 확인할 수 있는 감지기를 설치할 수 있다.
② 소방본부장 또는 소방서장은 이 기준이 정하는 기준에 따라 해당 건축물에 설치하여야 할 소방시설 등의 공사가 현저하게 곤란하다고 인정되는 경우에는 해당 설비의 기능 및 사용에 지장이 없는 범위에서 소방시설 등의 설치·유지기준의 일부를 적용하지 아니할 수 있다.

CHAPTER 05 도로터널

1 도로터널의 화재안전기준

(1) 소화기 설치기준

① 소화기 능력단위
 ㉠ A급 화재 : 3단위 이상
 ㉡ B급 화재 : 5단위 이상 및 C급 화재에 적응성이 있는 것
② 소화기 중량
 7[kg] 이하
③ 설 치
 ㉠ 소화기는 주행차로의 우측 측벽에 50[m] 이내의 간격으로 2개 이상을 설치하며, 편도 2차선 이상의 양방향 터널과 4차로 이상의 일방향 터널의 경우에는 양쪽 측벽에 각각 50[m] 이내의 간격으로 엇갈리게 2개 이상을 설치할 것
 ㉡ 바닥면(차로 또는 보행로)으로부터 1.5[m] 이하의 높이에 설치할 것
 ㉢ 소화기구함의 상부에 "소화기"라고 조명식 또는 반사식의 표지판을 부착

(2) 옥내소화전 설치기준

① 소화전함과 방수구는 주행차로 우측 측벽을 따라 50[m] 이내의 간격으로 설치하며, 편도 2차선 이상의 양방향 터널이나 4차로 이상의 일방향 터널의 경우에는 양쪽 측벽에 각각 50[m] 이내의 간격으로 엇갈리게 설치할 것
② 수원은 그 저수량이 옥내소화전의 설치개수 2개(4차로 이상의 터널의 경우 3개)를 동시에 40분 이상 사용할 수 있는 충분한 양 이상을 확보할 것
③ 가압송수장치는 옥내소화전 2개(4차로 이상의 터널인 경우 3개)를 동시에 사용할 경우 각 옥내소화전의 노즐 끝부분에서의 방수압력은 0.35[MPa] 이상이고 방수량은 190[L/min] 이상이 되는 성능의 것으로 할 것. 다만, 하나의 옥내소화전을 사용하는 노즐 끝부분에서의 방수압력이 0.7[MPa]을 초과할 경우에는 호스접결구의 인입측에 감압장치를 설치하여야 한다.
④ 압력수조나 고가수조가 아닌 전동기 및 내연기관에 의한 펌프를 이용하는 가압송수장치는 주펌프와 동등 이상인 별도의 예비펌프를 설치할 것

⑤ 방수구는 40[mm] 구경의 단구형을 옥내소화전이 설치된 벽면의 바닥면으로부터 1.5[m] 이하의 높이에 설치할 것

⑥ 소화전함에는 옥내소화전 방수구 1개, 15[m] 이상의 소방호스 3본 이상 및 방수노즐을 비치할 것

⑦ 옥내소화전설비의 비상전원은 40분 이상 작동할 수 있을 것

(3) 비상경보설비 설치기준

① 발신기는 주행차로 한쪽 측벽에 50[m] 이내의 간격으로 설치하며, 편도 2차선 이상의 양방향 터널이나 4차로 이상의 일방향 터널의 경우에는 양쪽의 측벽에 각각 50[m] 이내의 간격으로 엇갈리게 설치할 것

② 발신기는 바닥면으로부터 0.8[m] 이상 1.5[m] 이하의 높이에 설치할 것

③ 음향장치는 발신기 설치위치와 동일하게 설치할 것. 다만, 비상방송설비의 화재안전기준(NFSC 202)에 적합하게 설치된 방송설비를 비상경보설비와 연동하여 작동하도록 설치한 경우에는 비상경보설비의 지구음향장치를 설치하지 아니할 수 있다.

④ 음향장치의 음량은 부착된 음향장치의 중심으로부터 1[m] 떨어진 위치에서 90[dB] 이상이 되도록 할 것

⑤ 음향장치는 터널 내부 전체에 동시에 경보를 발하도록 설치할 것

⑥ 시각경보기는 주행차로 한쪽 측벽에 50[m] 이내의 간격으로 비상경보설비 상부 직근에 설치하고, 전체 시각경보기는 동기방식에 의해 작동될 수 있도록 할 것

(4) 자동화재탐지설비 설치기준

① 터널에 설치할 수 있는 감지기의 종류
  ㉠ 차동식 분포형 감지기
  ㉡ 정온식 감지선형 감지기(아날로그식에 한한다)
  ㉢ 중앙기술심의위원회의 심의를 거쳐 터널화재에 적응성이 있다고 인정된 감지기

② 하나의 경계구역의 길이는 100[m] 이하로 할 것

③ 터널에 설치하는 감지기의 설치기준
  ㉠ 감지기의 감열부(열을 감지하는 기능을 갖는 부분을 말한다)와 감열부 사이의 이격거리는 10[m] 이하로, 감지기와 터널 좌·우측 벽면과의 이격거리는 6.5[m] 이하로 설치할 것
  ㉡ ㉠의 규정에 불구하고 터널 천장의 구조가 아치형의 터널에 감지기를 터널 진행방향으로 설치하고자 하는 경우에는 감열부와 감열부 사이의 이격거리를 10[m] 이하로 하여 아치형 천장의 중앙 최상부에 1열로 감지기를 설치하여야 하며, 감지기를 2열 이상으로 설치하고자 하는 경우에는 감열부와 감열부 사이의 이격 거리는 10[m] 이하로 감지기 간의 이격거리는 6.5[m] 이하로 설치할 것

ⓒ 감지기를 천장면(터널 안 도로 등에 면한 부분 또는 상층의 바닥 하부면을 말한다)에
설치하는 경우에는 감기기가 천장면에 밀착되지 않도록 고정금구 등을 사용하여 설
치할 것

(5) 비상조명등 설치기준

① 상시 조명이 소등된 상태에서 비상조명등이 점등되는 경우 터널 안의 차도 및 보도의
바닥면의 조도는 10[lx] 이상, 그 외 모든 지점의 조도는 1[lx] 이상이 될 수 있도록
설치할 것
② 비상조명등은 상용전원이 차단되는 경우 자동으로 비상전원으로 60분 이상 점등되도록
설치할 것
③ 비상조명등에 내장된 예비전원이나 축전지설비는 상용전원의 공급에 의하여 상시 충전
상태를 유지할 수 있도록 설치할 것

(6) 재연설비 설치기준

① 설계화재강도 20[MW]를 기준으로 하고, 이때 연기발생률은 80[m^3/s]로 하며, 배출량은
발생된 연기와 혼합된 공기를 충분히 배출할 수 있는 용량 이상을 확보할 것
② 제연설비가 자동 또는 수동으로 기동되어야 하는 경우
  ㉠ 화재감지기가 동작되는 경우
  ㉡ 발신기의 스위치 조작 또는 자동소화설비의 기동장치를 동작시키는 경우
  ㉢ 화재수신기 또는 감시제어반의 수동조작스위치를 동작시키는 경우
③ 비상전원은 60분 이상 작동할 수 있도록 하여야 한다.

(7) 연결송수관설비 설치기준

① 방수압력은 0.35[MPa] 이상, 방수량은 400[L/min] 이상을 유지할 수 있도록 할 것
② 방수구는 50[m] 이내의 간격으로 옥내소화전함에 병설하거나 독립적으로 터널출입구
부근과 피난연결통로에 설치할 것
③ 방수기구함은 50[m] 이내의 간격으로 옥내소화전함 안에 설치하거나 독립적으로 설치
하고, 하나의 방수기구함에는 65[mm] 방수노즐 1개와 15[m] 이상의 호스 3본을 설치하
도록 할 것

01 옥내소화전설비의 화재안전기준상 배관의 설치기준 중 다음 괄호 안에 알맞은 것은?

[20년 3회]

> 연결송수관설비의 배관과 겸용할 경우의 주배관은 구경 (㉠)[mm] 이상, 방수구로 연결되는
> 배관의 구경은 (㉡)[mm] 이상의 것으로 하여야 한다.

① ㉠ 80, ㉡ 65

② ㉠ 80, ㉡ 50

③ ㉠ 100, ㉡ 65

④ ㉠ 125, ㉡ 80

해설 배 관
- 주배관의 구경은 100[mm] 이상의 것으로 할 것
- 지면으로부터의 높이가 31[m] 이상인 특정소방대상물 또는 지상 11층 이상인 특정소방대상물에
  있어서는 습식 설비로 할 것
- 연결송수관설비의 배관은 주배관의 구경이 100[mm] 이상 옥내소화전설비·스프링클러설비 또는
  물분무 등 소화설비의 배관과 겸용할 수 있다.
- 가지배관 : 65[mm] 이상

02 연결송수관설비의 가압송수장치의 설치기준으로 틀린 것은?(단, 지표면에서 최상층 방수구
의 높이가 70[m] 이상의 특정소방대상물이다)

[17년 2회]

① 펌프의 양정은 최상층에 설치된 노즐선단의 압력이 0.35[MPa] 이상의 압력이 되도록
할 것

② 계단식 아파트의 경우 펌프의 토출량은 1,200[L/min] 이상이 되는 것으로 할 것

③ 계단식 아파트의 경우 해당 층에 설치된 방수구가 3개를 초과하는 것은 1개마다 400[L/
min]을 가산한 양이 펌프의 토출량이 되는 것으로 할 것

④ 내연기관을 사용하는 경우(층수가 30층 이상 49층 이하) 내연기관의 연료량은 20분
이상 운전할 수 있는 용량일 것

해설 가압송수장치
- 지표면에서 최상층 방수구의 높이가 70[m] 이상의 특정소방대상물에는 연결송수관설비의 가압송수
  장치를 설치하여야 한다.
- 펌프의 토출량은 2,400[L/min](계단식 아파트 : 1,200[L/mm]) 이상이 되는 것으로 할 것. 다만,
  해당 층에 설치된 방수구가 3개 초과(5개 이상은 5개)하는 경우에는 1개마다 800[L/min](계단식
  아파트 : 400[L/mm])를 가산한 양이 될 것
- 펌프의 양정은 최상층에 설치된 노즐 끝부분의 압력이 0.35[MPa] 이상일 것

1 ③ 2 ④ **정답**

03 송수구가 부설된 옥내소화전을 설치한 특정소방대상물로서 연결송수관설비의 방수구를 설치하지 아니할 수 있는 층의 기준 중 다음 (   ) 안에 알맞은 것은?(단, 집회장·관람장·백화점·도매시장·소매시장·판매시설·공장·창고시설 또는 지하가를 제외한다) [18년 4회]

> - 지하층을 제외한 층수가 (㉠)층 이하이고 연면적이 (㉡)[m²] 미만인 특정소방대상물의 지상층의 용도로 사용되는 층
> - 지하층의 층수가 (㉢) 이하인 특정 소방대상물의 지하층

① ㉠ 3, ㉡ 5,000, ㉢ 3   ② ㉠ 4, ㉡ 6,000, ㉢ 2

③ ㉠ 5, ㉡ 3,000, ㉢ 3   ④ ㉠ 6, ㉡ 4,000, ㉢ 2

해설 연결송수관설비의 방수구 설치제외 대상
- 아파트의 1층 및 2층
- 소방차의 접근이 가능하고 소방대원이 소방차로부터 각 부분에 쉽게 도달할 수 있는 피난층
- 송수구가 부설된 옥내소화전을 설치한 특정소방대상물(집회장·관람장·백화점·도매시장·소매시장·판매시설·공장·창고시설 또는 지하가를 제외한다)로서 다음의 어느 하나에 해당하는 층
 - 지하층을 제외한 층수가 4층 이하이고 연면적이 6,000[m²] 미만인 특정소방대상물의 지상층
 - 지하층의 층수가 2 이하인 특정소방대상물의 지하층

**핵심
예제**

04 연결살수설비의 화재안전기준에 따른 건축물에 설치하는 연결살수설비의 헤드에 대한 기준 중 다음 (   ) 안에 알맞은 것은? [18년 2회, 20년 1·2회]

> 천장 또는 반자의 각 부분으로부터 하나의 살수헤드까지의 수평거리가 연결살수설비전용헤드의 경우는 (㉠)[m] 이하, 스프링클러 헤드의 경우는 (㉡)[m] 이하로 할 것. 다만, 살수헤드의 부착면과 바닥과의 높이가 (㉢)[m] 이하인 부분은 살수헤드의 살수분포에 따른 거리로 할 수 있다.

① ㉠ 3.7, ㉡ 2.3, ㉢ 2.1   ② ㉠ 3.7, ㉡ 2.3, ㉢ 2.3

③ ㉠ 2.3, ㉡ 3.7, ㉢ 2.3   ④ ㉠ 2.3, ㉡ 3.7, ㉢ 2.1

해설 건축물에 설치하는 연결살수설비의 헤드 설치기준
- 천장 또는 반자의 실내에 면하는 부분에 설치할 것
- 천장 또는 반자의 각 부분으로부터 하나의 살수헤드까지의 수평거리(다만, 살수헤드의 부착면과 바닥과의 높이가 2.1[m] 이하인 부분은 살수헤드의 살수분포에 따른 거리로 할 수 있다)
 - 연결살수설비전용 헤드의 경우 : 3.7[m] 이하
 - 스프링클러 헤드의 경우 : 2.3[m] 이하

05 연결살수설비의 화재안전기준상 배관의 설치기준 중 하나의 배관에 부착하는 살수헤드의 개수가 3개인 경우 배관의 구경은 최소 몇 [mm] 이상으로 설치해야 하는가?(단, 연결살수설비 전용헤드를 사용하는 경우이다) [17년 1회, 21년 2회]

① 40

② 50

③ 65

④ 80

해설 연결살수설비 전용헤드를 사용하는 경우에는 다음 표에 따른 구경 이상으로 할 것

배관에 부착하는 살수헤드의 개수	1개	2개	3개	4개 또는 5개	6개 이상 10개 이하
배관의 구경[mm]	32	40	50	65	80

핵심 예제

06 연결살수설비의 배관에 관한 설치기준 중 옳은 것은? [17년 2회]

① 개방형 헤드를 사용하는 연결살수설비의 수평주행배관은 헤드를 향하여 상향으로 100분의 5 이상의 기울기로 설치한다.

② 가지배관 또는 교차배관을 설치하는 경우에는 가지배관의 배열은 토너먼트 방식이어야 한다.

③ 교차배관에는 가지배관과 가지배관 사이마다 1개 이상의 행거를 설치하되, 가지배관 사이의 거리가 4.5[m]를 초과하는 경우에는 4.5[m] 이내마다 1개 이상 설치한다.

④ 가지배관은 교차배관 또는 주배관에서 분기되는 지점을 기점으로 한쪽 가지배관에 설치되는 헤드의 개수는 6개 이하로 하여야 한다.

해설 **교차배관의 설치기준**
- 교차배관은 가지배관과 수평으로 설치하거나 또는 가지배관 밑에 설치하고, 최소구경이 40[mm] 이상이 되도록 할 것
- 폐쇄형 헤드를 사용하는 연결살수설비의 청소구는 주배관 또는 교차배관(교차배관을 설치하는 경우에 한한다) 끝에 40[mm] 이상 크기의 개폐밸브를 설치하고, 호스접결이 가능한 나사식 또는 고정배수배관식으로 할 것. 이 경우 나사식의 개폐밸브는 옥내소화전 호스접결용의 것으로 하고, 나사보호용의 캡으로 마감하여야 한다.
- 폐쇄형 헤드를 사용하는 연결살수설비에 하향식 헤드를 설치하는 경우에는 가지배관으로부터 헤드에 이르는 헤드접속배관은 가지관상부에서 분기할 것

07 다음 괄호 안에 알맞은 것은? [18년 2회, 20년 3회]

> 연소방지설비에 있어서의 수평주행배관의 구경은 100[mm] 이상의 것으로 하되, 연소방지설비 전용헤드 및 스프링클러 헤드를 향하여 상향으로 (   ) 이상의 기울기로 설치하여야 한다.

① $\dfrac{1}{1,000}$

② $\dfrac{2}{100}$

③ $\dfrac{1}{100}$

④ $\dfrac{1}{500}$

해설 연소확대 방지설비에서 수평주행배관의 구경은 100[mm] 이상의 것으로 하되 연소확대방지설비 전용 헤드 및 스프링클러 헤드(방수헤드)를 향해 상향으로 1/1,000 이상 기울기로 설치하여야 한다. -개정 전 수평배관 참고

핵심
예제

08 연소방지설비의 수평주행배관의 설치기준에 대한 설명 중 괄호 안의 항목이 옳게 짝지어진 것은? [19년 1회]

> 연소방지설비에 있어서의 수평주행배관의 구경은 (㉠)[mm] 이상의 것으로 하되, 연소방지설 비 전용헤드 및 스프링클러 헤드를 향하여 상향으로 (㉡) 이상의 기울기로 설치하여야 한다.

① ㉠ : 80 ㉡ : $\dfrac{1}{1,000}$

② ㉠ : 100 ㉡ : $\dfrac{1}{1,000}$

③ ㉠ : 80 ㉡ : $\dfrac{2}{1,000}$

④ ㉠ : 100 ㉡ : $\dfrac{2}{1,000}$

해설 7번 해설 참조

정답 7 ① 8 ②

안심Touch

09 지하구의 화재안전기준에서 연소방지설비 헤드의 설치기준 중 다음 (   ) 안에 알맞은 것은?

[17년 4회]

> 헤드 간의 수평거리는 연소방지설비 전용헤드의 경우에는 (㉠)[m] 이하, 스프링클러 헤드의 경우에는 (㉡)[m] 이하로 할 것

① ㉠ 2, ㉡ 1.5
② ㉠ 1.5, ㉡ 2
③ ㉠ 1.7, ㉡ 2.5
④ ㉠ 2.5, ㉡ 1.7

해설 헤드의 설치기준
- 천장 또는 벽면에 설치할 것
- 헤드 간의 수평거리는 연소방지설비 전용헤드의 경우에는 2[m] 이하, 스프링클러 헤드의 경우에는 1.5[m] 이하로 할 것
- 소방대원의 출입이 가능한 환기구·작업구마다 지하구의 양쪽방향으로 살수헤드를 설정하되, 한쪽 방향의 살수구역의 길이는 3[m] 이상으로 할 것. 다만, 환기구 사이의 간격이 700[m]를 초과할 경우에는 700[m] 이내마다 살수구역을 설정하되, 지하구의 구조를 고려하여 방화벽을 설치한 경우에는 그렇지 않다.
- 연소방지설비 전용헤드를 설치할 경우에는 기준에 적합한 '살수헤드'를 설치할 것

10 도로터널의 화재안전기준상 옥내소화전설비 설치기준 중 괄호 안에 알맞은 것은?

[20년 3회]

> 가압송수장치는 옥내소화전 2개(4차로 이상의 터널인 경우 3개)를 동시에 사용할 경우 각 옥내소화전의 노즐선단에서의 방수압력은 (㉠)[MPa] 이상이고 방수량은 (㉡)[L/min] 이상이 되는 성능의 것으로 할 것

① ㉠ 0.1, ㉡ 130
② ㉠ 0.17, ㉡ 130
③ ㉠ 0.25, ㉡ 350
④ ㉠ 0.35, ㉡ 190

해설 가압송수장치는 옥내소화전 2개(4차로 이상의 터널인 경우 3개)를 동시에 사용할 경우 각 옥내소화전의 노즐 끝부분에서의 방수압력은 0.35[MPa] 이상이고 방수량은 190[L/min] 이상이 되는 성능의 것으로 할 것. 다만, 하나의 옥내소화전을 사용하는 노즐 끝부분에서의 방수압력이 0.7[MPa]을 초과할 경우에는 호스접결구의 인입측에 감압장치를 설치하여야 한다.

Engineer Fire Protection System

소방설비기사(필기) 기본서 시리즈
(기계분야)

소방기계시설의 구조 및 원리
최근 기출문제

Engineer Fire Protection System

소방설비기사(필기) 기본서 시리즈

(기계분야)

소방기계시설의 구조 및 원리

2021년 4회 최근 기출문제

혼자 공부하기 힘드시다면 방법이 있습니다.
시대에듀의 동영상강의를 이용하시면 됩니다.

www.sdedu.co.kr ➔ 회원가입(로그인) ➔ 강의 살펴보기

2021년 제4회

최근 기출문제

01 특별피난계단의 계단실 및 부속실 제연설비의 화재안전기준상 수직풍도에 따른 배출기준 중 각층의 옥내와 면하는 수직풍도의 관통부에 설치하여야 하는 배출댐퍼 설치기준으로 틀린 것은?

① 화재층의 옥내에 설치된 화재감지기의 동작에 따라 당해 층의 댐퍼가 개방될 것
② 풍도의 배출댐퍼는 이·탈착 구조가 되지 않도록 설치할 것
③ 개폐여부를 당해 장치 및 제어반에서 확인할 수 있는 감지기능을 내장하고 있을 것
④ 배출댐퍼는 두께 1.5[mm] 이상의 강판 또는 이와 동등 이상의 성능이 있는 것으로 설치하여야 하며 비 내식성 재료의 경우에는 부식방지 조치를 할 것

02 포소화설비의 화재안전기준에 따라 포소화설비 송수구의 설치기준에 대한 설명으로 옳은 것은?

① 구경 65[mm]의 쌍구형으로 할 것
② 지면으로부터 높이가 0.5[m] 이상 1.5[m] 이하의 위치에 설치할 것
③ 하나의 층의 바닥면적이 2,000[m²]를 넘을 때마다 1개 이상을 설치할 것
④ 송수구의 가까운 부분에 자동배수밸브(또는 직경 3[mm]의 배수공) 및 안전밸브를 설치할 것

03 스프링클러설비 본체 내의 유수현상을 자동적으로 검지하여 신호 또는 경보를 발하는 장치는?

① 수압개폐장치
② 물올림장치
③ 일제개방밸브장치
④ 유수검지장치

04 옥내소화전설비의 화재안전기준에 따라 옥내소화전설비의 표시등 설치기준으로 옳은 것은?

① 가압송수장치의 기동을 표시하는 표시등은 옥내소화전함의 상부 또는 그 직근에 설치한다.

② 가압송수장치의 기동을 표시하는 표시등은 녹색등으로 한다.

③ 자체소방대를 구성하여 운영하는 경우 가압송수장치의 기동표시등을 반드시 설치해야 한다.

④ 옥내소화전설비의 위치를 표시하는 표시등은 함의 하부에 설치하되, 표시등의 성능인증 및 제품검사의 기술기준에 적합한 것으로 한다.

05 소화기구 및 자동소화장치의 화재안전기준상 건축물의 주요구조부가 내화구조이고, 벽 및 반자의 실내에 면하는 부분이 불연재료로 된 바닥면적이 600$[m^2]$인 노유자시설에 필요한 소화기구의 능력단위는 최소 얼마 이상으로 하여야 하는가?

① 2단위

② 3단위

③ 4단위

④ 6단위

06 분말소화설비의 화재안전기준에 따라 분말소화설비의 자동식 기동장치의 설치기준으로 틀린 것은?(단, 자동식 기동장치는 자동화재탐지설비의 감지기의 작동과 연동하는 것이다)

① 기동용 가스용기의 충전비는 1.5 이상으로 할 것

② 자동식 기동장치에는 수동으로 기동할 수 있는 구조로 할 것

③ 전기식 기동장치로서 3병 이상의 저장용기를 동시에 개방하는 설비는 2병 이상의 저장용기에 전자개방밸브를 부착할 것

④ 기동용 가스용기에는 내압시험압력의 0.8배 내지 내압시험압력 이하에서 작동하는 안전장치를 설치할 것

07 상수도소화용수설비의 화재안전기준에 따른 설치기준 중 다음 (   ) 안에 알맞은 것은?

> 호칭지름 (㉠)[mm] 이상의 수도배관에 호칭지름 (㉡)[mm] 이상의 소화전을 접속하여야 하며, 소화전은 특정소방대상물의 수평투영면의 각 부분으로부터 (㉢)[m] 이하가 되도록 설치할 것

① ㉠ 65, ㉡ 80, ㉢ 120
② ㉠ 65, ㉡ 100, ㉢ 140
③ ㉠ 75, ㉡ 80, ㉢ 120
④ ㉠ 75, ㉡ 100, ㉢ 140

08 스프링클러설비의 화재안전기준에 따라 스프링클러 헤드를 설치하지 않을 수 있는 장소로만 나열된 것은?

① 계단실, 병실, 목욕실, 냉동창고의 냉동실, 아파트(대피공간 제외)
② 발전실, 병원의 수술실·응급처치실, 통신기기실, 관람석이 없는 실내 테니스장(실내 바닥·벽 등이 불연재료)
③ 냉동창고의 냉동실, 변전실, 병실, 목욕실, 수영장 관람석
④ 병원의 수술실, 관람석이 없는 실내 테니스장(실내 바닥·벽 등이 불연재료), 변전실, 발전실, 아파트(대피공간 제외)

09 포소화설비의 화재안전기준에서 포소화설비에 소방용 합성수지배관을 설치할 수 있는 경우로 틀린 것은?

① 배관을 지하에 매설하는 경우
② 다른 부분과 내화구조로 구획던 덕트 또는 피트의 내부에 설치하는 경우
③ 동결방지조치를 하거나 동결의 우려가 없는 경우
④ 천장과 반자를 불연재료 또는 준불연재료로 설치하고 그 내부에 습식으로 배관을 설치하는 경우

10 다음 중 피난기구의 화재안전기준에 따라 피난기구를 설치하지 아니하여도 되는 소방대상
물로 틀린 것은?

① 발코니 등을 통하여 인접세대로 피난할 수 있는 구조로 되어 있는 계단실형 아파트

② 주요구조부가 내화구조로서 거실의 각 부분으로 직접 복도로 피난할 수 있는 학교(강의
   실 용도로 사용되는 층에 한함)

③ 무인공장 또는 자동창고로서 사람의 출입이 금지된 장소

④ 문화집회 및 운동시설·판매시설 및 영업시설 또는 노유자시설의 용도로 사용되는 층
   으로서 그 층의 바닥면적이 1,000[m²] 이상인 것

11 지하구의 화재안전기준에 따라 연소방지설비 헤드의 설치기준으로 옳은 것은?

① 헤드 간의 수평거리는 연소방지설비 전용헤드의 경우에는 1.5[m] 이하로 할 것

② 헤드 간의 수평거리는 스프링클러 헤드의 경우에는 2[m] 이하로 할 것

③ 천장 또는 벽면에 설치할 것

④ 한쪽 방향의 살수구역의 길이는 2[m] 이상으로 할 것

12 소화기구 및 자동소화장치의 화재안전기준상 소화기구의 소화약제별 적응성 중 C급 화재에
적응성이 없는 소화약제는?

① 마른모래

② 할로겐화합물 및 불활성기체소화약제

③ 이산화탄소소화약제

④ 탄산수소염류소화약제

13 이산화탄소소화설비 및 할론소화설비의 국소방출방식에 대한 설명으로 옳은 것은?

① 고정식 소화약제 공급장치에 배관 및 분사헤드를 설치하여 직접 화점에 소화약제를 방출하는 방식이다.
② 고정된 분사헤드에서 밀폐 방호구역 공간 전체로 소화약제를 방출하는 방식이다.
③ 호스 선단에 부착된 노즐을 이동하여 방호대상물에 직접 소화약제를 방출하는 방식이다.
④ 소화약제 용기 노즐 등을 운반기구에 적재하고 방호대상물에 직접 소화약제를 방출하는 방식이다.

14 특고압의 전기시설을 보호하기 위한 소화설비로 물분무소화설비를 사용한다. 그 주된 이유로 옳은 것은?

① 물분무 설비는 다른 물 소화설비에 비해서 신속한 소화를 보여주기 때문이다.
② 물분무 설비는 다른 물 소화설비에 비해서 물의 소모량이 적기 때문이다.
③ 분무상태의 물은 전기적으로 비전도성이기 때문이다.
④ 물분무입자 역시 물이므로 전기전도성이 있으나 전기 시설물을 젖게 하지 않기 때문이다.

15 물분무소화설비의 화재안전기준에 따라 물무소화설비를 설치하는 차고 또는 주차장의 배수설비 설치기준으로 틀린 것은?

① 차량이 주차하는 바닥은 배수구를 향해 1/100 이상의 기울기를 유지할 것
② 배수구에서 새어나온 기름을 모아 소화할 수 있도록 길이 40[m] 이하마다 집수관·소화피트 등 기름분리장치를 설치할 것
③ 차량이 주차하는 장소의 적당한 곳에 높이 10[cm] 이상의 경계턱으로 배수구를 설치할 것
④ 배수설비는 가압송수장치의 최대송수능력의 수량을 유효하게 배수할 수 있는 크기 및 기울기로 할 것

16 연결송수관설비의 화재안전기준에 따라 송수구가 부설된 옥내소화전을 설치한 특정소방대상물로서 연결송수관설비의 방수구를 설치하지 아니할 수 있는 층의 기준 중 다음 (   ) 안에 알맞은 것은?(단, 집회장·관람장·백화점·도매시장·소매시장·판매시설·공장·창고시설 또는 지하가를 제외한다)

> • 지하층을 제외한 층수가 (㉠)층 이하이고 연면적이 (㉡)[m²] 미만인 특정소방대상물의 지상층
> • 지하층의 층수가 (㉢) 이하인 특정소방대상물의 지하층

① ㉠ 3, ㉡ 5,000, ㉢ 3
② ㉠ 4, ㉡ 6,000, ㉢ 2
③ ㉠ 5, ㉡ 3,000, ㉢ 3
④ ㉠ 6, ㉡ 4,000, ㉢ 2

17 스프링클러설비의 화재안전기준에 따라 폐쇄형 스프링클러 헤드를 최고 주위온도 40[℃]인 장소(공장 및 창고 제외)에 설치할 경우 표시온도는 몇 [℃]의 것을 설치하여야 하는가?

① 79[℃] 미만
② 79[℃] 이상 121[℃] 미만
③ 121[℃] 이상 162[℃] 미만
④ 162[℃] 이상

18 할론소화설비의 화재안전기준상 할론 1211을 국소방출방식으로 방사할 때 분사헤드의 방사압력 기준은 몇 [MPa] 이상인가?

① 0.1
② 0.2
③ 0.9
④ 1.05

19 물분무소화설비의 화재안전기준상 물분무 헤드를 설치하지 아니할 수 있는 장소의 기준 중 다음 ( ) 안에 알맞은 것은?

> 운전 시에 표면의 온도가 ( )[℃] 이상으로 되는 등 직접 분무를 하는 경우 그 부분에 손상을 입힐 우려가 있는 기계장치 등이 있는 장소

① 160

② 200

③ 260

④ 300

20 인명구조기구의 화재안전기준에 따라 특정소방대상물의 용도 및 장소별로 설치해야 할 인명구조기구의 기준으로 틀린 것은?

① 지하가 중 지하상가는 인공소생기를 층마다 2개 이상 비치할 것

② 판매시설 중 대규모 점포는 공기호흡기를 층마다 2개 이상 비치할 것

③ 지하층을 포함하는 층수가 7층 이상인 관광호텔은 방열복(또는 방화복), 공기호흡기, 인공소생기를 각 2개 이상 비치할 것

④ 물분무소화설비 중 이산화탄소소화설비를 설치해야 하는 특정소방대상물은 공기호흡기를 이산화탄소소화설비가 설치된 장소의 출입구 외부 인근에 1대 이상 비치할 것

01	02	03	04	05	06	07	08	09	10	11	12	13	14	15	16	17	18	19	20
②	①	④	①	②	③	④	②	③	④	③	①	①	③	①	②	②	②	③	①

01 각 층의 옥내와 면하는 수직풍도의 관통부에 설치하는 배출댐퍼의 기준
- 배출댐퍼는 두께 1.5[mm] 이상의 강판 또는 이와 동등 이상의 성능이 있는 것으로 설치하여야 하며 비내식성 재료의 경우에는 부식방지 조치를 할 것
- 평상시 닫힌 구조로 기밀상태를 유지할 것
- 개폐여부를 당해 장치 및 제어반에서 확인할 수 있는 감지기능을 내장하고 있을 것
- 구동부의 작동상태와 닫혀 있을 때의 기밀상태를 수시로 점검할 수 있는 구조일 것
- 풍도의 내부마감상태에 대한 점검 및 댐퍼의 정비가 가능한 이·탈착구조로 할 것
- 화재층의 옥내에 설치된 화재감지기의 동작에 따라 당해 층의 댐퍼가 개방될 것
- 개방 시의 실제개구부(개구율을 감안한 것을 말한다)의 크기는 수직풍도의 내부단면적과 같도록 할 것
- 댐퍼는 풍도 내의 공기흐름에 지장을 주지 않도록 수직풍도의 내부로 돌출하지 않게 설치할 것

02 송수구의 설치기준
- 송수구는 화재층으로부터 지면으로 떨어지는 유리창 등이 송수 및 그 밖의 소화작업에 지장을 주지 아니하는 장소에 설치할 것
- 송수구로부터 물분무소화설비의 주배관에 이르는 연결배관에 개폐밸브를 설치한 때에는 그 개폐상태를 쉽게 확인 및 조작할 수 있는 옥외 또는 기계실 등의 장소에 설치할 것
- 구경 65[mm]의 쌍구형으로 할 것
- 송수구에는 그 가까운 곳의 보기 쉬운 곳에 송수압력범위를 표시한 표지를 할 것
- 송수구는 하나의 층의 바닥면적이 3,000[m²]를 넘을 때마다 1개(5개를 넘을 경우에는 5개로 한다) 이상을 설치할 것
- 지면으로부터 높이가 0.5[m] 이상 1[m] 이하의 위치에 설치할 것
- 송수구의 가까운 부분에 자동배수밸브(또는 직경 5[mm]의 배수공) 및 체크밸브를 설치할 것. 이 경우 자동배수밸브는 배관 안의 물이 잘 빠질 수 있는 위치에 설치하되, 배수로 인하여 다른 물건 또는 장소에 피해를 주지 아니하여야 한다.
- 송수구에는 이물질을 막기 위한 마개를 씌울 것
- 압축공기포소화설비를 스프링클러 보조설비로 설치하거나 압축공기포소화설비에 자동으로 급수되는 장치를 설치한때에는 송수구 설치를 아니할 수 있다.

03 유수검지장치
해당 소방대상물에 설치되어 있는 헤드에서의 감지와 동시에 헤드가 개방되면서 유수에 의해 경보밸브가 작동, 벨이 울려 화재 발생을 알리는 장치로서 유수검지장치로는 자동경보밸브, 패들형 유수검지기, 유수작동밸브 등이 있으나 자동경보밸브가 가장 많이 사용된다.

04 옥내소화전설비의 표시등
- 위치 : 함의 상부
- 색상 : 적색
- 시 험
  - 표시등은 주위의 밝기가 300[lx]인 장소에서 정격전압 및 정격전압±20[%]에서 측정하여 앞면으로부터 3[m] 떨어진 위치에서 켜진 등이 확실히 식별되어야 한다.
  - 표시등의 불빛은 부착면과 15° 이하의 각도로도 발산되어야 하며, 주위의 밝기가 0[lx]인 장소에서 측정하여 10[m] 떨어진 위치에서 켜진 등이 확실히 식별되어야 한다.
- 점 등
  - 위치표시등 상시 점등
  - 기동표시등 : 평상시 소등, 기동 시 점등

05 소방대상물별 소화기구의 능력단위 기준

소방대상물	소화기구의 능력단위
위락시설	해당 용도의 바닥면적 30[m²]마다 능력단위 1단위 이상
공연장·집회장·관람장·문화재·장례식장 및 의료시설	해당 용도의 바닥면적 50[m²]마다 능력단위 1단위 이상
근린생활시설·판매시설·운수시설·숙박시설·노유자시설·전시장·공동주택·업무시설·방송통신시설·공장·창고시설·항공기 및 자동차관련시설 및 관광휴게시설	해당 용도의 바닥면적 100[m²]마다 능력단위 1단위 이상
그 밖의 것	해당 용도의 바닥면적 200[m²]마다 능력단위 1단위 이상

비고 : 소화기구의 능력단위를 산출함에 있어서 건축물의 주요구조부가 내화구조이고, 벽 및 반자의 실내에 면하는 부분이 불연재료·준불연재료 또는 난연재료로 된 특정소방대상물에 있어서는 위 표의 기준면적의 2배를 해당 특정소방대상물의 기준면적으로 한다.

$$\therefore \ 능력단위 = \frac{바닥면적}{기준면적 \times 2} = \frac{600[m^2]}{100[m^2] \times 2} = 3단위$$

06 자동식
- 가스압력식 기동장치
  감지기에 의한 화재를 감지하여 가스를 방출하여 용기밸브를 열어주는 구조의 장치이다.
  - 기동용 가스용기 및 해당 용기에 사용하는 밸브는 25[MPa] 이상의 압력에 견딜 수 있는 것으로 할 것
  - 기동용 가스용기에는 내압시험압력의 0.8배 내지 내압시험압력 이하에서 작동하는 안전장치를 설치할 것
  - 기동용 가스용기의 용적은 1[L] 이상으로 하고, 해당 용기에 저장하는 이산화탄소의 양은 0.6[kg] 이상으로 하며, 충전비는 1.5 이상으로 할 것
- 전기식 기동장치
  - 감지기에 의해 자동으로 감지하여 솔레노이드로 용기밸브를 개방시키는 장치이다.
  - 7병 이상의 저장용기를 동시에 개방하는 설비는 2병 이상의 저장용기에 전자 개방밸브를 부착할 것

안심Touch

07   상수도 소화용수설비 설치
- 상수도 소화용수설비의 설치대상
  - 연면적 5,000[m³] 이상인 것
  - 가스시설로서 지상에 노출된 탱크 저장용량의 합계가 100[t] 이상인 것
- 상수도 소화용수설비 설치기준
  - 호칭지름이 75[mm] 이상인 수도배관에 호칭지름이 100[mm] 이상인 소화전을 접속할 것
  - 소화전은 소방자동차 등의 진입이 쉬운 도로변 또는 공지에 설치할 것
  - 소화전은 특정소방대상물의 수평투영면의 각 부분으로부터 140[m] 이하가 되도록 설치할 것

08   스프링클러 헤드 설치제외 대상물
- 계단실(특별피난계단의 부속실 포함)·경사로·승강기의 승강로·비상용 승강기의 승강장·파이프덕트 및 덕트피트·목욕실·수영장(관람석 부분 제외)·화장실·직접 외기에 개방되어 있는 복도·기타 이와 유사한 장소
- 통신기기실·전자기기실·기타 이와 유사한 장소
- 발전실·변전실·변압기·기타 이와 유사한 전기설비가 설치되어 있는 장소
- 병원의 수술실·응급처치실·기타 이와 유사한 장소
- 천장과 반자 양쪽이 불연재료로 되어 있는 경우로서 그 사이의 거리 및 구조가 다음에 해당하는 부분
  - 천장과 반자 사이의 거리가 2[m] 미만인 부분
  - 천장과 반자 사이의 벽이 불연재료이고 천장과 반자 사이의 거리가 2[m] 이상으로서 그 사이에 가연물이 존재하지 아니하는 부분
- 천장·반자 중 한쪽이 불연재료로 되어있고 천장과 반자 사이의 거리가 1[m] 미만인 부분
- 천장 및 반자가 불연재료 외의 것으로 되어 있고 천장과 반자 사이의 거리가 0.5[m] 미만인 부분
- 펌프실·물탱크실·엘리베이터 권상기실 그 밖의 이와 비슷한 장소
- 현관 또는 로비 등 바닥으로부터 높이가 20[m] 이상인 장소
- 영하의 냉장창고의 냉장실 또는 냉동창고의 냉동실
- 고온의 노가 설치된 장소 또는 물과 격렬하게 반응하는 물품의 저장 또는 취급장소
- 불연재료로 된 특정소방대상물 또는 그 부분으로서 다음에 해당하는 장소
  - 정수장·오물처리장 그 밖의 이와 비슷한 장소
  - 펄프공장의 작업장·음료수공장의 세정 또는 충전하는 작업장 그 밖의 이와 비슷한 장소
  - 불연성의 금속·석재 등의 가공공장으로서 가연성 물질을 저장 또는 취급하지 아니하는 장소
- 실내에 설치된 테니스장·게이트볼장·정구장 또는 이와 비슷한 장소로서 실내 바닥·벽·천장이 불연재료 또는 준불연재료로 구성되어 있고 가연물이 존재하지 않는 장소로서 관람석이 없는 운동시설(지하층은 제외한다)
- 공동주택 중 아파트의 대피공간

09 소방용 합성수지관 배관

탄소강관(KS D 3562) 또는 이음매 없는 동 및 동합금(KS D 5301)의 배관용 동관이나 이와 동등 이상의 강도·내식성 및 내열성을 가진 것으로 하여야 한다. 다만, 다음의 어느 하나에 해당하는 장소에는 소방청장이 정하여 고시하는 성능시험기술기준에 적합한 소방용 합성수지배관으로 설치할 수 있다.
- 배관을 지하에 매설하는 경우
- 다른 부분과 내화구조로 구획된 덕트 또는 피트의 내부에 설치하는 경우
- 천장(상층이 있는 경우에는 상층바닥의 하단을 포함)과 반자를 불연재료 또는 준불연재료로 설치하고 그 내부에 배관을 습식으로 설치하는 경우

10 피난기구 설치제외 대상

- 해당 층 제외(층 제외)가 되는 경우
  - 주요구조부가 내화구조로 되어 있을 것
  - 실내에 면하는 부분의 마감이 불연재료·준불연재료 또는 난연재료로 되어 있고 방화구획이 규정에 적합하게 구획되어 있을 것
  - 거실의 각 부분으로부터 직접 복도로 쉽게 통할 수 있어야 할 것
  - 복도에 2 이상의 특별피난계단 또는 피난계단이 적합하게 설치되어 있어야 할 것
  - 복도의 어느 부분에서도 2 이상의 방향으로 각각 다른 계단에 도달할 수 있어야 할 것
- 옥상의 직하층 또는 최상층(관람집회 및 운동시설 또는 판매시설은 제외)에서 다음의 경우
  - 주요구조부가 내화구조로 되어 있을 것
  - 면적이 1,500[m^2] 이상이어야 할 것
  - 옥상으로 쉽게 통할 수 있는 창 또는 출입구가 설치되어 있어야 할 것
  - 옥상이 소방사다리차가 쉽게 통행할 수 있는 도로(폭 6[m] 이상의 것) 또는 공지(공원 또는 광장 등)에 면하여 설치되어 있거나 옥상으로부터 피난층 또는 지상으로 통하는 2 이상의 피난계단 또는 특별피난계단이 규정에 적합하게 설치되어 있어야 할 것
- 주요구조부가 내화구조이고 지하층을 제외한 층수가 4층 이하이며 소방사다리차가 쉽게 통행할 수 있는 도로 또는 공지에 면하는 부분에 영 제2조 제1호 각 목의 기준에 적합한 개구부가 2 이상 설치되어 있는 층(문화 및 집회시설, 운동시설·판매시설 및 영업시설 또는 노유자시설의 용도로 사용되는 층으로서 그 층의 바닥면적이 1,000[m^2] 이상인 것을 제외한다)
- 편복도형 아파트 또는 발코니 등을 통하여 인접세대로 피난할 수 있는 구조로 되어 있는 계단실형 아파트
- 주요구조부가 내화구조로서 거실의 각 부분으로 직접 복도로 피난할 수 있는 학교(강의실 용도로 사용되는 층에 한한다)
- 건축물의 옥상부분으로서 거실에 해당되지 아니하고, 사람이 근무하거나 거주하지 아니하는 장소
- 무인공장 또는 자동창고로서 사람의 출입이 금지된 장소(관리를 위하여 일시적으로 출입하는 장소를 포함한다)

11 연소방지설비 헤드의 설치기준
- 천장 또는 벽면에 설치할 것
- 헤드 간의 수평거리는 연소방지설비 전용헤드의 경우에는 2[m] 이하, 스프링클러 헤드의 경우에는 1.5[m] 이하로 할 것
- 소방대원의 출입이 가능한 환기구·작업구마다 지하구의 양쪽방향으로 살수헤드를 설정하되, 한쪽 방향의 살수구역의 길이는 3[m] 이상으로 할 것. 다만, 환기구 사이의 간격이 700[m]를 초과할 경우에는 700[m] 이내마다 살수구역을 설정하되, 지하구의 구조를 고려하여 방화벽을 설치한 경우에는 그렇지 않다.
- 연소방지설비 전용헤드를 설치할 경우에는 기준에 적합한 '살수헤드'를 설치할 것

12 소화약제별 적응성

소화약제 구분 / 적응대상	가스			분말		액체				기타			
	이산화탄소 소화약제	할론 소화약제	할로겐화합물 및 불활성 기체 소화약제	인산염류 소화약제	탄산수소염류 소화약제	산알칼리 소화약제	강화액 소화약제	포소화약제	물·침윤 소화약제	고체에어로졸화합물	마른모래	팽창질석·팽창진주암	그 밖의 것
일반화재 (A급 화재)	–	○	○	○	–	○	○	○	○	○	○	○	–
유류화재 (B급 화재)	○	○	○	○	○	○	○	○	○	○	○	○	–
전기화재 (C급 화재)	○	○	○	○	○	*	*	*	*	○	–	–	–
주방화재 (K급 화재)	–	–	–	–	*	–	*	*	*	–	–	–	*

주) "*"의 소화약제별 적응성은 「화재예방, 소방시설 설치유지 및 안전관리에 관한 법률」 제36조에 의한 형식승인 및 제품검사의 기술기준에 따라 화재 종류별 적응성에 적합한 것으로 인정되는 경우에 한한다.

13 소화약제 방출방식
- 전역방출방식 : 고정식 이산화탄소 공급장치에 배관 및 분사헤드를 설치하여 밀폐 방호구역 내에 이산화탄소를 방출하는 설비
- 국소방출방식 : 고정식 이산화탄소 공급장치에 배관 및 분사헤드를 설치하여 직접 화점에 이산화탄소를 방출하는 설비로 화재 발생 부분(방호대상물)에만 집중적으로 소화약제를 방출
- 이동식 : 분사헤드가 배관에 고정되어 있지 않고 소화약제 저장용기에 호스를 연결하여 사람이 직접 화점에 소화약제를 방출하는 이동식 소화설비

14 물분무소화설비에서 분무상태의 물은 전기적으로 비전도성이기 때문에 특고압 전기시설에 적합하다.

15 배수설비
- 차량이 주차하는 장소의 적당한 곳에 높이 10[cm] 이상의 경계턱으로 배수구를 설치할 것
- 배수구에는 새어나온 기름을 모아 소화할 수 있도록 길이 40[m] 이하마다 집수관·소화피트 등 기름분리장치를 설치할 것
- 차량이 주차하는 바닥은 배수구를 향하여 2/100 이상의 기울기를 유지할 것
- 배수설비는 가압송수장치의 최대송수능력의 수량을 유효하게 배수할 수 있는 크기 및 기울기로 할 것

16 연결송수관설비의 방수구 설치제외대상
- 아파트의 1층 및 2층
- 소방차의 접근이 가능하고 소방대원이 소방차로부터 각 부분에 쉽게 도달할 수 있는 피난층
- 송수구가 부설된 옥내소화전을 설치한 특정소방대상물(집회장·관람장·백화점·도매시장·소매시장·판매시설·공장·창고시설 또는 지하가를 제외한다)로서 다음의 어느 하나에 해당하는 층
  - 지하층을 제외한 층수가 4층 이하이고 연면적이 6,000[m²] 미만인 특정소방대상물의 지상층
  - 지하층의 층수가 2 이하인 특정소방대상물의 지하층

17 폐쇄형 스프링클러 헤드의 표시온도

설치장소의 최고주위온도	표시온도
39[℃] 미만	79[℃] 미만
39[℃] 이상 64[℃] 미만	79[℃] 이상 121[℃] 미만
64[℃] 이상 106[℃] 미만	121[℃] 이상 162[℃] 미만
106[℃] 이상	162[℃] 이상

※ 높이가 4[m] 이상인 공장 및 창고(랙식 창고 포함)에 설치하는 스프링클러 헤드는 그 설치 장소의 평상시 최고주변온도와 관계없이 표시온도가 121[℃] 이상의 것

18 전역·국소방출방식의 할론소화설비의 분사헤드

약 제	방사압력	방사시간
할론 2402	(무상으로 분무) 0.1[MPa] 이상	
할론 1211	0.2[MPa] 이상	10초 이내
할론 1301	0.9[MPa] 이상	

19 물분무헤드 설치제외 장소

- 물에 심하게 반응하는 물질 또는 물과 반응하여 위험한 물질을 생성하는 물질을 저장 또는 취급하는 장소
- 고온의 물질 및 증류범위가 넓어 끓어 넘치는 위험이 있는 물질을 저장 또는 취급하는 장소
- 운전 시에 표면의 온도가 260[℃] 이상으로 되는 등 직접 분무를 하는 경우 그 부분에 손상을 입힐 우려가 있는 기계장치 등이 있는 장소

20 특정소방대상물의 용도 및 장소별로 설치하여야 할 인명구조기구

특정소방대상물	인명구조기구의 종류	설치수량
지하층을 포함하는 층수가 7층 이상인 관광호텔 및 5층 이상인 병원	방열복 또는 방화복(안전모, 보호장갑 및 안전화 포함) 공기호흡기 인공소생기	각 2개 이상 비치할 것(다만, 병원의 경우에는 인공소생기를 설치하지 않을 수 있다)
• 문화 및 집회시설 중 수용인원 100명 이상의 영화상영관 • 판매시설 중 대규모 점포 • 운수시설 중 지하역사 • 지하가 중 지하상가	공기호흡기	층마다 2개 이상 비치할 것(다만, 각 층마다 갖추어 두어야 할 공기호흡기 중 일부를 직원이 상주하는 인근 사무실에 갖추어 둘 수 있다)
물분무 등 소화설비 중 이산화탄소소화설비를 설치하여야 하는 특정소방대상물	공기호흡기	이산화탄소소화설비가 설치된 장소의 출입구 외부 인근에 1대 이상 비치할 것

좋은 책을 만드는 길
독자님과 함께하겠습니다.

도서나 동영상에 궁금한 점, 아쉬운 점, 만족스러운 점이
있으시다면 어떤 의견이라도 말씀해 주세요.
시대고시기획은 독자님의 의견을 모아 더 좋은 책으로 보답하겠습니다.

www.sidaegosi.com

소방설비기사 필기 소방기계시설의 구조 및 원리

초 판 발 행	2022년 03월 10일 (인쇄 2022년 01월 14일)
발 행 인	박영일
책 임 편 집	이해욱
편 저	류승헌
편 집 진 행	윤진영 · 김경숙
표 지 디 자 인	권은경 · 길전홍선
편 집 디 자 인	심혜림 · 조준영
발 행 처	(주)시대고시기획
출 판 등 록	제10-1521호
주 소	서울시 마포구 큰우물로 75 [도화동 538 성지 B/D] 9F
전 화	1600-3600
팩 스	02-701-8823
홈 페 이 지	www.sidaegosi.com
I S B N	979-11-383-1652-1 (13500)
정 가	16,000원